普通高等教育“十四五”新形态教材

海南省小学与幼儿教育研究基地课题（海南省小学科学课程标准的
“落地”研究JD19-10）
海南省儿童认知与行为发展重点实验室（筹）
联合资助

生命科学基础

SHENGMING KEXUE JICHU

吴小霞　主编

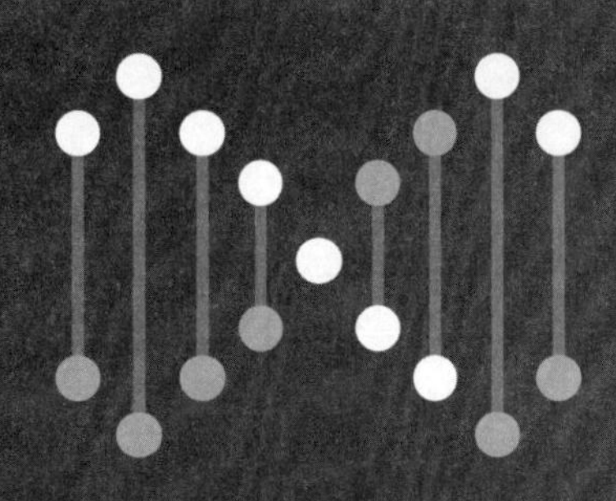

特配电子资源

微信扫码

- 教学课件
- 延伸阅读
- 互动交流

南京大学出版社

图书在版编目(CIP)数据

生命科学基础 / 吴小霞主编. — 南京 : 南京大学出版社，2021.7

ISBN 978 - 7 - 305 - 24703 - 3

Ⅰ. ①生… Ⅱ. ①吴… Ⅲ. ①生命科学－师范大学－教材 Ⅳ. ①Q1 - 0

中国版本图书馆 CIP 数据核字(2021)第 139899 号

出版发行　南京大学出版社
社　　址　南京市汉口路 22 号　　　　邮　编　210093
出 版 人　金鑫荣

书　　名　生命科学基础
主　　编　吴小霞
责任编辑　江宏娟　　　　编辑热线　025 - 83592146

照　　排　南京南琳图文制作有限公司
印　　刷　南京京新印刷有限公司
开　　本　787×1092　1/16　印张 12.25　字数 290 千
版　　次　2021 年 7 月第 1 版　2021 年 7 月第 1 次印刷
ISBN 978 - 7 - 305 - 24703 - 3
定　　价　35.00 元

网址：http://www.njupco.com
官方微博：http://weibo.com/njupco
官方微信号：njupress
销售咨询热线：(025) 83594756

前　言

生物学是一门发展迅速的实验学科，在21世纪的今天，生物学已经成为与我们的生活息息相关的学科，因此，培养21世纪具有较高生物科学素养的公民是基础生物教育的重要任务。

本书内容包含细胞生物学、动物的结构与功能、植物的结构与功能、遗传与变异、生物多样性以及生态学等，具有基础性、实践性及趣味性的特点。

小学科学课程是以培养科学素养为宗旨的科学启蒙课程，课程内容包含物质科学、生命科学、地球与宇宙科学、技术与工程四个领域。生命科学领域涉及内容广泛，基于当前小学科学教师的师资特点，本书可作为小学科学教师在生命科学领域的参考用书，也可作为非生物科学专业的本科师范教育专业学生参考用书。

本书基于编者十几年来的教学课件及资料，个别内容及少量图表无法注明原始出处，希望原作者及时联系，以便补充完善。同时，由于编者教研水平有限，书中难免出现差错与不足，还望读者雅正。

编　者

2021年7月

目 录

第 1 章 细 胞

1.1 生命的基本特征

凡是有生命的物体，都是生物。在丰富多彩的生物界中，小至细菌，大至蓝鲸和参天大树，都是由细胞组成的。生物种类繁多，形态各异，要对生命下一个科学的定义十分困难，但它们具有共性，这就是生命的特征。

1.1.1 化学成分的同一性

从元素成分看，生物都是由 C、H、O、N、P、S、Ca 等元素构成的。

从分子成分看，生命体中有蛋白质、核酸、脂肪、糖类、维生素等多种有机分子。其中蛋白质主要由 20 种氨基酸组成，核酸主要由 4 种核苷酸组成，ATP(三磷酸腺苷)为贮能分子。

1.1.2 严整复杂的结构

除病毒等少数种类外，生物体都是由细胞构成的，细胞是生物体结构和功能的基本单位。生物体一切复杂的、瞬息万变的生命活动，主要是在细胞内进行。

生物界是一个多层次的有序结构。在细胞这一层次之上还有组织、器官、系统、个体、种群、群落、生态系统等层次。每一个层次中的各个结构单元，如器官系统中的各器官、各器官中的各种组织，都有它们各自特定的功能和结构，它们的协调活动构成了复杂的生命系统。

1.1.3 新陈代谢

新陈代谢是生命现象最基本的特征。生物体与外界环境之间物质和能量的交换以及生物体内物质和能量的转化过程叫作新陈代谢。新陈代谢有两个同时作用且不可分割的过程，即合成代谢和分解代谢。

合成代谢(anabolism)，即从外界摄取物质和能量，将它们转化为生命本身的物质和贮存在化学键中的化学能。分解代谢(catabolism)，即分解生命物质，将能量释放出来，供生命活动之用。新陈代谢是严整有序的，是由一连串反应网络构成的，如果反应网络中某一部分被阻断则整个过程就被打乱，生命将会受到威胁，严重时会导致生命的终结。

1.1.4 生长、发育和生殖

生物体能通过新陈代谢的作用而不断地生长、发育，遗传因素在其中起决定性作用，外界环境因素也有很大影响。生长是指生物体或细胞从小到大、重量和体积增加的现象，通常表现为细胞增多和体积增大。发育是指生物体生活史中构造和功能从简单到复杂的变化过程。

生物能通过繁殖产生新的后代，繁殖使不能长存的生物基因得以延续。生物体的寿命是有限的，但生物种族却生生不息，代代连绵。生物界个体的新生和死亡，种族的无限延续是靠生物的生殖实现的。

1.1.5 应激性和适应性

生物接受外界刺激后发生的反应就是应激性。生物的运动受神经系统的控制。例如，遇到危险时，母鸡会发出“咯咯咯”的叫声；鱼饵投入水中，招来许多鱼取食；知了在温度降到 24 ℃以下时停止鸣叫。

生物体的结构会产生一定的功能，如鸟翅构造适于飞翔，人眼构造适于感受物像。而生物的特定结构和功能又是适应环境的结果，使它们能在一定环境和条件下生存和延续，只有对环境有适应性，生物才能存活，如鱼的体形和用鳃呼吸适于在水中生活。因此，所有现存的生物，它们的身体结构和生活习性都是与环境大体上相适应的，否则就会被环境所淘汰。

适应性是生物体在发生变异后，经过长期自然选择，需要很长时间才形成的，并通过遗传传给后代，并非生物接受了某种刺激后才产生的。例如，有些植物长期被水淹会造成死亡，但莲和水稻却可以生活在水中。莲是因为其根状茎中有 6 到 9 个气腔。在水生植物中，这一类细胞间隙能够形成一个完美的系统，从叶到根连成一片，不仅为水下器官提供氧气，也给植物以浮力和支持的力量。

1.1.6 遗传和变异

每种生物体的后代都与其亲代基本相同，但又不会完全相同，必有或多或少的差异。生物体把自己的性状传递给后代，叫“遗传”；同时也会产生与自己不同的后代，叫“变异”，生物之间具有遗传和变异的特性。遗传和变异过程把世界上所有的生物联系起来，一端是过去，追溯同一个源头，我们有着共同的祖先，另一端是未来，将不断产生分支，在不同条件下沿着不同的方向延伸。因此，生物的各个物种既能基本上保持稳定，又能向前发展进化。

1.1.7 稳态

在新陈代谢这一生物化学过程中，控制生化过程的酶要求特定的温度、pH、渗透压等环境条件，所以生物体必须维持稳定的内部状态，称为稳态。生物体与环境之间有明显的隔离物，如单细胞生物的细胞膜、植物的表皮、动物的皮肤，形成自己的内环境。生物体利用复杂的结构和通过反馈调节机制来维持自己的稳态。

总之，所有有生命的个体都必须具备生命的基本特征，是非生物绝对不可能有的，因此，这是区分生物与非生物的重要标志。

练习题

1. 生物最基本的特征是(　　)。

A. 生殖　B. 新陈代谢　C. 发育　D. 遗传和变异

2. 将青蛙扔进烧开的热水，它会迅速跳起，这说明生物具有(　　)功能。

A. 生殖　B. 应激性　C. 发育　D. 遗传和变异

3. 一块腐肉可招来苍蝇，这说明生物具有(　　)功能。

A. 生殖　B. 应激性　C. 发育　D. 遗传和变异

4. 在一滴草履虫悬液中滴一滴醋酸，草履虫就纷纷游开，这说明生物具有(　　)功能。

A. 生殖　B. 应激性　C. 发育　D. 遗传和变异

5. 下列哪项不属于遗传现象(　　)。

A. 种瓜得瓜、种豆得豆

B. 一对双眼皮的夫妇，所生的女儿也是双眼皮

C. 高茎豌豆种子种在贫瘠的土壤中，长成矮茎豌豆

D. 燕子的后代长大后会飞行

6. 【判断】生长是指生物体或细胞从小到大、重量和体积增加的现象，通常表现为细胞数目增多和体积增大。　(　　)

1.2 生物的化学组成

地球上现存的生物大约有 200 多万种，有动物、植物、细菌、真菌、病毒等，尽管生命形式有很大差异，但是它们在化学组成上却表现出了高度的相似性。

1.2.1 组成生物体的化学元素

物质世界是由元素组成的，生物是自然界的一部分，也由各种元素组成，而且与无机世界的元素没有任何区别。目前为止，全世界已经发现了 115 种元素，天然元素有 92 种，在这些天然元素中，大约有 25 种是生命所必需的。

以人类为例，根据在人体中的含量是否大于 0.01%，将其分为常量元素和微量元素。一般，常量元素又称宏量元素，有 11 种，它们共占人体总质量的 99.25%。它们是 C、H、O、N、Ca、P、S、K、Na、Cl、Mg，而 C、H、O、N 共占 96.3%。微量元素有 16 种，它们是 Fe、

F、Zn、Cu、V、Sn、Se、Mn、I、Ni、Mo、Cr、Co、Si、B、Sr。

微量元素尽管含量不高，却是生命活动所必需的。例如，铬是人体必需的微量元素，三价铬是葡萄糖耐量因子（GTF）的活性成分，糖尿病患者尤其是老年患者，补充无机铬后能显著提高糖耐量，改善糖的利用，降低外源性胰岛素的需要量。表1－2简单介绍部分微量元素的功能。

由于环境污染或从食物中摄入量过大、时间过长、对人体健康有害的元素称为有害元素或有毒元素，如Bi、Sb、Be、Cd、Hg、Pb等。例如长期从事蓄电池、印刷、冶金、油漆工作的工人，铅蒸气经呼吸道吸入，铅尘在肺内沉淀后，14天内由肺部移走。铅中毒会引发神经系统衰弱综合征，以及食欲不振、恶心、便秘等消化系统疾病。

碳是组成细胞各种大分子的基础。碳最外层有4个电子空位，极易形成4个共价键，碳架结构排列和长短决定了有机化合物的基本性质。有机化合物的性质取决于功能基团生物体中的有机化合物主要含有羟基、羰基、羧基和氨基等功能基团，这些功能基团几乎都是极性基团。功能基团的极性使得生物分子具有亲水性，有利于这些化合物稳定在含有大量水分子的细胞中。

表1－1　人体中存在的元素

常量元素			微量元素		
元素	符号	含量(%)	元素	符号	含量(%)
氧	O	65.0	硼	B	
碳	C	18.5	铬	Cr	
氢	H	9.5	钴	Co	
氮	N	3.3	铜	Cu	
钙	Ca	1.5	氟	F	
磷	P	1.0	碘	I	
钾	K	0.4	铁	Fe	
硫	S	0.3	锰	Mn	
钠	Na	0.2	钼	Mo	
氯	Cl	0.2	硒	Se	
镁	Mg	0.1	硅	Si	
			锡	Sn	
			钒	V	
			锌	Zn	
			镍	Ni	
			锶	Sr	

表1-2 部分微量元素的功能

微量元素	生理功能	缺乏症
Fe	血红蛋白的主要成分	缺铁性贫血
I	合成甲状腺激素的原料	地方性甲状腺肿大、克汀症
Zn	青少年的生长发育、癌症的发病与防治有关	生长发育不良
Se	抗氧化、抗肿瘤	克山症
Cu	维持正常的造血和中枢神经系统功能	缺铜性贫血
Cr	加强胰岛素的功能	糖尿病
Mn	酶的激活剂	生长发育不良

1.2.2 组成生物体的化合物

自然界中的所有物质都是由原子组成的，两种或两种以上不同种原子组合起来的物质叫作化合物。生物体内的化合物都是以非生物界的材料和化学规律为基础，也就是说生物界和非生物界之间并不存在截然不同的界限。而生物分子的结构与其功能密切相关，即结构决定其功能。生物体中主要存在六种与生命有关的化合物，它们是水、无机盐、糖类、脂类、蛋白质和核酸。其中，糖类、脂类、蛋白质和核酸是构成生命必需的生物大分子。

1. 生命之源——水

地球上的生命起源于水，陆生生物体内细胞也生活在水环境中，水是生物体内所占比例最大的化学成分。细胞中水的含量通常占细胞总量的70%～80%。一般说来，水生生物和生命活动旺盛的细胞含水较多；不同机体或同一机体的不同器官，含水量差别很大。例如，人体骨骼含水量为22%，肌肉含水量为76%，脑含水量为70%～84%，肝脏含水量为70%，皮肤含水量为72%，心脏含水量为79%，血液含水量为83%。

水的特性符合生物生存的需要：① 水具有极性，可形成极性共价键，与相邻的水分子形成不稳定的氢键，使水有较强的内聚力和表面力；② 水是良好的溶剂，所有的生化反应都是在水溶液中进行的，水对于物质的运输、生命化学反应的进行具有重要意义；③ 水在4 ℃时，比重最大，严寒的冬天，冰浮在水面上，为水生生物提供了生活场所；④ 水的比热是1 cal/g，在温度改变时，热量的需求和释放较大，使细胞的温度和代谢速率得以保持稳定，维持体温；⑤ 水能电离，水分子具有解离成氢离子（H^+）和氢氧根离子（OH^-）的倾向，但是在生物体内的大部分水溶液中，水分子是不电离的，而生物体内的H^+和OH^-必须处于某种平衡状态，否则生物体就会受到伤害。

在细胞中，水有两种存在形式，结合水和游离水。结合水与细胞的其他物质结合，大约占全部水分的4.5%。

细胞中的大多数水都可以流动，以游离水形式存在，游离水是细胞内的良好溶剂，许多物质都可以溶解其中。水在生物体内的流动可以把营养物质运送到更多细胞中，也把各个细胞在新陈代谢中产生的废物运送到排泄器官或者直接排出体外。生物体内一切生命活动的重要化学反应都是在水环境中进行的，生物体的生命活动绝对离不开水。

2. 无机盐(矿物质)

无机盐，也称为矿物质，在细胞中的含量较少，占细胞鲜重的1%～1.5%，一般以离子状态存在，如Na^+、K^+、Ca^{2+}、Mg^{2+}、Cl^-、PO_4^{3-}等。

尽管无机盐含量不高，但对细胞的渗透压和pH等起着重要作用，有些无机盐还是体内某些重要化合物的组成部分。例如，铁是血红蛋白的重要组成部分，而镁是叶绿素分子所必需的，钙是人体骨骼和牙齿的重要组成部分，PO_4^{3-}还为核酸的合成提供原料。

3. 糖类(碳水化合物)

糖分子含C、H、O三种元素，通常三者的比例为1∶2∶1，一般化学通式为$(CH_2O)n$，由于氢∶氧为2∶1，与水中氢与氧的比例相同，所以糖类又称为碳水化合物。糖实际上是含多羟基的醛类或酮类化合物及其缩聚物和某些衍生物的总称，占细胞鲜重的3%。

糖分为单糖、双糖、多糖。单糖是构成糖的最小单体，不能水解，重要的单糖包括葡萄糖、果糖、半乳糖、核糖、脱氧核糖等。葡萄糖是最常见的六碳单糖，分子式$C_6H_{12}O_6$，无甜味，是植物光合作用的主要产物，为细胞提供能量，广泛存在于生物界。果糖也是一种比较常见的六碳糖，有甜味，是葡萄糖的同分异构体，即分子式相同，结构式不同，因此功能也不相同。核糖分子式$C_5H_{10}O_5$，是自然界中最重要的一种戊糖，是核糖核酸(RNA)的主要组分，并出现在许多核苷和核苷酸及其衍生物中。脱氧核糖，也是戊糖，是脱氧核糖核酸的主要组成成分，分子式$C_5H_{10}O_4$。

两分子单糖脱水缩合而成双糖，水解后可形成两分子单糖。植物重要的二糖是蔗糖、麦芽糖。麦芽糖存在于发芽的种子中，由两分子葡萄糖单体脱水缩合形成。蔗糖由一分子葡萄糖和一分子果糖缩合形成，甘蔗和甜菜中含有大量蔗糖。哺乳动物和人的乳汁中存在乳糖，乳糖由一分子葡萄糖和一分子半乳糖缩合而成。

多糖是由多个单糖分子脱水缩合而成的。重要的多糖有淀粉、糖原、纤维素、氨基葡聚糖等。淀粉是由葡萄糖的单聚体聚合而成，主要存在于植物组织中，是人类最重要的食物。糖原是动物细胞贮存的多糖，主要存在于动物的肝脏和肌肉中，是储存能量的物质，需要时可以水解释放出葡萄糖。纤维素是植物细胞壁的主要成分，具有巩固细胞结构和使植物定型的作用，人体没有纤维素酶，不能消化纤维素，但是纤维素可促进胃肠蠕动，有利于正常消化和增加排便量。

总之，糖是生物代谢反应的重要中间代谢物，可构成核酸和糖蛋白等重要生物成分，是生命活动最直接也是最主要的来源。

4. 脂类

脂类是一类性质相近的物质的总称，包括脂肪、类脂和固醇，在生物体中普遍存在，占细胞鲜重的2%，由C、H、O三种元素组成，不溶于水，能溶于非极性溶剂，如酒精、乙醚、氯仿等。

脂肪是由甘油和脂肪酸生成的甘油三酯。甘油的每一个—OH和脂肪酸的—COOH结合，形成酯键。甘油的分子比较简单，而脂肪酸的种类和长短却不相同，脂肪酸的区别主要在于碳氢链的长度及不饱和双键的数目和位置。含有一个不饱和键的脂肪酸称为单不饱和脂肪酸，含有一个以上不饱和键的脂肪酸叫多不饱和脂肪酸。室温下为固态的称为脂肪，甘油三酯中含较多饱和脂肪酸；在室温下为液态的称为油，甘油三酯中含不饱和脂肪酸。脂肪酸有两个特殊的区域：一个是长的碳氢链，疏水，化学反应性很低；另一个是羧基，在溶液中呈解离状态，是亲水性的。脂肪贮存在脂肪组织的细胞中，皮下脂肪作为隔热层可保持体温，减少热量的散失。

类脂是在结构或性质上与油脂相似的化合物，主要包括蜡、磷脂、糖脂和脂蛋白等。磷脂是细胞膜的重要组分，其组成与脂肪相似。磷脂分子的两端在物理性质及化学性质上差别很大，脂肪酸一端疏水性强，不溶于水，而甘油及有机碱部分处于电离状态，易溶于水，该端称亲水端。当有水存在时，磷脂分子在水中呈现规则排列，疏水端向内，亲水端向外。

固醇类包括植物中的豆固醇、动物中的胆固醇、雌性和雄性激素以及维生素 D 等。胆固醇是重要的脂类，在动物体中具有十分重要的生理功能，它是细胞膜的组成成分，是合成许多生物化学物质的原材料。固醇类激素对于维持正常的新陈代谢和生殖过程有重要作用。

脂类是生物膜的主要成分；脂肪氧化时产生的能量大约是糖氧化时的两倍，是生物体内储存能量的物质；脂肪组织分布在皮下组织和内脏器官之间，减少了内部器官之间的摩擦，是生物的保护层；脂肪组织不容易传热，利于保持体温；维生素 A、维生素 D、激素及前列腺素等都是生物活性物质，对生物体有重要作用。

5. 蛋白质

蛋白质(protein)一词来自希腊文的 proteios，意思是“首要的”，说明蛋白质在生物中起着非常重要的作用，是生命活动的体现者。蛋白质在细胞中的含量占据第二位，约15%，是细胞中各种结构的重要成分，每种蛋白质都含有 C、H、O、N 四种元素。蛋白质根据功能进行分类：① 结构蛋白：毛、发、肌腱、韧带、蚕和蜘蛛的丝；② 收缩蛋白：肌肉的收缩需要收缩蛋白与肌腱共同作用；③ 储藏蛋白：卵清蛋白、植物种子的贮藏蛋白；④ 防御蛋白：抗体；⑤ 转运蛋白：血红蛋白；⑥ 信号蛋白：激素等负责细胞之间的信号传导；⑦ 酶：生物体内最重要的蛋白质。

蛋白质的组成单位是氨基酸，组成蛋白质的常见氨基酸有 20 种，通式如图 1-1 所示，与羧基相连的 C 原子称为 α-碳原子，侧链 R 基团与 α-C 相连的氨基酸称为 α-氨基酸。由于 R 基不同，所以氨基酸种类不同。按照侧链化学性质的不同，可以分为疏水性氨基酸和亲水性氨基酸。疏水性氨基酸有：甘氨酸 Gly、丙氨酸 Ala、缬氨酸 Val、亮氨酸 Leu、异亮氨酸 Ile、苯丙氨酸 Phe、脯氨酸 Pro 和甲硫氨酸 Met。亲水性氨基酸有：丝氨酸 Ser、苏氨酸 Thr、半胱氨酸 Cys、天冬酰胺 Asp、谷氨酰胺 Glu、天冬氨酸 Asn、谷氨酸 Gln、赖氨酸 Lys、精氨酸 Arg、组氨酸 His、酪氨酸 Tyr、色氨酸 Trp。

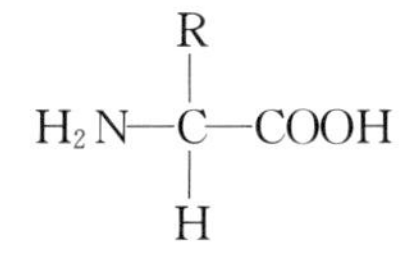

图 1-1 氨基酸的结构通式

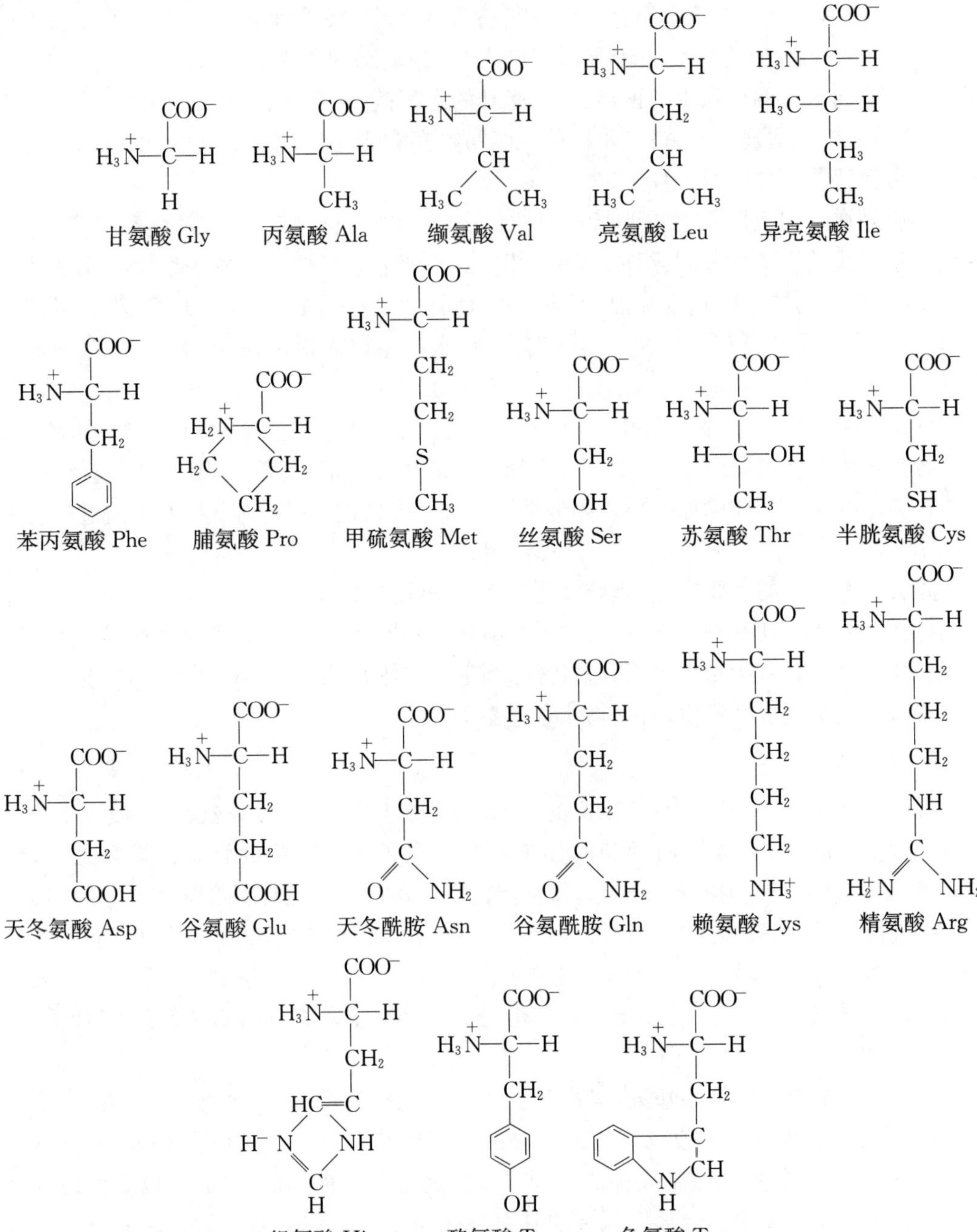

甘氨酸 Gly　丙氨酸 Ala　缬氨酸 Val　亮氨酸 Leu　异亮氨酸 Ile

苯丙氨酸 Phe　脯氨酸 Pro　甲硫氨酸 Met　丝氨酸 Ser　苏氨酸 Thr　半胱氨酸 Cys

天冬氨酸 Asp　谷氨酸 Glu　天冬酰胺 Asn　谷氨酰胺 Gln　赖氨酸 Lys　精氨酸 Arg

组氨酸 His　酪氨酸 Tyr　色氨酸 Trp

图 1-2　20 种基本氨基酸的结构

一个氨基酸的羧基与另一个氨基酸的氨基脱水缩合形成的酰胺键，称为肽键。不同数目的氨基酸以肽键顺序相连，形成链状分子，即是肽(peptide)。两个氨基酸以肽键相连即二肽，十个氨基酸以肽键相连即为十肽。

$$H_2N—\underset{R_1}{CH}—CO—OH + H_2N—\underset{R_2}{CH}—COOH \longrightarrow H_2N—\underset{R_1}{CH}—CO—HN—\underset{R_2}{CH}—COOH + H_2O$$

图 1-3　肽的形成

氨基酸以肽键顺次相连得到的是蛋白质的一级结构，蛋白质的二级结构是指其分子中主链原子的局部空间排列，α-螺旋(α-helix)、β-折叠(β-pleated sheet)；三级结构是指一条多肽链中所有原子的整体排布，包括主链和侧链；由2条或2条以上具有独立三级结构的多肽链通过非共价键相互结合而成，称为蛋白质的四级结构。蛋白质的功能决定于这四个连续的结构，前一级决定着下一级内的结构。由于氨基酸种类多，排列的次序差异大，形成的肽链空间结构也变化万千，所以蛋白质的结构非常复杂，为蛋白质的功能多样性奠定了基础。

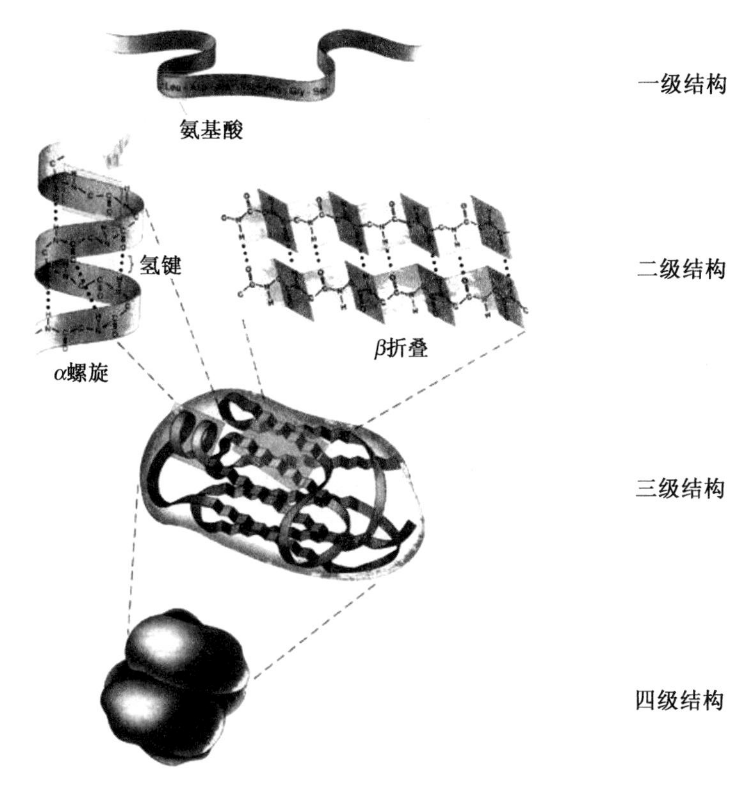

图1-4　蛋白质四级结构(源自吴相钰等，2014年)

蛋白质的多样性有如下原因：蛋白质分子由一条或几条多肽链聚合而成，包含着上百个乃至上千个氨基酸；氨基酸的种类和排列顺序不同，构成了蛋白质的多样性；蛋白质分子中的多肽链以不同方式折叠，构成了蛋白质复杂而多样的空间结构。

酶是由活细胞产生的具有催化功能的特殊的蛋白质。在适宜的条件下，酶能够使生物体内复杂的化学反应迅速而顺利进行，而其本身并不发生变化。因此，酶是生物催化剂。

酶具有高效性、专一性和多样性的特点。高效性体现在催化速度比一般无机催化剂大几千万倍。例如，在适宜的条件下，1份淀粉酶就能够催化100万份淀粉，与一般的无机催化剂相比，酶的催化效率高出10^6～10^8倍。专一性是指一种酶只能与一种底物结合，只能催化一种化学反应。例如，唾液淀粉酶只能对淀粉起催化作用，而对过氧化氢却没有催化作用。由于生物体内的化学反应种类极多，而每一种只能对一定的化学物质产生催化作用，因此，生物体内的酶种类多样，即酶具有多样性。现已知道，生物体内存在着3000多种不同功能的酶。

6. 核酸

1869年，F. Miescher从脓细胞中提取到一种富含磷元素的酸性化合物，因存在于细胞核中而将它命名为“核质(nuclein)”，20年后，因其具有酸性，更名为核酸，核酸是遗传信息的储存者和传递者。

核酸由C、H、O、N、P、S等元素组成，占细胞鲜重的7%，有核糖核酸(RNA)和脱氧核糖核酸(DNA)两种存在形式。DNA主要存在于细胞核内，是主要的遗传物质；RNA主要分布于细胞质中。不同生物所含的DNA和RNA也不相同。

DNA和RNA分子蕴藏着无穷无尽的遗传信息。细胞分裂时，DNA所含的遗传信息分给分裂产生的两个子细胞，从亲代传给子代，对蛋白质的合成和生物体的生长、遗传、变异等起着决定性的作用。

核酸的基本单位是核苷酸，一个核苷酸分子是由一分子含氮碱基、一分子五碳糖和一分子磷酸组成。核苷酸还可以作为能量的携带者，其中ATP称为能量的通用货币，是因为ATP分子上的最后一个高能磷酸键既容易形成，也容易断裂，水解断裂是释放能量，合成又可以储存能量。此外cAMP在细胞信号转导中起着重要的第二信使作用。

核酸分子就是由成千上万个核苷酸，通过3′,5′-磷酸二酯键连接成的多聚核苷酸链。链的C-5′端连接磷酸，称5′端；另一端C-3′连接羟基，称3′端。每个DNA或RNA分子都含有很多个核苷酸分子；核酸是由许多不同种类的核苷酸组成的多核苷酸链；DNA核苷酸、RNA核苷酸的组合不同、排列顺序不同，使DNA和RNA分子具有极大的多样性。

表1-3 脱氧核糖核酸与核糖核酸的区别

类别	DNA	RNA
基本结构单位	脱氧核糖核苷酸	核糖核苷酸
含氮碱基	A、T、C、G	A、U、C、G
戊糖	脱氧核糖	核糖
结构	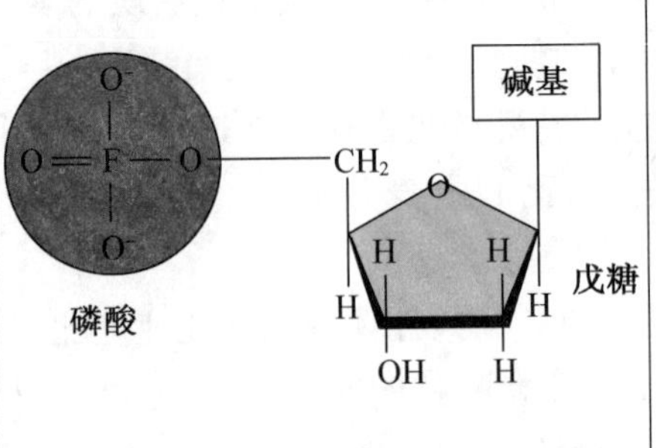 磷酸 O^- $O=P-O$ O^- —CH_2 碱基 戊糖 H H H H OH H	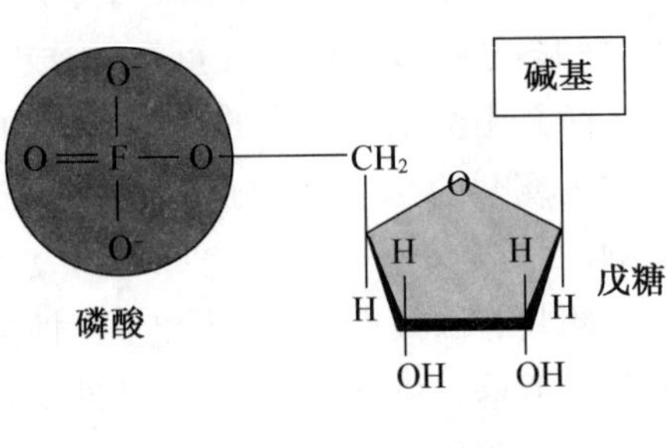 磷酸 O^- $O=P-O$ O^- —CH_2 碱基 戊糖 H H H H OH OH

尽管构成细胞的每一种化合物，都有其重要的生理功能，但是蛋白质和核酸是生命活

动最主要的物质基础。每一种化合物都不能单独地完成某一种生命活动，而只有这些化合物按照一定的方式有机地组织起来，才能表现出细胞和生物体的生命现象。

练习题

1. 糖类、蛋白质、核酸的基本结构分别是什么？
2. 构成细胞的化合物有哪些？都是高分子化合物吗？分别是由哪些元素组成的？
3. 蛋白质的功能有哪些？
4. DNA和RNA的区别是什么？
5. 在唾液淀粉酶催化淀粉水解的实验中，将唾液稀释十倍与用唾液原汁实验效果基本一样，这说明酶具有(　　)。

A. 专一性　　B. 高效性　　C. 多样性　　D. 稳定性

6. 葡萄糖是生物体内的(　　)。

A. 贮能物质　　B. 调节物质
C. 主要组成成分　　D. 主要能源物质

7. 同等质量的下列物质，在彻底氧化分解时，释放能量最多的是(　　)。

A. 葡萄糖　　B. 淀粉　　C. 脂肪　　D. 蛋白质

8. 吃进的马铃薯在人体内分解代谢的最终产物主要是(　　)。

A. 淀粉　　B. 二氧化碳和水　　C. 葡萄糖　　D. 麦芽糖

9. 生命活动中最主要的物质基础是(　　)。

A. 水和蛋白质　　B. 脂类和蛋白质
C. 糖类和蛋白质　　D. 核酸和蛋白质

10. 下列关于水的叙述，正确的是(　　)。

A. 活细胞中水的含量仅次于蛋白质
B. 越冬时植物细胞中自由水含量上升
C. 细胞代谢过程中能产生水
D. 结合水可作为良好的溶剂和反应介质

11. 糖类不含有，脂类不一定有，蛋白质也不一定有，而核酸一定有的元素是(　　)。

A. N　　B. P　　C. S　　D. P、S

12. 酶是活细胞所产生的具有________________的蛋白质。

1.3 细胞的基本结构

生物体内的化合物都具有一定的功能，但是却不能完成某一种生命活动，表现出生命现象，只有将这些化合物有机地结合起来，形成严密的高度有序的细胞结构才能体现出生命的本质，细胞就是生物最基本的结构单位。细胞包含了生物体全部的生命信息，对细胞结构和活动的研究是一切生命科学的重要基础。

1665年,英国科学家胡克(Robert Hooke)用自制的显微镜观察了软木的薄片,第一次描述了植物细胞的构造,并命名为细胞。

1838—1839年,德国动物学家施旺(Schwann)和植物学家施莱登(Schleiden)提出细胞学说(cell theory):一切植物、动物都是由细胞组成的,细胞是一切动植物的基本单位。恩格斯将细胞学说与能量转化与守恒定律、达尔文进化论并称为19世纪自然科学的"三大发现"。随着科学技术的发展,细胞学说也在修正。目前,完整的细胞学说是:① 一切生物体都是由细胞所构成,细胞是生物有机体的基本单位;② 细胞具有独立有序的代谢调控系统,是代谢与功能的基本单位;③ 细胞是生命有机体生长发育的基础;④ 细胞携带全部的遗传信息,是有机体遗传的基本单位;⑤ 没有细胞就没有完整的生命,细胞是生命活动的基本单位。

大多数细胞是肉眼看不见的,只有借助显微镜才能观察细胞结构。伴随着高效能显微镜的发展,人们可以看到细胞内的亚细胞结构,加深对细胞结构的理解。由于光学显微镜的放大倍数和分辨率不及电子显微镜,所以电子显微镜(electron microscope,EM)问世以来,使人们看到了过去用光学显微镜看不到的结构。

细胞的大小、形状、功能差异很大。目前已知的最简单最小的细胞是支原体,直径100 nm。最大的细胞是鸵鸟卵,直径150 mm。最长的细胞则是人的神经细胞,神经纤维长度可大于1 m,棉花、麻纤维(单个细胞)长度为10 cm。各类细胞形态千差万别,有圆形、椭圆形、柱形、方形、多角形、扁形、梭形,甚至不定形。

细胞的大小和形状跟它们的功能密切相关。神经细胞长的轴突是为了神经信号的传导,卵细胞体积大是为了存放营养物质供胚胎发育。红细胞为圆盘状,有利于O_2和CO_2的气体交换。生物体的体积与细胞的数目有关,而与细胞的大小关系不大,新生儿约有2×10^{12}个细胞,成年人约有10^{14}个细胞。

根据细胞的进化地位、结构的复杂程度,可以将细胞分为原核细胞(procaryotic cell)和真核细胞(eucaryotic cell)两大类。

1.3.1 真核细胞的形态结构

真核细胞的大小、形状和功能多种多样,但基本结构是相同的。本书主要以高等动植物细胞为例,讲述真核细胞的结构。动植物细胞都具有细胞膜、细胞质和细胞核。植物细胞还具有动物细胞所没有的结构,例如细胞壁、液泡、叶绿体及其他质体。原生质体是细胞内具有生命活性的部分,包括细胞膜、细胞质和细胞核。因此,一个动物细胞就是一个原生质体。

1. 细胞壁

细胞壁在细胞膜的外面,作为细胞的外层,是植物细胞特有的结构,原生质体生命活动的产物,具有保护和支持作用。细胞壁分为3层,即胞间层(中层)、初生壁和次生壁。胞间层是相邻两个细胞间所共有的一层,在细胞分裂时形成,主要成分是果胶。初生壁位于胞间层的内侧,在细胞生长过程中形成,厚度约1～3 μm,主要成分是纤维素、半纤维素、果胶和少量的糖蛋白,但有时也会木质化。细胞停止生长后,原生质体继续分泌纤维素和其他物质，使初生壁的内侧继续加厚，这部分为次生壁，主要成分是纤维素和木质素。细胞壁具有全透性，任何物质都可以自由出入细胞壁。

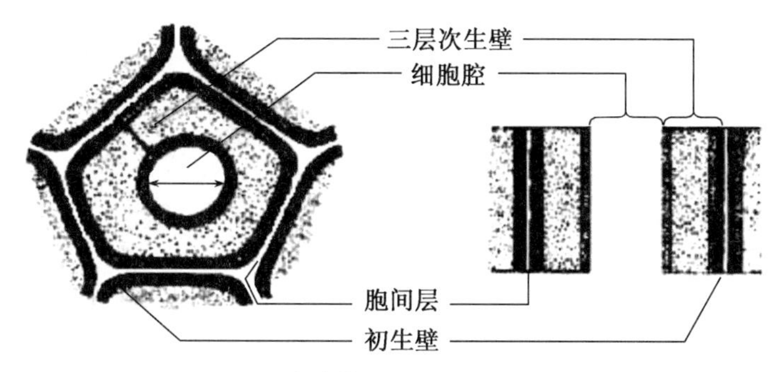

图1-5　细胞壁的结构(源自周乔，2006年)

2. 细胞膜

细胞膜即质膜，作为围绕在细胞最外层的膜，不仅是区分细胞内部与周围环境的动态屏障，也是细胞物质交换和信息传递的通道，选择性的物质运输为细胞的生命活动提供相对稳定的内环境。厚度通常为7～8 nm，由膜脂和膜蛋白组成，膜脂构成质膜的基本骨架，蛋白质体现质膜的功能。

关于细胞膜的结构，生物学家曾提出过许多假设和模型。目前仍为大多数人所接受的是1972年，由美国人桑格(S. J. Sanger)和尼克尔森(G. Nicolson)提出的流动镶嵌模型。其主要特征是：脂类双分子层构成细胞膜的骨架，蛋白质分子以不同的方式镶嵌其中，即镶嵌性；细胞膜的内外表面上，脂类和蛋白质的分布不平衡，也就是说膜两侧的功能不同，即不对称性；脂双层具有流动性，其脂类分子可以自由移动，蛋白质分子也可以在脂双层中横向移动，即流动性；细胞膜最大的特点是对出入细胞的物质有很强的选择透过性。

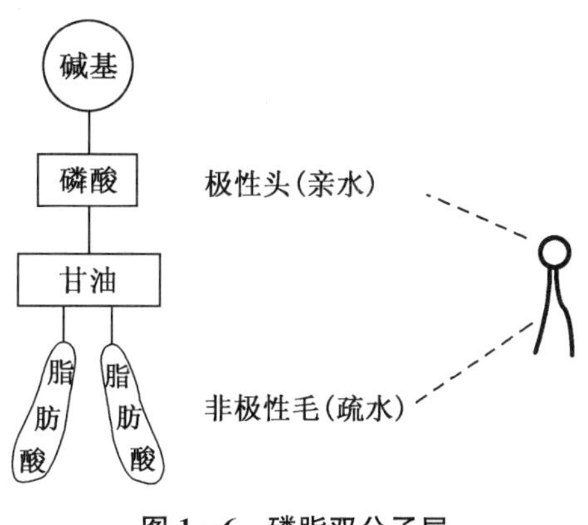

图1-6　磷脂双分子层

磷脂具有一个极性的头和两个非极性的尾巴。磷脂分子以疏水性尾部相对，极性头部朝向水相组成生物膜骨架。根据膜蛋白分离的难易及其与脂分子的结合方式，膜蛋白可分为两大类型：外在膜蛋白、内在膜蛋白。外在膜蛋白(表面蛋白)为水溶性蛋白，靠离子键或其他较弱的键，与膜表面的蛋白质分子或脂分子结合。内在膜蛋白(整合蛋白)与膜结合非常紧密，只有用去垢剂使膜解后才可分离出来。

细胞内膜系统与细胞膜，具有相同的基本结构特征，总称为生物膜。内膜系统有核膜、线粒体、叶绿体、溶酶体、内质网、高尔基体等。

细胞要进行各种生命活动，必须与环境进行物质交换，细胞膜对出入细胞的物质有很强的选择透过性，物质是怎样进出细胞的呢？物质进出细胞膜有三种方式：被动运输、主

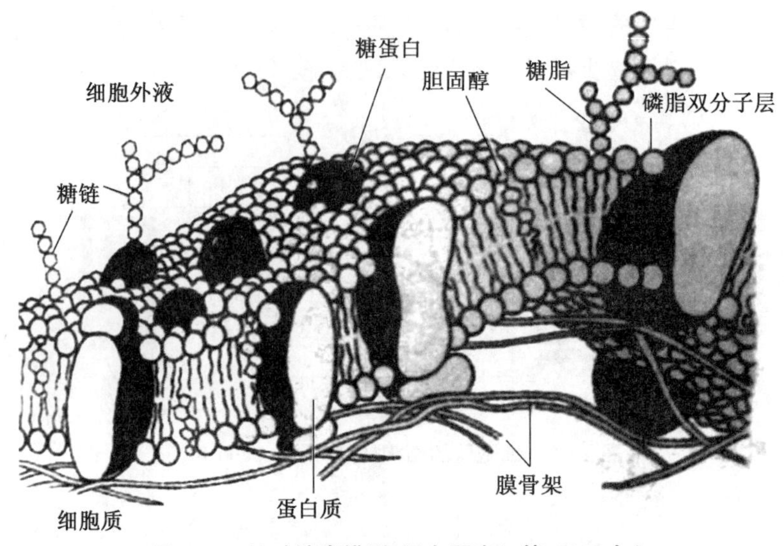

图 1－7　流动镶嵌模型(源自周春红等,2018 年)

动运输、胞吞和胞吐。

被动运输是顺浓度梯度运输,即由高浓度向低浓度运输,有简单扩散和协助扩散两种方式。简单扩散也叫自由扩散,不需要提供能量,没有膜蛋白的协助。非极性分子比极性分子容易透过,小分子比大分子容易透过。因此非极性的小分子如 O_2、CO_2 可以很快透过细胞膜;不带电荷的极性小分子,如水、尿素、甘油等也可以透过,尽管速度较慢;分子量略大一点的葡萄糖则很难透过;带电荷的物质如 H^+、Na^+ 不能透过。

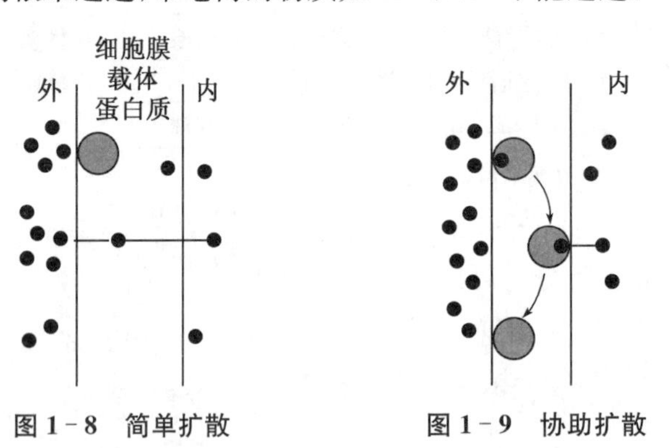

图 1－8　简单扩散　　　　图 1－9　协助扩散

协助扩散的动力仍是浓度差,运输速率比自由扩散高,必须有载体蛋白的协助才能完成运输。如在红细胞的细胞膜上有一种蛋白质分子,是葡萄糖的载体,可以携带葡萄糖进入红细胞内部。载体蛋白与所结合的物质具有高度专一性,即载体蛋白与溶液中的某种溶质结合,通过其空间结构的改变将结合的物质携带透过细胞膜。

物质逆浓度梯度跨过细胞膜,即从低浓度到高浓度方向的运输称为主动运输,因此主动运输需要 ATP 提供能量,同时也需要载体蛋白的协助,这些载体蛋白起泵的作用,能利用能量做功,可有选择地把专一性的溶质逆浓度梯度运送。如动物的 $Na^+－K^+$ ATP 酶。细胞内的 K^+ 浓度高,细胞外的 Na^+ 浓度高,$Na^+－K^+$ ATP 酶可实现每消耗一个 ATP,向胞外转运出三个 Na^+,向胞内转进两个 K^+。

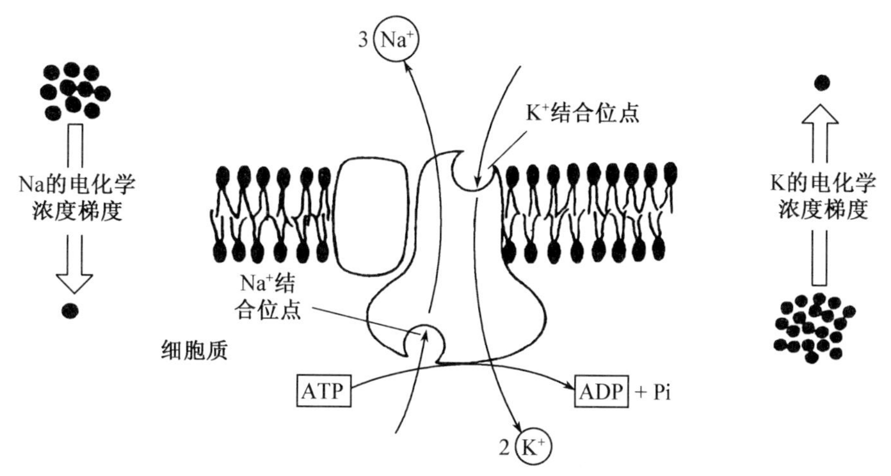

图1-10　Na^+ —K^+ ATP酶(源自周乔,2006年)

大分子物质与颗粒性物质要进出细胞膜选择胞吞和胞吐作用。当细胞遇到所需物质的颗粒时,细胞膜发生内陷,将颗粒包入而形成小泡,小泡在细胞质内被消化吸收,称为胞吞。细胞内的分泌泡或其他膜泡将其所含的物质通过与细胞质膜融合运出细胞的过程即为胞吐作用。

3. 细胞质

细胞质是指质膜以内细胞核以外的部分。细胞质中有可辨认形态的细胞器、细胞质骨架和细胞质基质。细胞质骨架主要是由蛋白质纤维组成的,参与细胞运动、物质运输、能量转换、细胞分化和细胞转化等重要生命活动。细胞质基质为无色透明的胶体物质,含有与糖类、脂类代谢以及蛋白质合成等重要生命活动有关的数千种酶类。

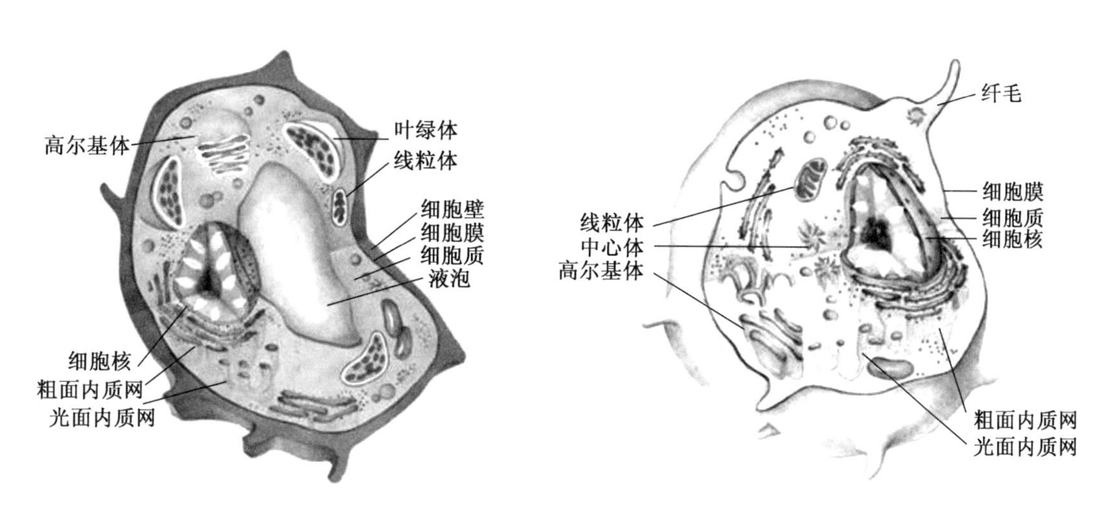

图1-11　动植物细胞模式图(源自吴相钰等,2014年)

(1) 细胞器

① 线粒体

线粒体被称为细胞的“动力工厂”,是细胞呼吸的场所,能量代谢的中心。线粒体一般呈粒状或杆状，因生物种类和生理状态而异，主要化学成分是蛋白质和脂类。线粒体在细胞质中一般均匀分布，可以向功能旺盛的区域迁移。

线粒体具有双层膜，外膜平滑而连续，内膜向内折叠形成嵴，内外膜之间有 6～8 nm 的腔隙。内膜和嵴之间充满了液态的基质，在内膜上分布着很多颗粒，称为基粒。内膜、基质、基粒上都含有许多与细胞呼吸有关的酶。另外，基质中还具有一套完整的转录和翻译体系，有专门的 DNA 和 RNA，能合成蛋白质，但是合成能力有限。

② 叶绿体

叶绿体的形态各式各样，有杯状、带状等，高等植物中的叶绿体形如凸透镜。叶绿体的数目因物种细胞类型、生态环境、生理状态而有所不同，通常每个细胞中有几十个到上百个叶绿体，一般高等植物叶肉细胞含 50～200 个叶绿体。

叶绿体由两层光滑的膜包围，内外两层膜之间为膜间隙。内膜内部充满液体，称为基质。基质中有由单位膜围成的扁平小囊，称为类囊体，类囊体内的腔称为类囊体腔。许多个类囊体像圆盘一样叠在一起，称为基粒，组成基粒的类囊体，称为基粒类囊体。每个叶绿体中约有 40～60 个基粒，每个基粒由 10～100 个类囊体组成。基粒之间没有发生垛叠的类囊体称为基质类囊体，它们形成了内膜系统的基质片层。

类囊体膜上有光合作用的色素，是光合作用的场所。同时叶绿体也有自己特有的双链环状 DNA、核糖体和进行蛋白质生物合成的酶，能合成出一部分自己所必需的蛋白质。

③ 核糖体

核糖体是没有被膜包围的颗粒状结构，一个细胞内核糖体的数目可达数百万个，有些是在细胞质中游离的，有些是附着在粗面内质网上。核糖体的主要成分是 rRNA 和蛋白质，有一大一小两个亚基。根据核糖体的沉降系数，分为 70S 核糖体和 80S 核糖体两大类。80S 核糖体在真核细胞的细胞质中，70S 核糖体在原核细胞中。核糖体可将 mRNA 所包含的信息转化为蛋白质中的氨基酸序列，是蛋白质合成的场所。

④ 内质网

内质网是内膜构成的封闭的网状管道系统，由单层膜围成的扁平囊状的腔或管，这些管腔彼此之间以及与核被膜之间是相连通的。内质网按功能分为糙面内质网和光面内质网两类。多数真核细胞中都有内质网，只有高度分化的真核细胞没有内质网，如人成熟的红细胞。

内质网的主要功能是合成蛋白质和脂类。糙面内质网上附着了核糖体，主要合成分泌性蛋白质、膜蛋白以及内质网和溶酶体中的蛋白质，还可以进行蛋白质的糖基化修饰及其折叠与装配。光面内质网上没有核糖体，不参加蛋白质的合成，可以将粗面内质网合成的蛋白质运至高尔基体，然后再包装成分泌颗粒，排出胞外，具有运输蛋白质的功能；膜上还镶嵌着许多具有活性的酶，可以合成脂类，包括脂肪、磷脂等。光面内质网与粗面内质网是同一膜系上的不同部分，彼此之间是连通的。

⑤ 高尔基体

1889 年，意大利医生高尔基(Golgi)首次观察到了清晰的结构，故命名为高尔基体。

高尔基体是由数个扁平囊泡堆在一起形成的高度有极性的细胞器。呈弓形或半球形，凸出的一面对着内质网称为形成面或顺面，面向细胞膜凹陷的一面称为成熟面或反面。顺面和反面都有一些或大或小的运输小泡，由一系列扁平小囊和小泡所组成，分泌旺盛的细胞，较发达。高尔基体的膜及腔与内质网相连通，是细胞内膜系统的一部分。动植物细胞中普遍存在，但一个细胞中只有少数几堆高尔基体，至多不过上百。

高尔基体的生理功能尚未完全搞清楚。目前认为高尔基体主要是将内质网合成的蛋白质进行加工、分类、包装，然后运送到细胞的特定部位。另外，高尔基体可以合成多糖，细胞分泌的多糖很多都是高尔基体的产物。

⑥ 溶酶体

溶酶体是高尔基体产生的、内含多种酸性水解酶类的囊泡状细胞器，由单层膜围绕，数目不等，大小不一。溶酶体的 pH 为 5 左右，含有 60 多种酸性酶，能够水解多糖、磷脂、核酸和蛋白质等。

溶酶体主要起消化作用，是细胞内的消化器官，可与细胞吞噬进的食物或致病菌等大颗粒物质形成的食物泡融合，然后消化分解成生物大分子，将残渣排出细胞。细胞衰老或受伤时，溶酶体可释放酸性酶引起细胞自溶，但溶酶体并不能把细胞内的一切废物都清除掉，如衰老细胞中的脂褐质颗粒。

如果溶酶体缺少一种或几种酶，就会引发疾病。例如煤矿工人吸入硅纤维或 SiO_2 颗粒后，被肺细胞吞噬，但溶酶体不能消化它，导致肺组织纤维化，呼吸功能降低。

⑦ 液泡

液泡是由单层膜包被的充满液体的细胞器。在成熟的植物细胞中液泡位于细胞中央，占据整个细胞体积的 90%，是在细胞生长和发育过程中由小的液泡融合而成的。低等动物细胞中也有液泡，如草履虫的食物泡和伸缩泡。

液泡中充满细胞液，含有无机盐、氨基酸、糖类以及各种色素等代谢物，甚至还含有有毒化合物，可调节细胞的内环境，液泡中的色素使植物的花、叶、果实呈现除绿色以外的各种颜色，而且充盈的液泡使细胞处于高渗状态，利于维持细胞的状态。

⑧ 微体

微体与溶酶体功能相似，但所含的酶不同于溶酶体。微体也是单层膜围绕的囊泡状小体，可在短时间内进行物质转换。在动植物细胞中都存在一种微体是过氧化物酶体，内含一些酶可将脂肪酸氧化分解，产生过氧化氢。脑肝肾综合征，是一类与过氧化物酶体有关的遗传病。患者细胞的过氧化物酶体是“空的”，脑、肝、肾异常，患者出生 3～6 个月内死亡。乙醛酸循环体只存在于富含脂类的植物细胞中，其中的酶能将脂肪酸转换成糖，以供植物早期生长需求。

⑨ 中心体

中心体是细胞中一种无膜结构的细胞器，在动物及低等植物细胞中出现。中心体位于细胞核一侧的细胞质中，光学显微镜下可以看到，每个中心体含有两个相互垂直排列的中心粒。中心体与细胞的有丝分裂有关。在细胞分裂时分别位于两个正分裂细胞的中心，所以称之为中心体。

(2) 细胞质骨架

真核细胞能维持正常的形状，可以进行各种细胞运动，是因为在真核细胞的细胞质中存在由蛋白质纤维组成的三维网架结构，类似细胞的骨骼和肌肉，称为细胞质骨架，有微管、微丝和中间纤维三种形式。细胞质骨架具有装配和拆卸的功能，可进行信息传递，是一组动态的结构。细胞质中各种细胞器、酶和很多蛋白质都是固定在细胞质骨架上执行各自的功能。

微管直径 22～25 nm，是由 13 条原纤丝组成的中空管状或纤丝状结构，每条原纤丝由 α 和 β 球状蛋白，沿着管径的长轴呈斜向交替排列。微管在细胞中起支架作用，使细胞保持一定的形状，还参与纺锤丝的构成和细胞的运动等生命活动。

微丝是直径约为 7 nm 的实心纤维状结构，由肌动蛋白分子组成，因此又称肌动蛋白丝，肌动蛋白分子连接成链，两条链相互盘绕而成微丝。微丝主要参与细胞的变形运动、形成微绒毛、胞质分裂、胞质环流等生命活动。

中间纤维介于微管和微丝之间，直径约 8～12 nm，由角蛋白组成。中间纤维不似微管和微丝那样经常装配与拆卸，结构比较稳定。中间纤维成束成网，并扩展到细胞质膜，与质膜相连结，主要起支撑作用。

（3）细胞质基质

细胞质中除细胞器以外的液体部分，也称为细胞溶胶，是细胞真正的内环境。细胞质基质成分复杂，富含蛋白质，占细胞的 25%～50%，含有与中间代谢有关的数千种酶类，是细胞代谢活动的场所，在细胞与环境、细胞质与细胞核、细胞器之间进行物质运输、能量交换、信息传递等生命活动。另外，细胞质基质中还有各种细胞内含物，如肝糖原、脂肪细胞的脂肪滴、色素粒等。

4. 细胞核

细胞核是遗传物质的主要存在部位，与细胞的代谢、生长、分化密切相关，是细胞的控制中心。细胞核大多呈球形或卵圆形，因生物的种类而异。一般每个细胞只有一个细胞核，位于细胞的中央或任意部位。有些细胞无核，有些则是双核或多核，例如成熟的植物筛管和哺乳类红细胞没有细胞核，肝细胞和心肌细胞有双核，骨骼肌细胞可有数百个核。尽管细胞核的形状不同，但是基本结构却大致相同，主要是由核膜、染色质、核仁和核骨架构成。

① 核膜

核膜是分隔细胞核与细胞质的双层膜结构，由内膜、外膜和核周隙三部分构成。外膜与内质网相连，并附着核糖体，核周隙与内质网腔相通，内膜表面有支持核膜的核纤层蛋白。核膜使细胞核形成独特的环境，保护 DNA 分子免受损伤，使 DNA 的复制和蛋白质的翻译在时空上分隔开。

核膜上有核孔与细胞质相通，是双向选择性通道，负责核质之间的物质交换和信息交流。核孔直径为 50～100 nm，一般有几千个，并不是单纯的孔洞，核孔构造复杂，含 100 种以上蛋白质，与核纤层紧密结合成为核孔复合体。

② 染色质

染色质和染色体是同种物质在不同时期的表现形式，染色质是指间期细胞内由 DNA、组蛋白和非组蛋白及少量 RNA 组成的线形复合结构，是间期细胞遗传物质存在形式。染色体是在细胞分裂期由染色质浓缩形成的棒状结构。染色质从形态上可以分为常染色质和异染色质。常染色质是 DNA 长链分子展开的部分，非常纤细。异染色质是

DNA 长链分子卷曲凝缩的部分。

核小体是染色质的基本结构单位，呈念珠状。每个核小体由组蛋白核心和缠在核心外周的 DNA 组成。4 种组蛋白 H_2A、H_2B、H_3 和 H_4 各两分子形成一个组蛋白八聚体，DNA 缠绕在组蛋白外周 1.75 圈，约 146 bp，两个核小体之间有一段连接 DNA，约 60 bp，组蛋白 H_1 就位于连接 DNA 上。DNA 长度压缩了 7 倍，成为直径为 11 nm 的核小体。核小体继续螺旋缠绕，构成外径 30 nm 的螺线管，长度压缩约 6 倍。螺线管再进一步螺旋化形成超螺线管，长度压缩约 40 倍。超螺线管经过高度的折叠和螺旋化形成染色体，又压缩约 50 倍。人体的一个细胞核中有 23 对染色体，每条染色体的 DNA 双螺旋若伸展开，平均长为 5 cm，全部 DNA 连结起来约 2.0 m，而细胞核直径不足 10 um，这就意味着从 DNA 到染色体要压缩近万倍。

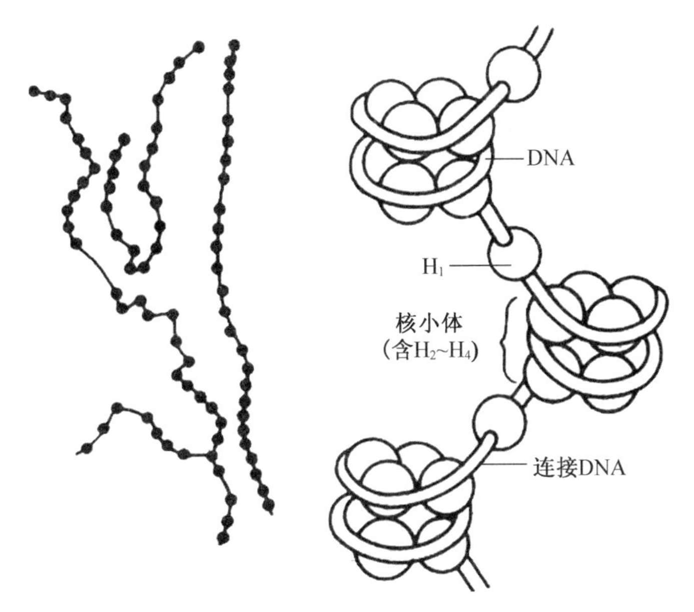

图 1-12　核小体与染色质(源自吴相钰等，2014 年)

染色体的一般形态特征在分裂间期清晰可见，有着丝粒、主缢痕、动粒、端粒。着丝粒在两条染色单体连接处，将染色体分为两个臂。主缢痕是中期染色体上一个染色较浅而缢缩的部位，主缢痕处有着丝粒。次缢痕是染色体上的一个缢缩部位，此处的 DNA 可形成核仁组织区。动粒也称着丝点，是着丝粒周围有蛋白质性质的盘状结构，可直接连接纺锤丝，是纺锤丝的附着区域。端粒是染色体末端的特化部位，由特定的 DNA 重复序列构成。

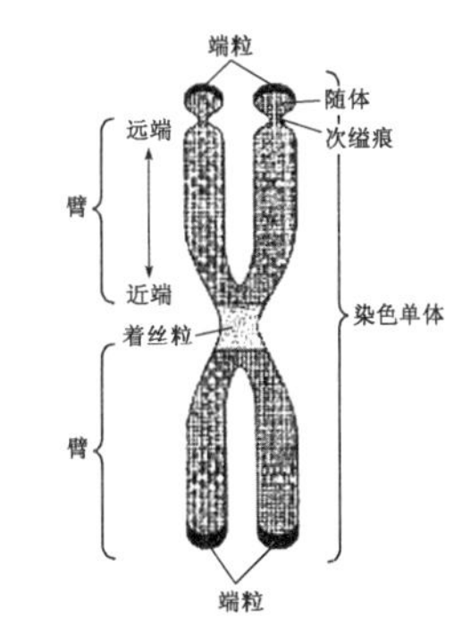

图 1-13　染色体的形态
(源自 Alberts *et al*. 2002 年)

根据着丝粒、主缢痕的位置，将染色体分为等臂染色体、近端着丝粒染色体和远端着丝粒染色体。

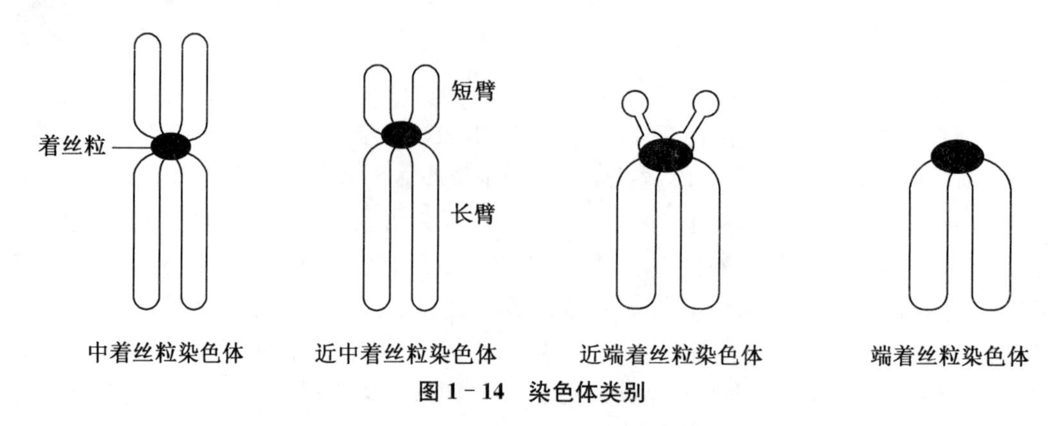

图 1-14　染色体类别

③ 核仁

核仁是细胞分裂间期细胞核中圆球形的颗粒状结构，一般 1～2 个，在蛋白质合成旺盛的细胞，常有多个核仁，核仁富含蛋白质和 RNA 分子，在细胞分裂过程中会出现周期性的消失与重建。rRNA 合成加工以及核糖体亚单位的装配都在核仁进行。在染色体上有一个或几个特定染色体片断的 DNA 可转录为 rRNA，称为核仁组织区，与细胞间期核仁形成有关。

④ 核骨架

核骨架是细胞核内的网架结构，由纤维蛋白构成，也称为核基质。核骨架与细胞质骨架相似，主要起支架作用，利于保持细胞核的形状，为 DNA 复制、基因转录加工、染色体组装等生命活动提供场所。

1.3.2　原核细胞的形态结构

细菌、蓝藻、放线菌、支原体、立克次氏体和衣原体等都没有细胞核，是由原核细胞组成的。原核细胞与真核细胞在细胞形态结构上有很大差别，下面以大肠杆菌为例，说明原核细胞的形态与结构。

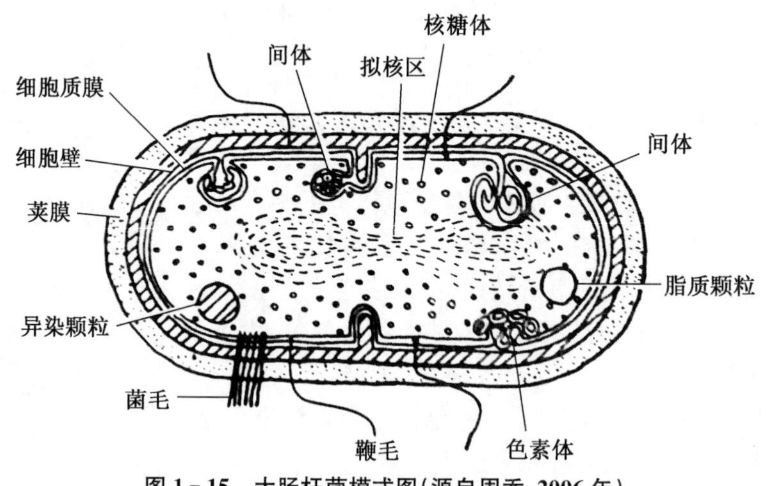

图 1-15　大肠杆菌模式图(源自周乔，2006 年)

大肠杆菌的最外层是细胞壁，主要成分是肽聚糖，壁外面还有一些附属物，如鞭毛、菌毛等。鞭毛是细胞的运动器官。大肠杆菌的细胞壁内是细胞膜，结构与真核细胞相似，具有选择透过性，控制物质的出入。细胞膜内是细胞质，是大肠杆菌的微环境，也是物质代谢和能量代谢的场所。大肠杆菌细胞质内没有专门的细胞器，只有可以合成蛋白质的70S核糖体。

原核细胞虽然没有细胞核，但有裸露的DNA，没有蛋白质，不能形成真核生物具有的染色体，但是遗传物质集中在一定区域，称为类核、拟核或核区。在大肠杆菌核区外，还有一种能自我复制的闭合环状DNA分子，称为质粒，是现代遗传工程中非常重要的基因载体。

表1-4　真核细胞、原核细胞的区别

细胞类别 区别	原核细胞	真核细胞
细胞大小	很小(1～10微米)	较大(10～100微米)
细胞核	无核膜(称“类核”)	有核膜
遗传系统	DNA不与蛋白质结合，只有一条DNA	DNA与蛋白质结合，有两条以上染色体
细胞器	无	有
细胞骨架	无	有
核糖体	70S	80S
核外DNA	裸露的质粒DNA	线粒体DNA、叶绿体DNA

练习题

1. 动植物细胞的区别是什么？
2. 真核细胞的单层膜细胞器和双层膜细胞器分别包括哪些？
3. 原核细胞与真核细胞有哪些主要区别？
4. 细胞内遗传信息贮存、复制和转录的主要场所是(　　)。
   A. 细胞膜　B. 细胞核　C. 细胞壁　D. 细胞质
5. 分析一生物组织，发现其中含有蛋白质、核酸、葡萄糖、磷脂、水、无机盐、纤维素等物质，此组织最可能来自(　　)。
   A. 蜻蜓　B. 大肠杆菌　C. 人　D. 柳树
6. 细胞膜的成分中含量较高的物质是(　　)。
   A. 糖类和水　B. 脂质和蛋白质
   C. 蛋白质和糖类　D. 水和脂质
7. 下列生物的活体细胞中含有纤维素的是(　　)。
   A. 人类口腔上皮细胞　B. 草履虫细胞
   C. 变形虫细胞　D. 西瓜果肉细胞
8. 衣藻不能像变形虫那样常常改变细胞形状，这主要是由于衣藻细胞存在着(　　)。
   A. 细胞壁　B. 细胞膜　C. 叶绿体　D. 液泡

9. 细胞核中行使主要功能的重要结构是(　　)。

A. 核膜　　B. 核仁　　C. 染色质　　D. 核孔

10. 海带细胞内的碘离子浓度远高于海水中的碘离子浓度,但海带细胞仍可以从海水中吸收碘离子。其吸收方式是(　　)。

A. 自由扩散　　B. 协助扩散　　C. 主动运输　　D. 胞吞作用

11. 关于染色体与染色质的关系,下列说法正确的是(　　)。

① 同一种物质　　② 不同种物质　　③ 形态相同

④ 形态不同　　⑤ 同时出现　　⑥ 出现在不同时期

A. ①③⑥　　B. ②③⑤　　C. ①④⑥　　D. ②③⑤

12. 下列物质中,在核糖体上合成的是(　　)。

① 性激素　② 抗体　③ 淀粉　④ 唾液淀粉酶　⑤ 纤维素　⑥ 胰岛素

A. ①③④　　B. ②③⑤　　C. ②④⑥　　D. ①④⑥

1.4 细胞分裂与细胞分化

细胞周期是指细胞从一次分裂完成开始到下一次分裂结束所经历的全过程,分为间期与分裂期两个阶段。间期又分为三期,包括DNA合成前期(G1期)、DNA合成期(S期)和DNA合成后期(G2期)。细胞分裂期(M期)包括核分裂和胞质分裂两个主要过程。

细胞周期的时期随不同细胞、不同条件而异。以大肠杆菌为例,如果培养在只含葡萄糖和无机盐的环境里,细胞周期为45分钟;如果培养基中加入氨基酸和其他有机物后,细胞周期就缩短为20分钟。在适宜条件下草履虫一般为6小时,而蚕豆根尖细胞为19.3小时。间期时间总是长于分裂期,不同细胞细胞周期的长短主要取决于G1期的变化。

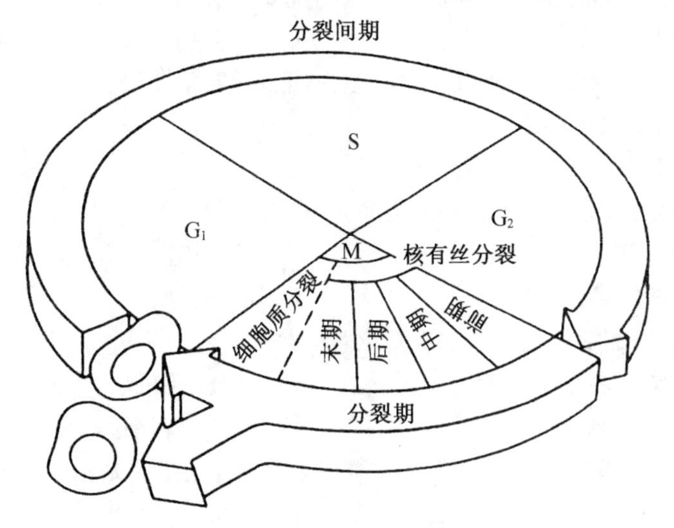

图1-16　细胞周期示意图(源自周乔,2006年)

1.4.1 细胞分裂

细胞分裂是细胞繁殖的一种形式，可分为无丝分裂、有丝分裂和减数分裂三种类型。

1. 无丝分裂

无丝分裂又称为直接分裂，是指细胞核伸长，从中部缢缩，直接一分为二，形成两个子细胞，期间不出现染色体变化和纺锤体的形成。无丝分裂多见于原核生物，高等动植物也有发现，如植物的胚乳细胞、动物的肌肉细胞等。

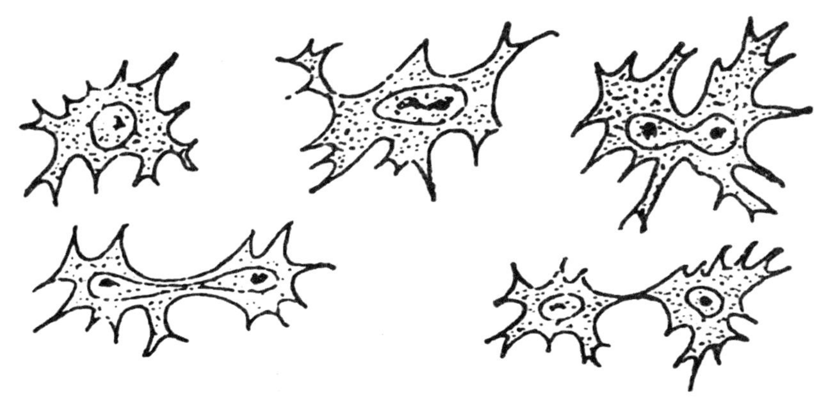

图1-17 鼠腱细胞的无丝分裂（源自周乔，2006年）

2. 有丝分裂

有丝分裂又称为间接分裂，有纺锤体和染色体出现，染色体被平均分配到子细胞中。

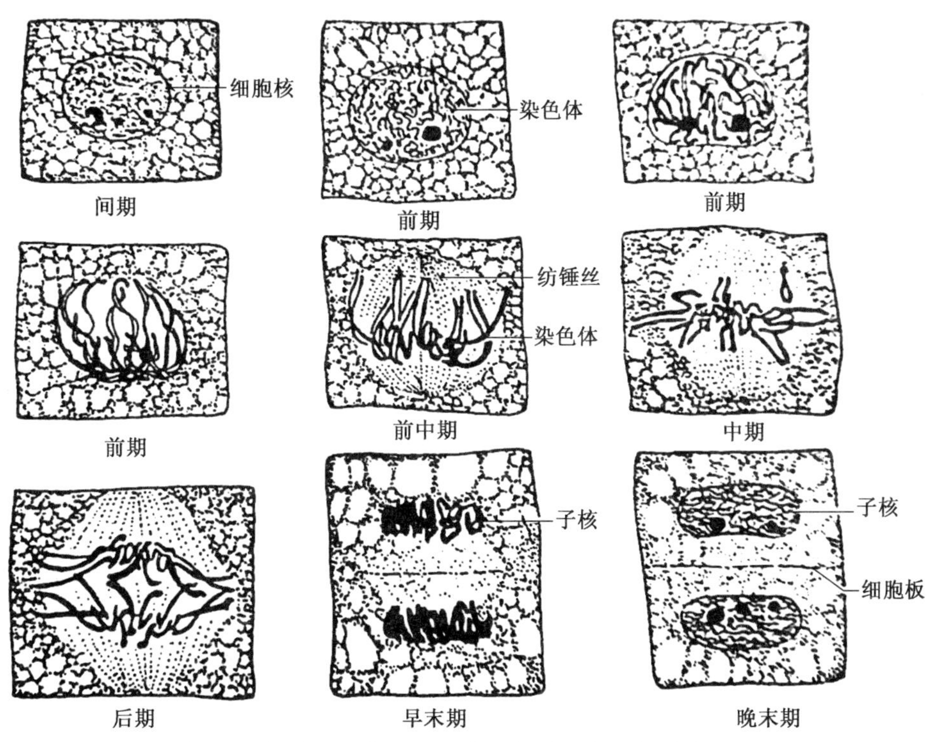

图1-18 根尖细胞的有丝分裂各个时期（源自周乔，2006年）

有丝分裂普遍见于高等动植物,是真核细胞分裂产生体细胞的过程,分为核分裂和胞质分裂。核分裂又分为间期、前期、中期、后期、末期五个时期。

间期又分为G1期、S期和G2期。G1期主要进行RNA和各类蛋白质的合成;S期主要进行DNA的合成复制、组蛋白的合成;G2期进行微管蛋白的合成等。

前期:染色质高度螺旋形成染色体,核仁解体,核膜消失,细胞两极发出纺锤丝,开始装配纺锤体,细胞器解体。此时染色体由两条染色单体组成,有着丝粒、动粒。

中期:染色体排列在细胞中央的赤道板上,纺锤体明显。分裂中期的染色体的形态比较固定,数目比较清晰,便于观察。

后期:姐妹染色单体从着丝点分开,分别移向两极。

末期:姐妹染色单体到达两极,并开始解螺旋逐渐形成染色质,核仁、核膜出现,形成新的子核。

动植物细胞的有丝分裂过程基本相同,但是动物细胞的中心体,在S期各自复制形成

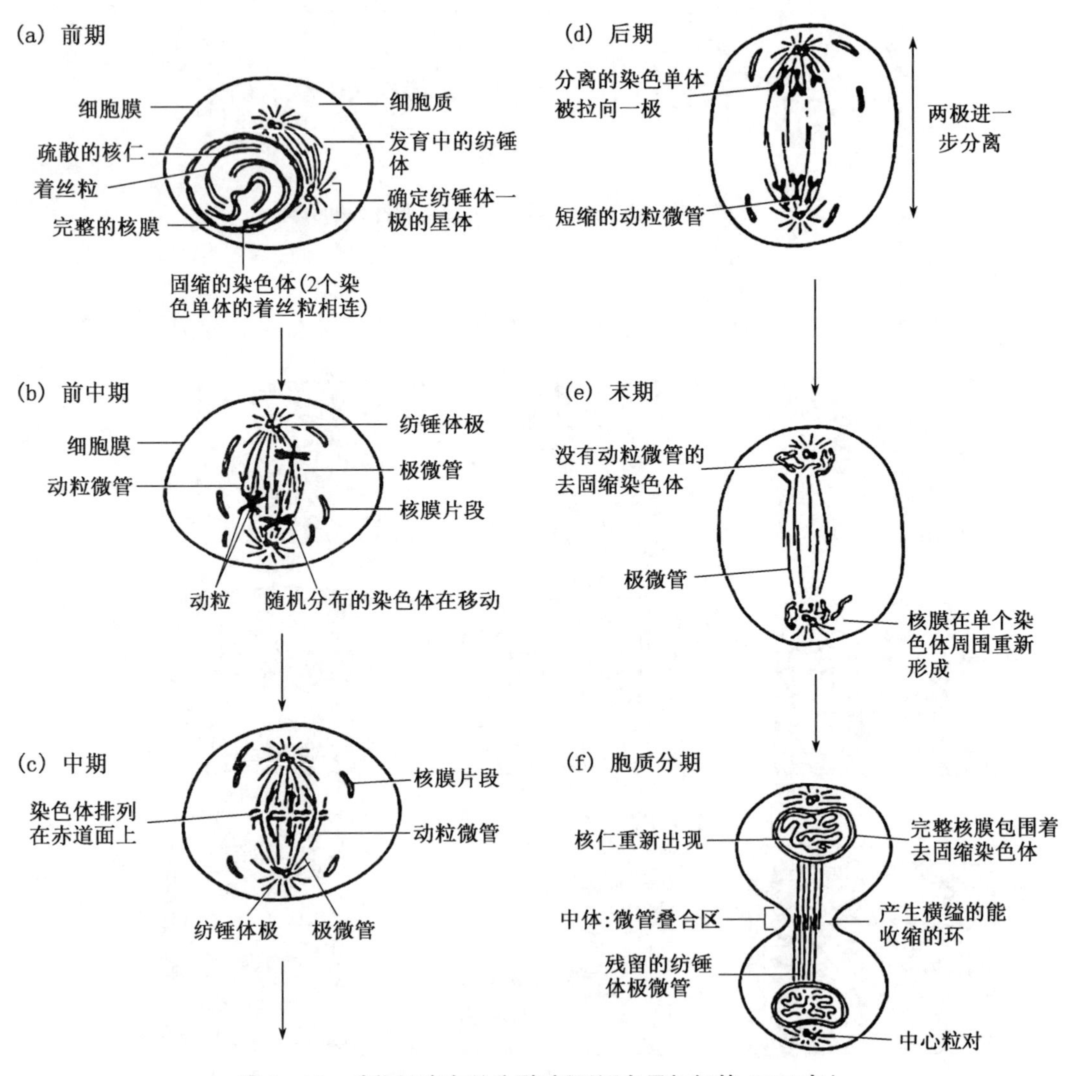

图1-19　动物细胞有丝分裂过程(源自吴相钰等,2014年)

两组中心粒，有丝分裂前期，中心粒发出无数条放射线，染色质开始高度螺旋化，中心粒之间的星射线形成了纺锤体。

动物细胞的胞质分裂是以形成收缩环的方式完成的，细胞膜从细胞的中部向内凹陷，把细胞裂成两个子细胞，每个子细胞都含有一个细胞核。

植物胞质分裂不同于动物，核分裂后期赤道板处的纺锤体微管数量增加，密集为一桶状区域称成膜体。来自高尔基体的小泡运至成膜体中，在赤道面聚集放出多糖物质，构成细胞板，分隔细胞质并逐步向四周延伸，细胞板就成了新壁的胞间层的最初部分，在细胞板的两侧有小泡融合形成新的质膜。

有丝分裂，染色体复制一次，细胞分裂一次，子细胞染色体数目与母细胞一样，促进了细胞数目和体积的增加，又能维持个体正常的生长和发育，保证了物种之间的连续性和稳定性，具有重要的生物学意义。

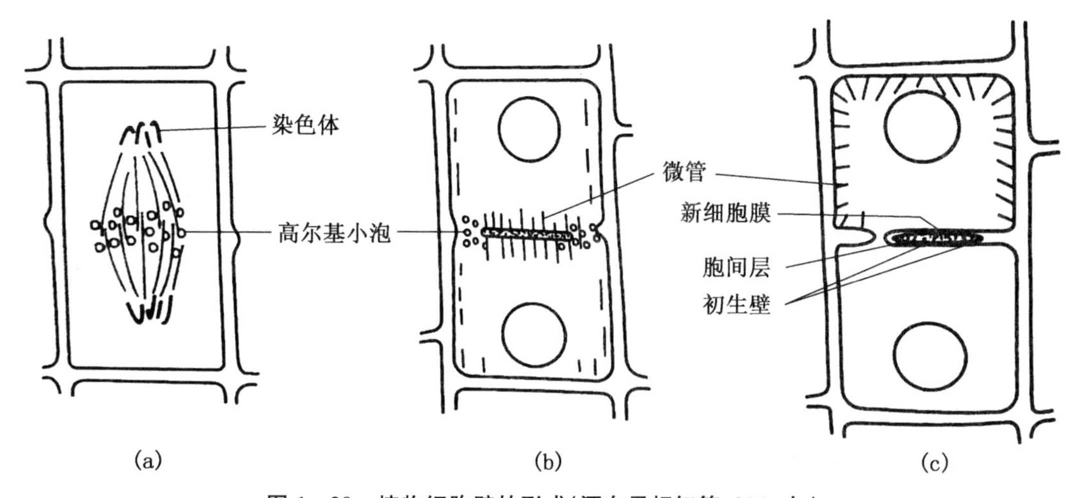

图1-20 植物细胞壁的形成(源自吴相钰等,2014年)

3. 减数分裂

减数分裂是染色体复制一次而细胞连续分裂两次的分裂方式，是高等动植物形成配子体的分裂方式。减数分裂的过程与有丝分裂相似，在S期发生染色体复制，连续两次的细胞分裂分别称为减数分裂Ⅰ和减数分裂Ⅱ。

(1) 减数分裂Ⅰ

可分为前期Ⅰ、中期Ⅰ、后期Ⅰ、末期Ⅰ。其中前期Ⅰ发生染色体配对和重组，时间较长，又分为细线期、偶线期、粗线期、双线期和终变期，但它们之间是连续的，并没有截然的界限。

前期Ⅰ：细线期，染色质凝集，出现细长如丝的染色体，每条染色体都由两条姐妹染色单体组成。偶线期，又称配对期，染色体渐渐缩短变粗，同源染色体开始配对，即联会，形成非永久性的复合结构，即联会复合体。同源染色体是指二倍体生物中来自父本、母本的大小相同、形态结构相似的染色体。不同对的染色体，称为非同源染色体。粗线期，染色体明显变粗变短，结合紧密。同源染色体配对完毕，成为四分体。同源染色体上的非姐妹染色单体之间发生交换。双线期，同源染色体分开，但非姐妹染色单体仍有一两个接触点，即交叉，核仁体积也进一步缩小，联会复合体消失。终变期，染色体缩得更短更粗，交叉向染色体臂的端部移行，称为端化。此时核仁消失，是鉴定染色体数目的最好时期。终变期的结束标志着染色体重组完成，染色体凝集成棒状。

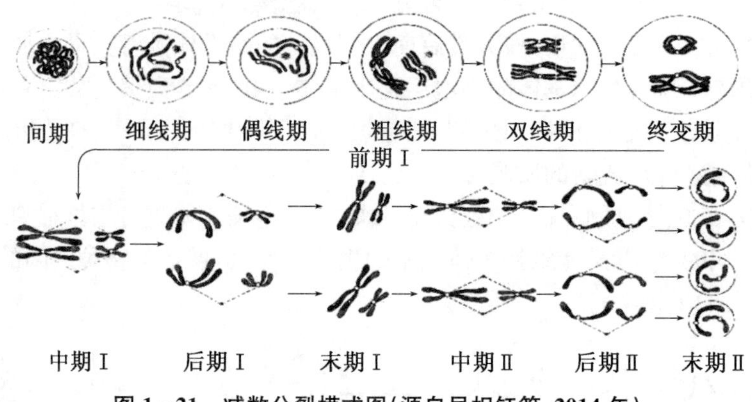

图 1-21　减数分裂模式图(源自吴相钰等,2014 年)

中期Ⅰ：核仁和核膜消失，细胞质里出现纺锤体，四分体在纺锤丝的牵引下移向中央，成对排列在赤道面上。着丝粒位于赤道面的两侧，有丝分裂中期，染色体的着丝粒在赤道板上排列整齐。

后期Ⅰ：同源染色体分开，并向两级移动，着丝粒不分离，非同源染色体向两极的移动是随机的。

末期Ⅰ：核膜、核仁又出现，染色体逐渐伸长，形成细丝状。细胞质也分为两部分，最后形成两个子细胞。

在减数分裂Ⅰ和减数分裂Ⅱ的间期很短，不进行 DNA 的合成，有些生物甚至没有间期，而由末期Ⅰ直接转为前期Ⅱ。

(2) 减数分裂Ⅱ

与有丝分裂相似，可分为前期Ⅱ、中期Ⅱ、后期Ⅱ、末期Ⅱ四个时期。

前期Ⅱ：每个染色体有两条染色单体组成，着丝点仍连接在一起。

中期Ⅱ：染色体的着丝点整齐地排列在细胞的赤道板上，着丝点开始分裂。

后期Ⅱ：着丝点一分为二，染色单体由纺锤丝分别拉向两极。

末期Ⅱ：拉到两极的染色体形成新的子核，同时细胞质也分为两部分，形成两个子细胞。

经过减数分裂Ⅰ和减数分裂Ⅱ，形成四个子细胞。一个精母细胞形成 4 个精子，而一个卵母细胞形成一个卵子及 3 个极体。

减数分裂使染色体数目减半，而受精作用后又恢复成二倍体，从而保证了物种世代间染色体数目的稳定。同源染色体的交换和非同源染色体间的随机重组，增加了遗传的多样性，为自然选择提供了丰富的材料。

1.4.2　细胞分化

多细胞生物是由很多种形态、结构、功能不同的细胞组成的，例如，人是由一个受精卵发育而来，而成人有 10^{14} 个细胞，细胞种类有 200 多种。细胞分裂可使细胞数目大大增加，细胞分化可实现细胞种类的增加。

细胞分化是指在生物个体发育中，经细胞分裂在细胞之间逐渐产生形态、结构和功能上的稳定性差异，从而形成不同细胞类型的过程。细胞分化是特定基因在一定时间、空间表达的结果。细胞分化的本质就是基因的选择性表达。细胞分化的过程通常是不可逆的。分化终端的细胞不再分裂，具有稳定的特征，执行一定的生理功能，逐渐走向衰老和死亡。细胞分化是稳定的，已分化的细胞具有的结构和功能特征是稳定的，在机体中的位置也是不轻易改变的。细胞分化是一种严格有限的活动。即使拥有几百万亿个细胞的复杂有机体也只能分化出几百种不同类型的细胞。

有丝分裂的精确性使得每个细胞均含有一套完整的遗传信息，细胞经分裂和分化后仍具有产生完整有机体的潜能或能力，这称为全能性。例如，受精卵及早期的胚胎细胞都是具有全能性的细胞。科学家早已证实植物细胞具有发育的全能性，并根据这一理论建立了植物组织培养技术，现已成为一门应用性极强的独立学科。1997 年，科学家将羊乳腺细胞的细胞核植入去核的羊卵细胞中，核移植细胞在体外培育至囊胚期，移入代孕母羊的子宫，最后产出仔羊。科学家可成功克隆 Dolly 羊，说明高度分化的哺乳动物体细胞核也具有发育全能性。但是至今也不能使动物的体细胞形成一个完整的个体，这不仅显示了高等动物细胞分化的复杂性，也说明卵细胞的细胞质对细胞分化具有重要意义。

1.4.3 细胞衰老与细胞凋亡

衰老和死亡是生命的基本现象，衰老过程发生在生物界的整体水平、种群水平、个体水平、细胞水平以及分子水平等不同的层次。细胞衰老是指在正常环境条件下发生的细胞分裂受到抑制、细胞功能衰退，并逐渐趋向死亡的现象。衰老细胞的结构和功能发生了明显的变化，细胞膜的黏度增加、流动性降低；染色质凝聚、固缩、碎裂；核膜内陷；细胞质内色素沉积等。细胞衰老是细胞的一种重要生命活动现象。Hayflick 等人的研究证实：细胞，至少是培养的细胞，不是不死的，而是有一定的寿命；细胞的增殖能力不是无限的，而是有一定的界限，这就是著名的 Hayflick 界限。

细胞凋亡是一个由自身基因决定的自动结束生命的过程，受严格的遗传机制控制，所以也称为细胞编程性死亡。凋亡中，细胞膜反折，包裹断裂的染色质片段或细胞器，形成凋亡小体，然后被吞噬。在整个过程中，细胞膜保持完整，细胞内容物没有泄露，不引发炎症反应。

细胞凋亡是普遍自然发生的，通过凋亡，有机体可以清除不再需要的、无用的细胞。脊椎动物的神经系统在发育过程中，约有 50% 的细胞凋亡，以此来调节神经细胞的数量，使之与需要神经支配的靶细胞的数量相适应。在成熟个体的组织中，细胞的自然更新以及被病原体感染的细胞的清除也是通过细胞凋亡实现的。人体内红细胞工作 120 天就自然死亡。健康的成人体内，在骨髓和肠中，每小时约有 10 亿个细胞凋亡。

细胞凋亡是生物体清除多余无用细胞，清除发育不正常或有害的细胞，清除完成正常使命的衰老细胞，控制组织器官各部分的细胞总数，以维持整体正常发育和健康生长所不可或缺的正常生理机能。细胞凋亡的失调包括不恰当的激活或抑制会导致疾病。例如肿瘤以及自身免疫疾病等。

坏死是与细胞凋亡完全不同的细胞学现象。坏死是由极端的物理、化学因素或严重的病理性刺激引起的细胞自我损伤和死亡。如果细胞坏死，则细胞膨大、细胞膜破裂，细胞内容物被释放到细胞外，导致炎症反应。虽然凋亡与坏死的最终结果极为相似，但它们的过程与表现相差很大。

总之，细胞分裂、细胞分化、细胞衰老、细胞凋亡都是细胞生命活动的基本内容，是在生物体网络信息系统的控制下严格进行的生命活动。细胞分裂是细胞分化的基础，而两者又是多细胞生物个体发育的基础，个体发育通过细胞分裂、细胞分化和细胞死亡得以实现。

练※习※题

1. 减数分裂与有丝分裂的区别是什么？
2. 细胞周期及有丝分裂期各期的特征。
3. 细胞分化的概念。
4. 细胞有丝分裂可人为地划分为____________和分裂期两大阶段，其中分裂期又可分为____________、____________、____________和____________。
5. 动物细胞核在分裂间期复制出两个______________，分裂前期其周围出现许多放射状的星射线，由星射线组成______________。细胞分裂末期，原来______________四周的细胞膜向内凹陷形成缢沟，逐渐加深，最后将细胞质缢隔成两部分，形成两个新细胞。
6. 动物细胞中心粒倍增的时期是(　　)。

   A. 间期　　B. 前期　　C. 中期　　D. 后期
7. 关于植物细胞有丝分裂中期叙述不正确的是(　　)。

   A. 染色体的形态较稳定，数目较清晰

   B. 每条染色体都有两条染色单体

   C. 每条染色体的着丝点都排列在细胞中央的赤道板位置上

   D. 每条染色体中只有一个 DNA 分子
8. 核膜、核仁逐渐消失在(　　)。

   A. 间期　　B. 前期　　C. 中期　　D. 后期
9. Hayflick 和 Moorhead 的实验发现在体外培养的细胞经过 40～60 次群体倍增后便不再分裂了，这一现象是因为(　　)。

   A. 细胞自噬　　B. 细胞坏死　　C. 细胞凋亡　　D. 细胞衰老
10. 细胞分化的实质是(　　)。

    A. 基因选择性表达　　B. 基因选择性丢失

    C. 基因突变　　D. 基因扩增
11. 一个主动的由自身基因决定的自动结束生命的过程是指(　　)。

    A. 细胞凋亡　　B. 细胞坏死　　C. 细胞衰老　　D. 基因突变
12. 在减数分裂过程中，染色体着丝点的分裂发生在(　　)。

A. 减Ⅰ末期　B. 减Ⅰ后期　C. 减Ⅱ后期　D. 减Ⅱ末期

13. 有丝分裂过程中,染色体在赤道板上排列整齐是为了(　　)。

A. 均分染色体　B. 查找染色体　C. 调控染色体　D. 复制染色体

14. 小蝌蚪的尾巴在成长的过程中逐渐消失,这是(　　)。

A. 细胞凋亡　B. 细胞衰老　C. 细胞坏死　D. 细胞变异

实验1　显微镜的构造和使用

实验目的:

1. 了解普通光学显微镜的构造和性能。
2. 学习并掌握正确的使用技术。

材料用品:

显微镜、二甲苯、香柏油、擦镜纸。

实验步骤:

1. 显微镜的构造

① 物镜

有四种规格,分别是4×,10×,40×和100×。一般来说,物镜倍数越高,工作距离越短,为了避免操作不当,产生物镜与标本的碰撞,使用时注意轻轻转动转换器。

② 转换器

当转动转换器时,会听到一声"咔"的声音,表示物镜已经对光了,可以进行下一步的操作了。

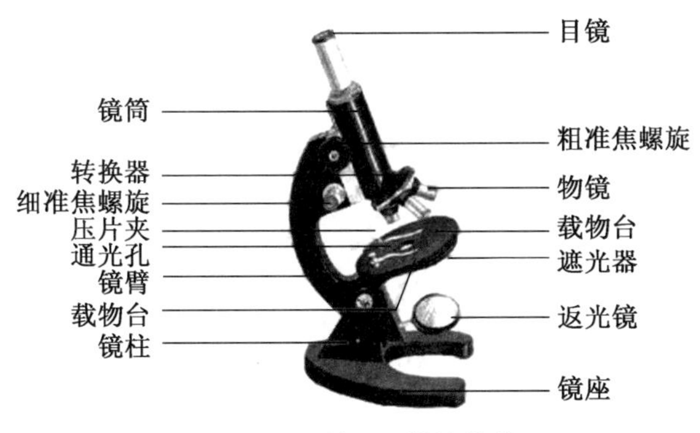

图1-22　单目显微镜构造

③ 目镜

目镜有单目双目之分,有10×和15×两种规格。仪器放大倍数=目镜倍数×物镜倍数。

表 1-5 放大倍数

目镜＼物镜	4×	10×	40×	100×
10×	40×	100×	400×	1000×
15×	60×	150×	600×	1500×

④ 载物台

载物台是指放置物体并与显微镜光轴垂直的平台。

⑤ 聚光镜

无论是高倍或低倍物镜，都需要聚光镜来配合，可以使被观察的标本获得足够的照明。

⑥ 镜臂

在移动显微镜时，必须一手扶住镜臂，一手托住底座，防止显微镜受到碰撞或跌落。

⑦ 镜座

在底座的四角有橡皮胶垫，可以使显微镜稳定地安放在桌面。上面是反光镜，可提供光源。

⑧ 粗/细准焦螺旋

粗准焦螺旋位于显微镜的两侧，旋转粗准焦螺旋能使载物台上下移动。细准焦螺旋轻轻转动，可使载物台轻微的升降移动，使图像更清晰。

2. 单目显微镜的使用方法

① 取镜和安放。右手握住镜臂，左手托住镜座；把显微镜放在实验台距边缘 5 厘米左右处，略偏左，安装好目镜。

② 对光。转动转换器，使低倍物镜对准通光孔(注意不要用手扳物镜)。

③ 把所要观察的玻片标本放在载物台上，用压片夹压住，标本要正对通光孔。

④ 转动粗准焦螺旋，顺时针旋转，使镜筒缓缓下降，直到物镜接近玻片标本为止。注意:此时眼睛一定要看着物镜!

⑤ 左眼向目镜内看，同时逆时针方向转动粗准焦螺旋，使镜筒缓缓上升直到看清物像为止。再略微转动细准焦螺旋，使看到的物像更加清晰。

⑥ 观察完毕，先提升镜筒，取下玻片标本，用纱布将显微镜外表擦拭干净，转动转换器，使两个物镜伸向前方，将镜筒缓慢降至最低，将反光镜放在直立的位置，将显微镜放回原处。

3. 单目显微镜使用的注意事项

① 右手握，左手托。

② 转动转换器时是手指放在转换器的边缘转动，不要用手指掰着物镜转动。

③ 对光完成后不能再动反光镜。

④ 镜筒下降时，眼睛一定要看着物镜，观察时，两眼要同时睁开。

⑤ 不能用手或布直接擦拭目镜和物镜。

4. 双目显微镜的使用方法

① 接通电源，打开电源开关。

② 在载物台上放置标本并夹牢固。

③ 先用4×物镜调焦，获得清晰的图像，可移动标尺略微移动玻片，使物像恰好位于视野中央，然后旋转转换器到所需要的倍数，慢慢移动聚光镜至亮度最高，再微调使图像清晰。注意：此时不可用粗调节器，否则会压碎玻片标本损伤镜头。

④ 显微镜使用完毕，先将镜筒升高，取下玻片，擦净载物台和物镜，将各部分还原，转动镜头转换器，将物镜挪开，并将镜筒降至最低处，同时把聚光镜降下，扶下镜身，装镜入箱。

5. 显微镜的使用说明

① 显微镜成的是倒立的放大的虚像。

② 显微镜的放大倍数＝目镜倍数×物镜倍数。

③ 显微镜放大的是长度和宽度，面积放大平方倍。

④ 放大倍数越大看到的载玻片上的范围越小、细胞数目越少、细胞个体越大、光线越暗，物镜与装片距离越近。

练习题

1. 用显微镜观察任何标本，都必须先用(　　)。

A. 高倍镜　　B. 低倍镜　　C. 油镜　　D. 目镜

2. 在使用显微镜的过程中，小明在对光后没有在目镜中看到白亮的视野。小明采取了以下补救方法，请你选择其中不起作用的一项(　　)。

A. 转动遮光器　　B. 转动转换器

C. 调节细准焦螺旋　　D. 转动反光镜

3. 显微镜是一种精密放大仪器，下列关于显微镜操作的叙述不正确的是(　　)。

A. 对光时左眼注视目镜，右眼睁开

B. 观察时可通过开大光圈来增加视野亮度

C. 调焦时先用粗准焦螺旋，后用细准焦螺旋

D. 物像不在视野中央，可转动目镜来移动物像

4. 用显微镜观察临时装片时，由低倍镜转换到高倍镜，视野亮度和细胞数目的变化是(　　)。

A. 变亮　增多　　B. 变暗　减少　　C. 变亮　减少　　D. 变暗　增多

5. 用显微镜观察时，如果视野中的物像偏右下方，要使物像居视野中央，应将玻片标本向(　　)。

A. 左上方移　　B. 右下方移　　C. 左下方移　　D. 右上方移

6. 转动________准焦螺旋，使镜筒________下降，直到物镜接近玻片标本。

7. 为什么此时眼睛一定要看着物镜？

8. 如果把一根头发、一张厚纸放在物镜下面，看看能否看清楚它们的结构？

实验2 临时装片的制作

实验目的：

1. 掌握临时装片的制作方法。
2. 掌握细胞的基本结构。

材料用品：

1. 试剂：蒸馏水、碘液、洗衣粉、0.9%生理盐水。
2. 材料：洋葱、新鲜菠菜。
3. 器材：显微镜、牙签、载玻片、盖玻片、解剖针、纱布、吸水纸、尖头镊子、试管刷。

实验步骤：

显微镜下的标本必须是薄而透明的才可以观察清楚结构。为了做到这一点，需要对所观察的材料进行处理，制成玻片标本，然后进行观察。用从生物体上切取的薄片制成的玻片标本称为切片。用液体的生物材料经过涂抹制成的玻片标本称为涂片。用从生物体上撕下或挑取的少量材料制成的玻片标本称为装片，或者有的生物非常微小，也可以直接做成装片。

1. 洋葱鳞片叶表皮细胞临时装片标本的制作与观察

(1) 制片方法

① 清洗载玻片、盖玻片。选取一洗净的载玻片，用纱布擦干，在载玻片中央滴1滴蒸馏水。用尖头镊子从洋葱肉质鳞片内表皮撕下一小块1 cm×1 cm的表皮，铺在水滴上，用解剖针轻轻将其压入水中，展平。

② 镊子夹住洗净擦干的盖玻片的一边，另一边接触水滴的边缘，然后慢慢地放下，以便驱走盖玻片下的空气，不致产生气泡。

③ 用吸水纸吸去盖玻片周围的水，放在显微镜下观察。

④ 染色，为了更清楚地显示洋葱表皮细胞的结构，可用稀碘液染色。染色时，玻片从镜台上取下，在盖玻片的一侧加1滴碘液，用吸水纸从盖玻片另一侧吸引，使碘液通过洋葱表皮以染色，再放在显微镜下观察。

(2) 观察

① 在低倍镜下，可见洋葱表皮细胞略成长方形，排列紧密，每个细胞内有一圆形或扁圆形的细胞核。

② 染色后，可见细胞最外面为棕黄色细胞壁所包围，细胞壁以内是着色较浅、近于透明的细胞质。细胞质内有一个或几个或大或小的透明的液泡，在细胞中央或靠近细胞壁，有一细胞核，核内有染色成棕黄色的核仁。细胞质外围有一薄层细胞质膜，在生活细胞中不易分清。

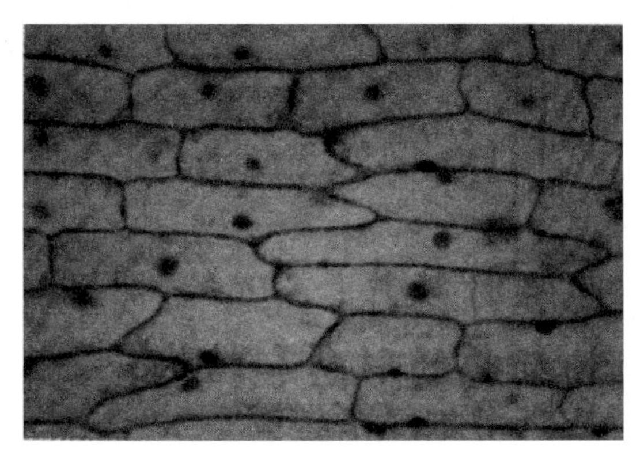

图1-23 洋葱鳞片叶内表皮细胞

2. 菠菜叶肉细胞叶绿体的观察

取一新鲜菠菜叶片，用镊子撕去一小块表皮，用小刀轻轻刮取一点叶肉细胞，制作菠菜叶肉细胞临时装片标本，先置低倍镜下再转高倍镜下观察。

3. 人口腔上皮细胞临时装片标本的制作与观察

① 滴一滴0.9%生理盐水于干净的载玻片中央，将消毒牙签粗的一端伸入口腔内，在口腔颊内轻轻刮几下，将刮下的白色黏性物质放入载玻片上的液滴中，分散均匀，盖上盖玻片，吸去多余的液体。

② 置于低倍镜下寻找较分散的单个细胞观察，可见人口腔上皮细胞呈扁圆形和扁平多边形。

③ 若观察不够清楚，可用碘液染色后，再放在显微镜下观察。染色时，玻片从镜台上取下，在盖玻片的一侧加1滴碘液，用吸水纸从盖玻片另一侧吸引。可见细胞外围仅有一大致可辨的细胞界限，细胞核呈鲜红色位于细胞中央或近中央，细胞质呈浅黄色。

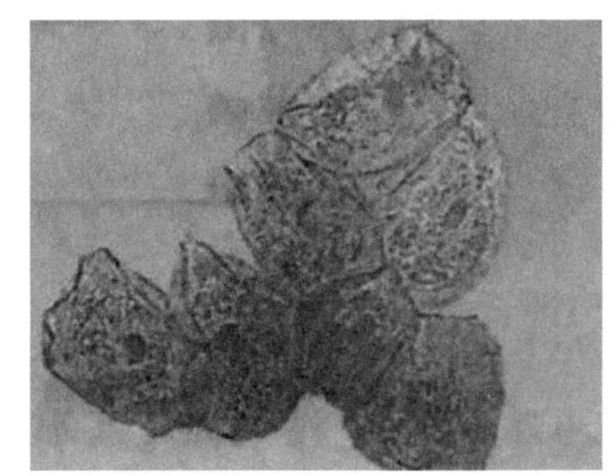

图1-24 人口腔上皮细胞

4. 生物绘图(点点衬阴法)

生物绘图的方法有多种，最常见的是点点衬阴法。

点点衬阴法即将图形画出后，用铅笔点出圆点，以表示明暗和深浅，给予立体感。在暗处点要密，明处要疏，但要求点要均匀，点点要从明处点起，一行行交互着点，物体上的斑纹描出再点点衬阴，点点衬阴法要求不能用涂抹阴影的方法以代替点点，此点初学者要尤为注意。

绘图的基本步骤如下：

① 构图：根据绘图纸张大小和绘图的数目，安排好每个图的位置及大小，并留好注释文字和图名的位置。

② 先绘草图：图纸放在显微镜右方，依据观察结果，先轻轻勾勒一个轮廓，确认各部分比例无误。

③ 再绘成图:"积点成线,积线成面",即用线条和圆点来完成全图。

④ 标注:绘好图后,用引线和文字注明各部分名称。同时要求所有引线右边末端在同一垂直线上。图的下方注明该图的名称,如紫色洋葱表皮临时装片(40×)。

绘图时请注意:① 科学性和准确性。② 图的大小比例要适当,布局要合理。图的位置一般稍偏左上方,以便在右侧和下方留出注字和写图名的地方。③ 图及图注一定要用铅笔,通常用 2H 或 3H 的铅笔,不用钢笔、有色水笔或圆珠笔。④ 点、线要清晰流畅,线条要一笔画出,粗细均匀,光滑清晰,接头处无分叉和重线条痕迹,切忌重复描绘。

练※习※题

1. 用显微镜观察洋葱表皮细胞时,发现视野较暗。经检查,使用的是平面反光镜。若要使视野变亮,下列处理方法中,可行的是(　　)。

A. 换用高倍镜　B. 缩小光圈　C. 关闭光源　D. 改用凹面反光镜

2. 请问临时切片、临时涂片和临时装片有何区别?

3. 【判断】在低倍镜下,可见洋葱内表皮细胞略成长方形,排列紧密,每个细胞内有一圆形或扁圆形的细胞核。(　　)

4. 【判断】置于低倍镜下寻找较分散的单个细胞观察,可见人口腔上皮细胞呈扁圆形和扁平多边形。(　　)

5. 【判断】取一新鲜菠菜叶片,直接用小刀轻轻刮取一点叶肉细胞,制作菠菜叶肉细胞临时装片标本。(　　)

实验 3　植物细胞的有丝分裂

实验目的:

1. 观察植物细胞有丝分裂的过程。
2. 掌握有丝分裂各个时期的特点。

材料用品:

1. 试剂:10%盐酸,0.01 g/mL 的龙胆紫溶液,蒸馏水。
2. 材料:洋葱、洋葱根尖有丝分裂固定装片。
3. 器材:显微镜、盖玻片、载玻片、烧杯、镊子、吸水纸、酒精灯。

实验步骤:

1. 洋葱生根

实验前 1 周,把洋葱放在装满清水的广口瓶内,让洋葱的底部接触瓶内的水面,并将其置于温暖湿润的地方培养。待根长到约 1～2 cm 时,可做下一步实验。

2. 制作临时装片

① 剪取洋葱根尖 2～3 mm，放入盛有 3 mL 的质量分数为 10%盐酸的烧杯中，置于酒精灯上加热 1 min 左右，注意不要煮沸，当烧杯底部出现小气泡即可。

② 用镊子取出烧杯中的根尖，放入盛有蒸馏水的烧杯漂洗，大约 8 min 即可，目的是洗掉根尖上残留的 10%盐酸溶液。

③ 选取一干净的载玻片，纱布擦干净，把取出的根尖放在载玻片上，用镊子将其捣碎，然后滴上 3～4 滴 0.01g/mL 的龙胆紫溶液，染色 4 min，注意要让染液一直将根尖浸泡，不要干燥。

④ 用镊子取一干净的盖玻片轻轻盖住根尖，注意不要产生气泡，然后以拇指轻压载玻片，或用铅笔带橡皮的一端稍稍用力敲打。压片时用力要适当，过重会将组织压烂，过轻则细胞不易分散。

3. 观察

① 将制成的装片用吸水纸擦干净底部，置于显微镜下观察，先低倍显微镜下观察，找到排列紧密、细胞核大、体积较小、正方形的分生区细胞，有的细胞正在分裂；再换成高倍镜仔细观察，建议先找出分裂中期的细胞，再找前期、后期、末期的细胞，注意观察每个时期细胞内染色体的形态。

② 如果自制装片效果不太理想，可以观察洋葱根尖固定装片。

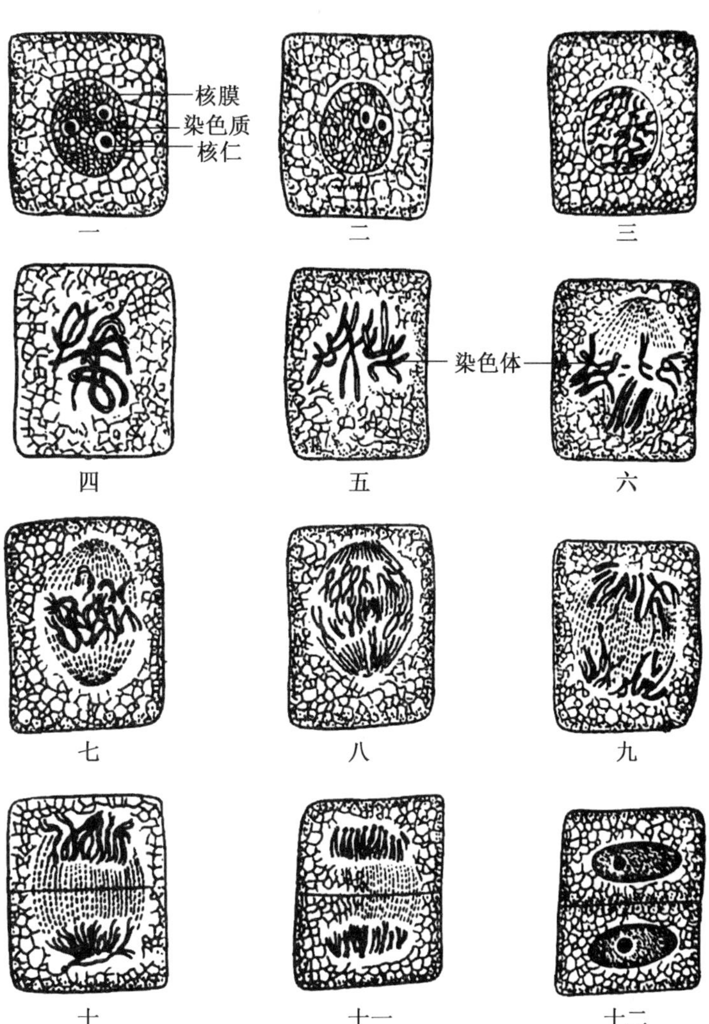

图 1－25　洋葱根尖细胞有丝分裂

一至四：前期　五至六：中期　七至九：后期　十至十一：末期
十二：形成两个子细胞

练※习※题

1. 绘出洋葱根尖有丝分裂各期的图像。

2. 植物细胞有丝分裂末期，在原来__________的位置出现________，并逐渐形成________，形成两个新细胞。

3. 取根尖时，为什么选择距离根尖底部 2～3 mm 的位置？

4. 制作植物细胞有丝分裂装片时为什么要漂洗，怎样漂洗？

5. 在观察洋葱根尖有丝分裂的实验中，描述正确的是(　　)。

   A. 解离时用盐酸去除细胞壁以分散细胞

   B. 漂洗时洗去染色以防止染色过深

   C. 低倍镜下看不到细胞时可换高倍镜观察

   D. 高倍镜下可观察到不同分裂期的细胞

第 2 章

动物的结构与功能

生物是由多层次的结构组成的。不管是动物还是植物，细胞是生物体的基本结构和功能单位，一种或多种细胞在生物体内有序结合，形成有特定作用的组织。多种组织按一定的方式可构成有特定功能的器官。植物的器官就可直接构成完整的生命体。而动物的若干个功能相关的器官可组成具有特定功能的系统，各个系统在神经系统和内分泌系统的支配下形成完整统一的动物体。

2.1 动物的多层次结构

动物具有四种基本组织，上皮组织、结缔组织、肌肉组织和神经组织。

上皮组织简称上皮，覆盖在身体表面和体内各种囊、管、腔的内表面，由排列紧密的上皮细胞和少量的细胞间质组成。上皮组织具有保护、分泌、排泄和吸收等功能，分布在动物体不同部位的上皮，其功能各不相同。根据其功能、形态和分布，分为被覆上皮、腺上皮和感觉上皮。

被覆上皮是覆盖在机体内外表面和器官内外表面的上皮组织。根据层数可分为单层上皮和复层上皮。单层上皮以吸收、分泌作用为主，可分为单层扁平上皮、单层立方上皮、单层柱状皮以及假复层纤毛柱状上皮。复层上皮是由两层以上的细胞组成的上皮，以保护作用为主，可分为复层扁平上皮、复层柱状上皮和变移上皮。

结缔组织由基质及分散其中的纤维、细胞构成。细胞种类较多，数量较少，分散而无极性。基质是无定形的胶体样物质，纤维为细丝状，包埋在基质中，分别是有弹性的弹性纤维、有韧性的胶原纤维以及分支成网状的网状纤维，具有连接、支持、保护、防御、修复和运输等功能。包括疏松结缔组织、脂肪组织、血液、致密结缔组织、软骨组织、骨骼等。在疏松结缔组织中，三种纤维交织成疏松的网形，中间是固定的细胞和无定形的基质。疏松结缔组织广泛分布于多种组织和器官之间，起联络和固定的作用。肌腱和韧带是典型的致密结缔组织，由密集的胶原纤维和丰富的成纤维细胞构成，弹性纤维和基质很少。

肌肉组织由成束的具收缩能力的长形肌纤维构成，是脊椎动物体内最丰富的组织。根据肌细胞的结构和功能特点，可将肌组织分为骨骼肌、心肌和平滑肌三种。肌细胞的特点是可以收缩，因此肌肉组织是动物体内有收缩力的组织。骨骼肌细胞呈圆柱形，可长达数厘米，多核，在光学显微镜下呈现明暗相间的横纹。若干肌细胞被结缔组织包围成肌束，若干肌束形成肌肉，肌肉两端通过肌腱附着在骨骼上。心肌细胞呈短柱状，单核有分支，并相互连接成网。心肌细胞也有横纹。平滑肌细胞呈梭形，核在细胞中央，显微镜下看不到横纹。大多数平滑肌细胞排列成束状或片状，组成内脏器官的肌肉层。因此，肌肉组织主要是维持机体和器官的运动，例如四肢运动、胃肠蠕动、心脏搏动等。

神经组织是动物体内分化程度最高的一种组织，构成通信网络。神经组织的结构和功能单位是神经细胞，即神经元。每个神经元都含有细胞体和数条长短不等的突起，包括树突和轴突。细长的神经轴突和树突又称为神经纤维。神经纤维的末端很细，并终止于器官组织内，成为神经末梢。

神经组织由神经元和神经胶质细胞构成。神经元即神经细胞，包括胞体和突起两部分。胞体有球形、梭形、星形等形状。突起又分为两类，一类较短分支多，称为树突；另一类较长称为轴突。一个神经元只有一个轴突。神经元产生神经冲动，并将信号传导到其他神经元和组织。神经胶质细胞的数量多于神经元，广泛分布于神经组织中。神经胶质细胞也有突起，但无树突和轴突之分。神经胶质细胞有支持、营养、联系、保护作用，并为神经元营造必要的工作环境。

表 2－1　动物基本组织

组织名称	分布	功能	特征
上皮组织	皮肤的表皮、小肠腺的上皮、消化道壁内表面、呼吸道的表面等	具有保护、分泌等动能	由上皮细胞构成，细胞排列紧密
结缔组织	骨骼、血液等	具有连接、支持、保护、营养的作用	结缔组织种类多，分布广泛，细胞间隙较大，细胞间质多
肌组织	心肌、平滑肌、骨骼肌	具有舒张、收缩功能	主要由肌细胞构成
神经组织	大脑、脊髓等	产生和传导兴奋	主要由神经细胞构成

器官是多种组织构成的结构单位，具有一定的功能，如胃由浆膜层、肌肉层、黏膜下层、黏膜层等组成。浆膜层位于最外侧，单层扁平上皮和结缔组织构成。肌肉层由平滑肌组成。黏膜下层主要是疏松结缔组织构成，还分布着血管、淋巴和神经。黏膜层位于最内侧，是由上皮组织、结缔组织和平滑肌组成。可见胃是由四种基本组织构成的。

若干个功能相关的器官又组成具有特定功能的系统。如口腔、食道、胃、小肠、大肠、胰、肝等组成消化系统。另外还有皮肤系统、运动系统、血液循环系统、淋巴和免疫系统、呼吸系统、排泄系统、内分泌系统、神经系统和生殖系统等。各个系统在神经系统和内分泌系统的支配下形成完整统一的动物体。

总之，动物，尤其是高等动物是由多层次的结构所组成的。细胞是构成动物体的基本单位，在动物体内有序组合，一种或多种细胞组合成组织，在机体内起某种特定的作用。几种组织可结合形成有特定功能的器官，一系列功能相关的器官会组成执行特定功能的系统。这些系统在神经系统和内分泌系统的协调下，形成了完整的统一的动物体。

植物体的构成与动物体有相同之处，也有不同之处。它们都是由受精卵分裂、分化发育而来。细胞是基本的结构和功能单位，由细胞构成组织、由不同组织构成器官。植物体的构成是细胞→组织→器官→植物体，而动物体的构成是细胞→组织→器官→系统→动物体。

练习题

1. 某同学观察气管切片时发现其表面由一层形态不一的柱状细胞紧密排列而成，且游离端有纤毛，请问这是(　　)。

A. 单层扁平上皮　　B. 单层柱状上皮

C. 单层立方上皮　　D. 假复层纤毛柱状上皮

2. 覆盖身体表面和体内器官内表面的一层层呈膜状的紧密排列的细胞所构成的是(　　)。

A. 肌肉组织　　B. 结缔组织　　C. 上皮组织　　D. 神经组织

3. 由基质及分散其中的纤维、细胞构成，具有连接、支持、保护、防御、修复和运输等功能的人体组织称为(　　)。

A. 肌肉组织　　B. 上皮组织　　C. 结缔组织　　D. 神经组织

4. 生物都具有严整有序的结构，其最基本的结构单位是__________。由多种组织组成，完成一种或多种功能的功能单位是__________。

5. 【判断】血液与其他组织不同，是特殊的流动组织，与上皮组织、结缔组织、肌组织并称为构成动物的四大基本组织。(　　)

6. 【判断】神经组织由神经元和神经胶质细胞组成，神经元由胞体和突起组成，神经胶质细胞只有胞体，没有突起。(　　)

2.2 运动系统

运动系统由骨、骨连结和骨骼肌组成。骨以不同形式连结在一起，构成骨骼。形成了人体的基本形态，并为肌肉提供附着，在神经支配下，肌肉收缩，牵拉其所附着的骨，以可动的骨连结为枢纽，产生杠杆运动。

2.2.1 骨

成人有骨206块，约占体重的20%，具有支持、保护及运动的功能，也是制造血液，贮存钙、磷的器官。人体的骨可分为颅骨、躯干骨和四肢骨。颅骨分为脑颅骨、面颅骨、耳内的听小骨，共29块，主要作用是保护和支持脑。躯干骨有51块，其中脊柱有26块，肋骨有12对，胸骨有1块。四肢骨由上肢骨和下肢骨组成，共126块，上肢骨有肩胛骨、锁骨、肱骨、桡骨、尺骨、手骨等，共64块，下肢骨有髋骨、股骨、髌骨、胫骨、腓骨、足骨等，共62块。

儿童手掌部的腕骨、掌骨和指骨的发育比较晚。新生儿无腕骨，以后逐渐发育，六岁时腕骨的八个骨块才变得明显，11 岁到 13 岁之间才能完成骨化。掌骨和指骨在 9 岁到 11 岁之间完成骨化。因此，少年儿童不能长时间地书写和劳动，应适度安排，尤其是 6 岁到 7 岁的儿童。儿童足部的趾骨、跖骨等，一般在 14 岁到 16 岁时才发育成熟。如果儿童穿的鞋过紧、过窄就会影响足骨的发育，容易导致畸形。女孩过早穿高跟鞋会使得身体的重心前移到脚掌，导致跖骨和趾骨受到重压而引起变形，这不仅会影响跖趾关节的灵活性，还会引起足痛等疾病。

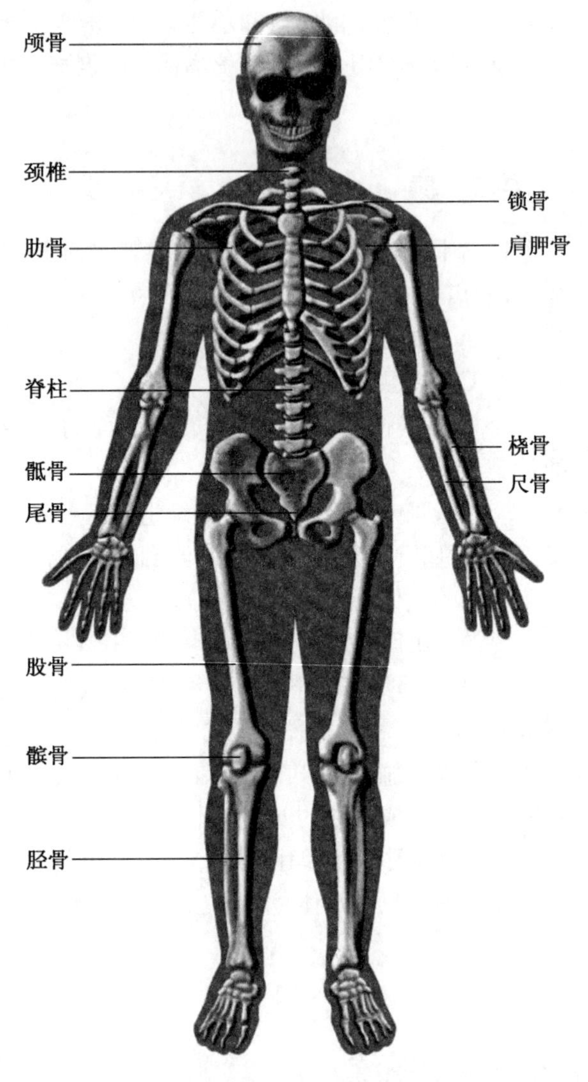

图 2-1　人体骨骼模型

少年儿童胸骨的胸骨体、胸骨柄和剑突这三块骨还没有愈合，通过软骨连结在一起，一般在 20 岁到 25 岁时才能骨化成为一个整体。因此，少年儿童时期因坐姿不正确或长期患气管炎、支气管炎等慢性呼吸系统疾病，以及维生素 D 缺乏等，都会影响胸骨的发育，并导致胸骨的畸形。这不仅会影响体型的美观，而且会影响心、肺等内脏器官的正常发育和生理功能。

人体的脊椎从侧面看有四个生理性弯曲，即颈曲、胸曲、腰曲和骶曲，这些弯曲的存在可以增加脊柱本身的弹性，缓冲剧烈运动时对脑的震荡，有利于保持身体的平衡。婴儿出生后 3 个月能抬头时，才形成颈曲；6 个月会坐时，才形成胸曲；到 1 岁能站立和行走时，才形成腰曲；骶曲出生后就存在。颈曲和胸曲到 7 岁后才固定，腰曲到 14 岁以后才固定。14 岁以前，脊柱各个椎骨之间充满软骨，椎骨周围的肌肉和韧带也比较薄弱，椎体弯曲自如，可塑性很大。15 岁后，各椎骨间的软骨逐渐骨化，到 21 岁左右全部完成骨化，脊柱才定型。

儿童的骨盆包括髋骨、骶骨和尾骨，依靠软骨连结而成，一般到 20 岁左右才能骨化成整体。在组织体育活动时，应注意避免让儿童从高处向坚硬的地面跳以防止组成骨盆的骨发生不易察觉的移位，导致骨盆发育不正常。如果女孩子因骨移位而导致骨盆发育不正常，将会直接影响到她成年后的正常生理功能。

另外，少年儿童的骨的成分与成年人的不同。成年人的骨中含有机物相对较少，无机物相对较多，两者的比例约为1∶2。少年儿童的骨中含有机物相对较多，无机物相对较少，两者的比例约为1∶1。由于儿童的骨好比柔嫩的青枝，韧性强、硬度小，容易发生变形，一旦发生骨折，可能会出现折而不断的现象，即青枝骨折。因此要注意培养儿童正确的坐、立、行的姿势，坐着两脚放在地上，不耸肩、不佝着背；站着时，抬头挺胸，腿不弯；走路时不全身乱扭。为了防止脊柱变形，还应为儿童提供合适的课桌椅，提倡后背式书包。儿童成长时期骨处于快速生长期，骨柔软、易变形，但不易骨折。因此，儿童时期要注意多补充钙、磷和维生素D；多晒太阳，并多进行适当的运动。

2.2.2　骨连结

骨与骨之间的连结叫作骨连结。骨连结有直接骨连结和间接骨连结。直接骨连结是骨与骨之间借结缔组织、软骨或骨相连结，其间无间隙活动范围小，如纤维连接、软骨结合、骨性结合。间接骨连结或关节是借膜性囊互相连结，其间有间隙，活动性大，如肩关节、膝关节、髋关节。关节是骨连结的主要形式。

关节一般由关节面、关节囊和关节腔三个部分构成。关节面包括关节头和关节窝，表面覆盖一层光滑的关节软骨，可减少两骨之间的摩擦，减轻两骨之间的撞击。关节囊由结缔组织构成，囊壁内表面分泌滑液，可减少两骨之间的摩擦；囊外有韧带，使两骨连结得更加牢固。关节腔内有滑液，可起润滑作用。

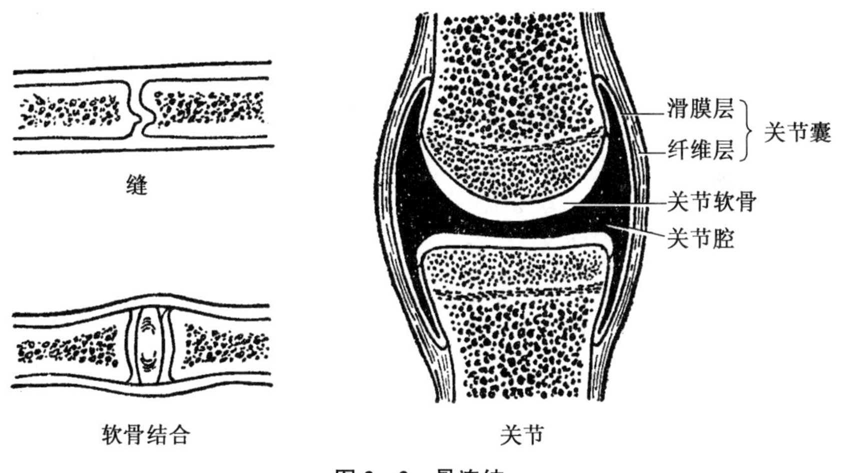

图2-2　骨连结

儿童成长时期部分骨还未愈合在一起，关节灵活性大，但牢固性差，因此儿童不易提重物，手的动作时间不宜过长，不易从高处向低处跳，也不易在硬地上进行蹦跳。

2.2.3　骨骼肌

骨骼肌由骨骼肌纤维构成，收缩力强、但不持久，其活动受意识支配，属随意肌，骨骼肌细胞能缩能舒，不同于其他组织，是机体器官运动的动力源泉。人体骨骼肌有600多块，约占体重的40%，其中75%是水，包括头颈肌、躯干肌、四肢肌。骨骼肌由肌腹和肌腱两部分组成，肌腹由骨骼肌纤维构成，肌腱由致密结缔组织构成。

儿童成长过程中一般大肌肉群发育较早，小肌肉群发育较晚，所以孩子能走、能跑，可以骑自行车，但是却不会写字甚至连筷子都拿不好，但是通过各项活动锻炼，孩子动作的速度、准确度及控制活动的能力，都会不断提高。儿童肌肉收缩力差，易疲劳；新陈代谢旺盛，易恢复，这是因为儿童肌肉柔嫩，肌纤维较细，间质相对较多，肌腱宽而短，肌肉中所含的水分较成人多，含蛋白质和无机物较少，能量储备差。因此，成长时期的儿童需要充足的蛋白质供给，要进行适当的锻炼，肌肉就能得到更多的营养，肌纤维变粗，肌肉重量增加。

因此，根据儿童肌肉发育特点，可让学龄前儿童从事适当的游戏活动，这对其肌肉发育是非常有益的。在小学，应通过体育锻炼的方式，如步行、跑步、跳跃、攀缘等，使儿童更多的肌肉群发育起来，但不能长时间地练习一种动作。

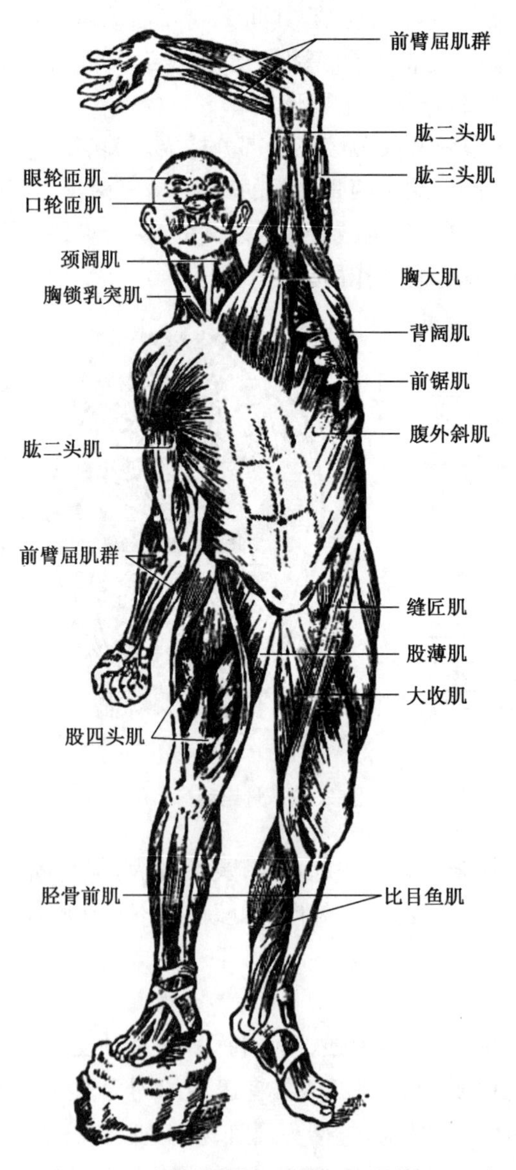

图 2-3　人体骨骼肌(源自吴相钰等，2014 年)

练※习※题

1. 人体全身共有________块骨，约占成年人体重的20%，由________结合成骨骼。

2. 在高倍镜下观察，可见单个骨骼肌纤维呈________，其表面有肌膜，内侧有许多卵圆形细胞核，每条肌纤维内有许多纵形的细肌丝状肌原纤维，其上有明暗相间的____________，所以又称为____________。

3. 运动系统是由骨、________、________三部分组成的。

4. 小孩的骨头在发育，就需要较多的钙，同时还需要____________，使吸收的钙沉淀到骨头里去。

5. 【判断】骨骼肌是由肌腹和肌腱两部分组成。（　　）

6. 【判断】少年儿童不能长时间地书写和劳动，应适度安排，尤其是6岁到7岁的儿童。（　　）

7. 【判断】儿童成长时期部分骨还未愈合在一起，关节灵活性大，但牢固性差。（　　）

8. 【判断】关节是骨连结的主要形式。（　　）

9. 幼儿长骨骼的必需条件是（　　）。

A. 铁和磷　　B. 营养和阳光

C. 维生素C和钙　　D. 维生素A和水

10. 脊柱的四个生理性弯曲中，（　　）是生下来就存在的。

A. 颈曲　　B. 胸曲　　C. 腰曲　　D. 骶曲

2.3 呼吸系统

呼吸是生物体与外界环境之间的气体交换过程。呼吸停止，生命也将死亡。呼吸系统以骨和软骨作为支架，当气体流入时不塌陷，从而保证气流的畅通，管腔黏膜腺体多分泌黏液，黏膜上皮细胞的上纤毛可帮助尘埃与异物的排出。

2.3.1 呼吸系统组成

鼻腔是呼吸的起始器官。鼻腔可清洁、湿润和温暖吸入的空气；鼻腔黏膜分泌黏液，“鼻涕”是由黏液与灰尘、细菌组成。儿童鼻和鼻腔较小，鼻黏膜柔软，富有血管，易感染，所以禁止儿童用手指挖鼻孔。每天早晨洗脸时，可用冷水多洗几次鼻子，既可以清洁鼻子，又可以改善鼻黏膜的血液循环，增强鼻子对天气变化的适应能力，预防感冒及呼吸道疾病。

咽是食物与空气的共同通道。进餐时不高声笑谈，防止食物误入气管。

喉是呼吸和发声的器官，也是呼吸道最狭窄的部位，发炎时易被堵塞。儿童声带短而薄，不够坚韧，声调高；声门肌肉易疲劳，故发音时间不宜过长。尽量保护儿童的嗓子，例如不要大声哭喊或扯着嗓子唱歌；不唱成人歌曲；唱歌的场所空气要新鲜，避免尘土飞扬；冬天不要顶着寒风喊叫、唱歌；夏天玩得很热时不要马上吃冷食；得了伤风感冒，要多喝水、少说话。

喉的下方是气管，分成左右两侧支气管入肺，右侧短而粗，左侧细而长，若有异物误入气管时，最易坠入右支气管内；其黏膜也分泌黏液，清洁空气，人们咳出的“痰”就是黏液和其粘连的灰尘和细菌。

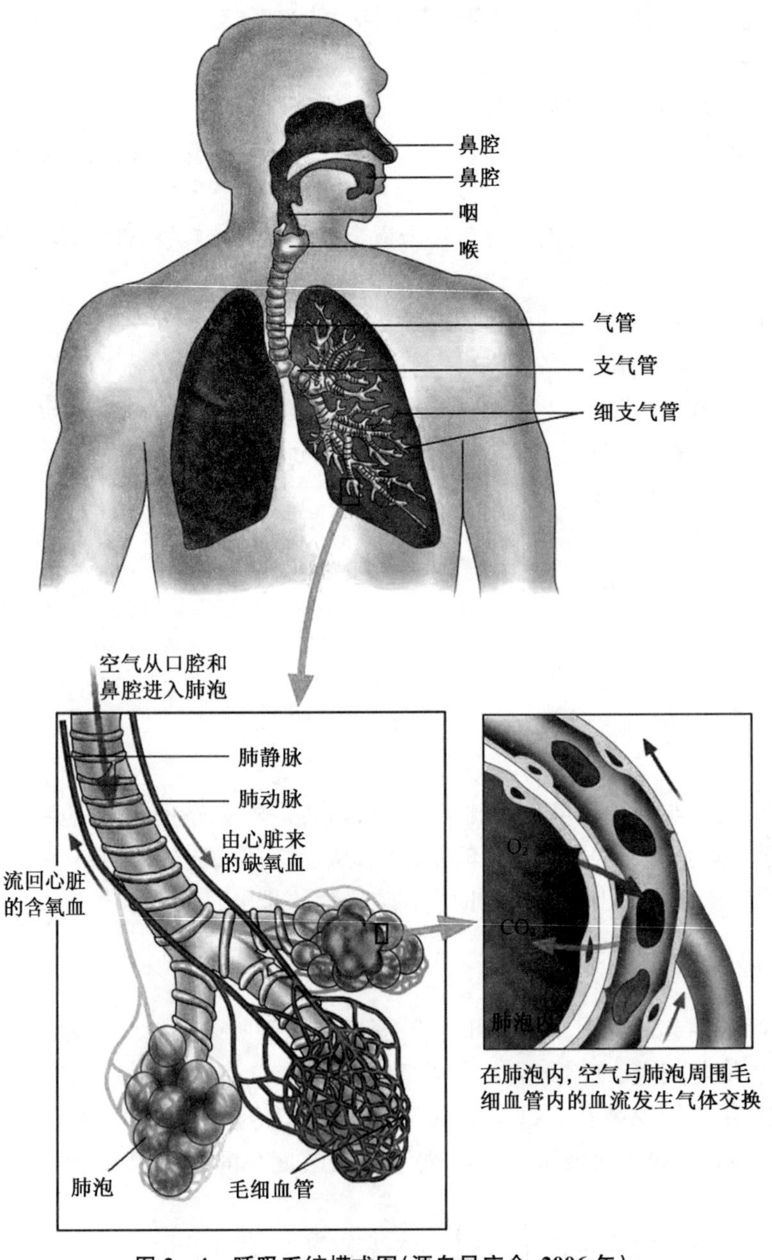

图 2－4　呼吸系统模式图（源自吴庆余，2006 年）

左、右支气管分别进入左、右两肺，形成树枝状的分支，树枝状分支的末端形成许多肺泡。儿童气管、支气管管腔较窄，软管柔软，黏液腺分泌不足较干燥，纤毛运动差，易引发感染，导致呼吸道狭窄发生阻塞。

肺位于胸腔内，呈圆锥形，柔软而有弹性，是气体交换的场所。每个肺约有肺泡 3 亿～4 亿个，总面积达 50～100 m^2，肺泡数量多、总面积大，壁由一层扁平上皮细胞构成，很薄，外面缠绕着毛细血管和弹性纤维。儿童肺弹性组织发育较差，血管丰富；整个肺血液丰富，含气少，肺泡数量少，感染后易导致黏液堵塞、肺不张等。幼儿新陈代谢快，对氧气的需求量较大，因此多进行户外活动，注意室内的通风换气。

2.3.2　呼吸过程

呼吸的全过程包括四个环节：肺的通气；肺泡内的气体交换；气体在血液中的运输；组织里的气体交换。肺的通气就是肺与外界之间的气体交换，肺泡内的气体交换是指肺泡与肺泡处毛细血管进行的气体交换，这两个环节合在一起称为外呼吸。组织里的气体交换是指组织细胞与组织处毛细血管内血液之间的气体交换，它和氧在细胞内的利用合在一起称为内呼吸。肺的通气是通过呼吸运动实现的，而肺泡内和组织里的气体交换则是通过扩散作用实现的。

呼吸过程中任何一个环节发生了障碍，都可能导致细胞缺氧和二氧化碳积聚，从而影响新陈代谢的正常进行，严重时甚至会危及生命。

2.3.3　气体交换的动力

肺和外界环境之间气体交换的动力是肺内气压与大气压之间的压力差。这种压力差是呼吸运动造成的。而肺泡和组织里的气体交换的动力是气体分压差。气体的分压是指在两种或两种以上的混合气体中，某种气体产生的压力。混合气体中的某种气体总是从分压高的部位向分压低的部位扩散，分压差越大，扩散的速度就越快。因此，气体分压差决定了气体扩散的方向和速度，是体内气体交换的动力。

2.3.4　呼吸系统的卫生保健

培养良好的呼吸卫生习惯，应该做到以下几点：第一，不随地吐痰和擤鼻涕。因为痰液和鼻涕中往往带有病菌，随地吐痰和擤鼻涕容易传播疾病。第二，不要玩鼻孔，以免损伤鼻腔内的组织而降低防御功能。第三，教室或居室应经常开窗通风，保持室内空气新鲜。第四，唱歌时，选择空气清新、温度适宜的地方。唱歌时呼吸快，空气通过鼻腔的时间短，使得吸入的空气在鼻腔中的除尘、加温、加湿不完全。如果，吸入的空气过冷和污浊，很容易引起呼吸系统疾病。如果儿童咽喉有炎症，应停止唱歌，直到完全恢复为止。

练习题

1. 对儿童来讲用口呼吸（　　）。

   A. 利于健康　　B. 无所谓　　C. 不利于健康　　D. 有助于生长发育

2. 【判断】气体交换只在肺泡处进行。（　　）

3. 【判断】鼻是呼吸系统的主要器官，是气体交换的场所。 ( )
4. 【判断】呼吸系统的功能主要是进行气体交换。 ( )
5. 呼吸过程的四个环节是______、______、______、______。
6. 肺泡和组织里的气体交换的动力是________。
7. ______是食物与空气的共同通道。
8. 什么是内呼吸？
9. 什么是外呼吸？
10. 怎样培养良好的呼吸卫生习惯？

2.4 循环系统

人体从外界获取的营养物质和氧要运输到体内的各个细胞，体内各个细胞产生的二氧化碳等代谢废物需要运输到排泄器官，这些都是循环系统所完成的。循环是各种体液在不断流动和相互交换的过程。

2.4.1 循环系统组成

循环系统是一个密闭的、连续性的管道系统，它包括心脏、动脉、静脉和毛细血管。血液循环在密闭的心血管系统中进行，主要功能是通过血液在全身流动运输物质。淋巴循环是血液循环的辅助装置，由淋巴结、脾、扁桃体等组成，主要功能是清除体内有害微生物和生成抗体。心脏是血液循环的动力器官，动脉将心脏输出的血液运送到全身器官，静脉则把全身各器官的血液带回心脏，毛细血管是位于动脉与静脉之间的微小血管，是进行物质交换的场所。血液循环的途径可分为体循环与肺循环两部分。

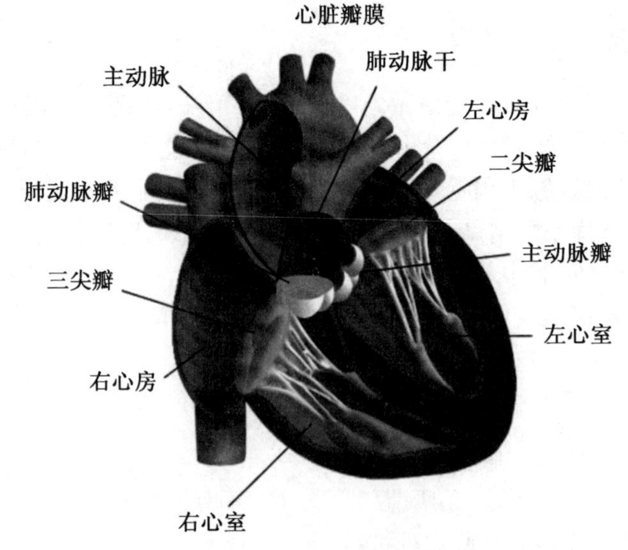

图 2-5 心脏模式图(源自喻正莹等，2015 年)

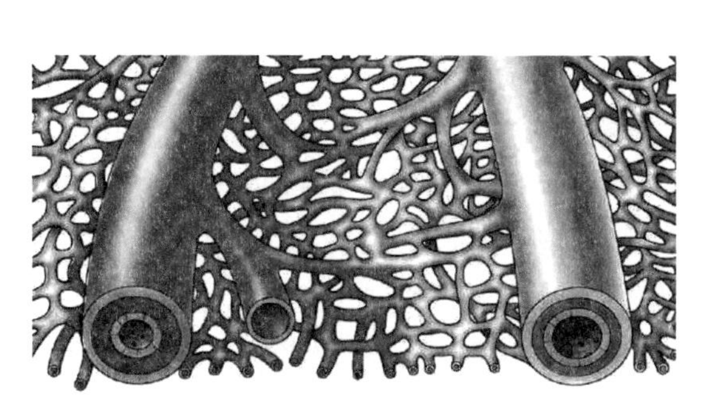

图 2 - 6　动脉、静脉模式图

图 2 - 7　毛细血管模式图

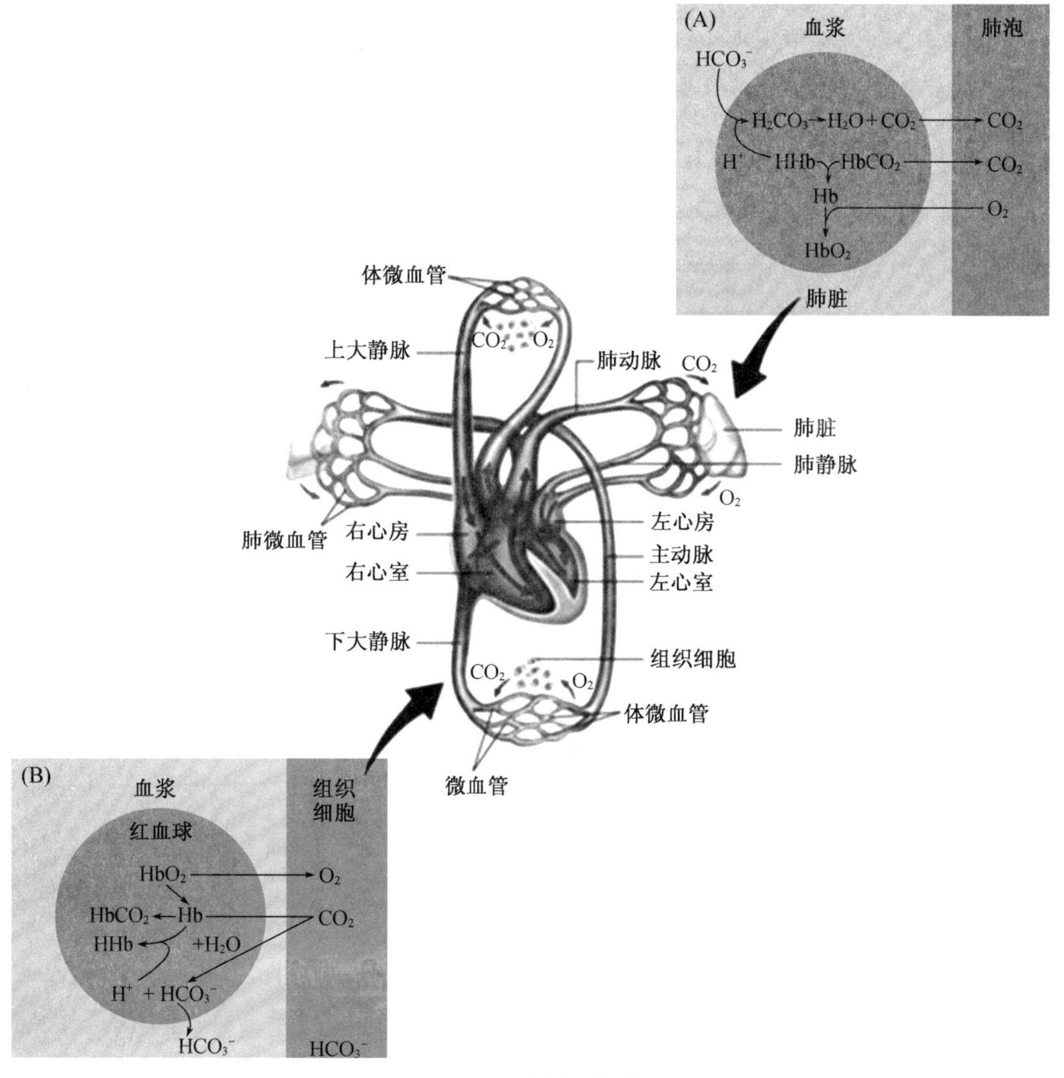

图 2 - 8　血液循环模式图

血液是流动在心脏和血管内的不透明红色液体，体内血液的总量，相当于正常成人体重的7%～8%。血液主要由血浆和血细胞组成。血浆内含血浆蛋白等各种营养成分以及无机盐、氧气、激素、酶、抗体和细胞代谢产物等。血细胞有红细胞、白细胞和血小板。

红细胞无核、双凹圆碟形，主要功能是运输O_2和CO_2，正常成人每微升血液中红细胞数的平均值，男性约400万～500万个，女性约350万～450万个，血液中血红蛋白含量，男性约120～150g/L，女性约105～135g/L。一般说，红细胞数少于300万/μL为贫血，血红蛋白低于100g/L则为缺铁性贫血。胎儿时期红细胞增生旺盛，出生时红细胞增多，1周后下降，2～3个月时达最低，以后红细胞又增加，7～12岁时达成人水平。

人类的红细胞表面含有一种叫作凝集原的物质。根据红细胞表面所含凝集原的不同，将人类血液分为不同血型。我们通常所说的血型，一般是红细胞血型。现已发现的人类红细胞血型有ABO、Rh等十几个血型系统。

1900年，有人发现红细胞的表面有两种凝集原，分别叫作A凝集原和B凝集原，在人类的血浆里则含有与这两种凝集原相对抗的两种凝集素，分别称为抗A凝集素和抗B凝集素。根据红细胞所含A、B凝集原的不同，可以把血液分为A型、B型、AB型和O型。

表2-2　ABO血型

血型	红细胞表面(凝集原)	血浆(抗凝集素)
A	A	抗B
B	B	抗A
AB	A、B	无
O	无	抗A、抗B

白细胞为无色有核的球形细胞，体积比红细胞大，具有防御和免疫功能。成人白细胞的正常值为4000～10 000个/μL。男女无明显差别。白细胞可分为中性粒细胞、嗜酸性粒细胞、嗜碱性粒细胞、单核细胞和淋巴细胞。

血小板没有细胞核结构，一般呈圆形，人的血小板数为每立方毫米10～30万，在止血、伤口愈合、炎症反应、血栓形成及器官移植排斥等生理和病理过程中有重要作用。血小板破裂时，会将血浆中原本可溶于水的纤维蛋白和血细胞等凝固，剩余的透明液体就叫作血清。

心脏位于胸腔内，膈肌的上方，两个肺之间，中间偏左。心脏主要是由心肌组成的中空器官，其大小似拳头，呈倒置的圆锥体形，尖朝向左前下方。心脏由纵中隔分为互不相通的左右二半，每半各分为心房和心室，由横中隔分为心房、心室，上为心房，下为心室。所以心脏共有四个腔，即右心房与右心室、左心房与左心室。

动脉运输血液离开心脏，静脉运输血液回到心脏，毛细血管连接动、静脉，是物质交换的场所。毛细血管最细，最长，量最大，结构最简单，分布最广泛，毛细血管壁只有一层细胞厚，通透性大，可作为物质交换的场所。

淋巴系统是循环系统的一个组成部分，由淋巴管、淋巴结、脾、扁桃体组成。其主要功能是运输全身淋巴液入静脉，是静脉回流的辅助装置。还可以生成淋巴细胞、清除体内微生物等有害物质和生成抗体等免疫功能。儿童时期淋巴系统发育较快，淋巴结防御和保护功能较为显著。扁桃体在4～10岁时发育达到高峰，14～15岁就开始退化。

2.4.2　循环系统的卫生保健

儿童年龄越小，血液量相对比成人多，约占体重的8%～10%，血浆中含水分多，凝血物质少。因此，儿童出血时，凝血速度较成人慢。儿童血液中白细胞数目接近成人，但其中的中性粒细胞较少，而防御功能较差的淋巴细胞较多，所以儿童对疾病的抵抗力较差，易于感染疾病。

儿童的心脏容量小，心机薄弱，新陈代谢旺盛，心率较快。一般来说，年龄越小，心率越快。随着年龄的增长，心率逐渐减慢。儿童心脏有两次增快阶段，2岁以前和青春期后期。因此，要保证儿童正常的睡眠和适当的休息时间，运动前做好准备活动，进行适当的运动和锻炼，改善心肌纤维的收缩性和弹性，以利于保护心脏。

儿童的血管内径比成人粗，毛细血管丰富，血流量大，血管比成人短，血液在体内循环一周的时间短，利于儿童生长发育和消除疲劳。血管里的血液对血管壁的压力称为血压。儿童心脏收缩力差，血管管径大，所以血压比成人低。随着年龄的增长，血压逐渐上升。因此，儿童成长过程中应避免过度的或突然的神经刺激，以免影响儿童心脏和血管的正常机能；儿童的衣服和鞋袜不宜过小、过紧，以免影响心脏活动和血液循环。

练习题

1. 对小孩循环系统的特点概括不正确的是（　　）。

   A. 年龄越小心率越快

   B. 年龄越小心率越慢

   C. 适度的锻炼可强心

   D. 要从小培养良好的饮食习惯，预防动脉硬化从小开始

2. 在人的血涂片上可看到的细胞是（　　）。

   A. 网状细胞　　B. 成纤维细胞　　C. 单核细胞　　D. 脂肪细胞

3. 【判断】血浆和血清的最大区别就在于，血清中没有纤维蛋白原。（　　）

4. 【判断】年龄越小，血压越低。（　　）

5. 【判断】动脉是运输血液离开心脏的血管。（　　）

6. 【判断】淋巴系统的主要功能是运输全身淋巴液入静脉，是静脉回流的辅助装置。（　　）

7. 【判断】心脏呈倒置的圆锥体形，尖朝向左前下方。（　　）

8. 【判断】我们通常所说的血型，一般是白细胞血型。（　　）

9. 为什么人蹲久了突然站立时，会出现头晕现象？

10. 简述人体血液的组成及作用。

2.5 营养与消化系统

人体在整个生命活动中必须从外界摄取营养物质作为生命活动能量的来源，满足自身发育、生长、生殖、组织修补等一系列新陈代谢活动的需要。

营养是人体不断从外界摄取食物，经过消化、吸收、代谢，利用食物中的物质(养分或养料)来维持生命活动的全过程，它是一种全面的生理过程，而不是专指某一种养分。食物中的养分科学上称为营养素。它们是维持生命的物质基础，没有这些营养素，生命便无法维持。

2.5.1 人体中的营养素

人体需要的营养素约有 50 种，归纳起来分六大类，即蛋白质、脂类、碳水化合物、矿物质和微量元素、维生素和水。近年来发现膳食纤维也是维持人体健康必不可少的物质，可算是第七类营养素。

儿童时期生长发育迅速，新陈代谢旺盛，所需能量和各种营养素相对要比成年人多。儿童营养不良，不仅影响儿童的正常生长发育，而且对疾病的抵抗力下降，易于感染疾病；其发病率和死亡率较营养好的儿童要高，病后恢复也缓慢。营养对儿童生长发育无论在形态功能、智力上还是健康方面都会产生暂时的或永久的影响。

蛋白质是生物体主要的组成物质和修补物质，食物中的蛋白质是必需氨基酸的唯一来源，蛋白质也是能源物质。蛋白质由 20 种氨基酸组成，体内不能合成，必须靠食物提供的称为必需氨基酸，有异亮氨酸、亮氨酸、赖氨酸、蛋氨酸、苯丙氨酸、苏氨酸、色氨酸、缬氨酸，在儿童成长时期还需要组氨酸。凡是体内可以合成的氨基酸，不需要从食物中获取的称为非必需氨基酸。

脂类是人体的补充能源和贮备能源，也是细胞膜和脂肪组织的组成成分。人体生命活动所必需的脂肪酸称为必需脂肪酸，是指不能在人体合成，只能从食物脂肪中获取的不饱和脂肪酸。多不饱和脂肪酸在体内演变成 DHA，俗称“脑黄金”，对视网膜和大脑神经细胞的发育有促进作用。

碳水化合物也称为“糖”，是生命活动的主要能源，也是合成脂类、蛋白质和核酸等物质的组成成分。膳食纤维主要是不能被人体利用的多糖，即不能被人类的胃肠道中的消化酶所消化的且不被人体吸收利用的多糖。膳食纤维是健康饮食不可缺少的，摄取足够的纤维可以预防心血管疾病、癌症、糖尿病以及其他疾病。纤维可以清洁消化壁和增强消化功能，可稀释和加速食物中的致癌物质和有毒物质的移除，保护脆弱的消化道和预防结肠癌，纤维可减缓消化速度和最快速排泄胆固醇，可让血液中的血糖和胆固醇控制在最理想的水平。

维生素可调节体内各种生化反应、维持正常生命活动、促进生长发育和调节生殖等。根据其溶解性质可分为脂溶性维生素和水溶性维生素，脂溶性维生素包括维生素 A、维生素 D、维生素 E 和维生素 K，水溶性维生素主要是维生素 B 家族和维生素 C。

维生素 A 与正常视觉有关，参与上皮细胞形成，人体缺乏维生素 A 易患夜盲症、角膜结膜干燥、干眼病、甚至失明，还会导致皮肤干燥等。动物的内脏，如肝脏、心、肾等都含有维生素 A，橙黄色、深绿色蔬菜，如胡萝卜、南瓜等，含维生素 A 原，可在体内转化为维生素 A，也可补充维生素。

维生素 D 称为抗佝偻病维生素，缺乏维生素 D 会导致佝偻病。而紫外线的照射可使皮肤中的 7－脱羟胆固醇转化为维生素 D，因此，补充维生素 D，应多晒太阳；肝、蛋、乳类食物中也含有维生素 D，是补充维生素 D 的良好来源。

维生素 E 又叫生育酚，主要存在于谷物胚芽中。其主要生理功能是维持动物正常生殖能力、抗氧化作用等。医疗上主要用于先兆流产和习惯性流产。有人认为维生素 E 可延缓衰老。

维生素 K 促进血液凝固，所以也称凝血维生素。新生儿初生时体内储存量低及体内肠道的无菌状态阻碍了利用维生素 K，母乳中维生素 K 含量低，新生儿吸乳量少以及婴儿未成熟的肝脏还不能合成正常数量的凝血因子等原因，使新生儿、小婴儿普遍存在低凝血酶原症。

维生素 B 家族是所有人体组织必不可少的营养素，是食物释放能量的关键。维生素 B 家族全是辅酶，参与体内糖、蛋白质和脂肪的代谢，因此被列为一个家族。维生素 B1 参与糖在体内的代谢，缺乏时，糖在组织内的氧化受到影响，人体会产生乏力、肢体麻木的症状，称为“脚气病”。天然食物广泛分布，如粮谷类、肉类等，但主要存在于种子外皮及胚芽中。

维生素 B2 主要参与机体的物质代谢和能量代谢，缺乏会导致口腔、唇、皮肤、生殖器的炎症和机能障碍，乳类、肝、肉、蛋、鱼、绿叶蔬菜、豆类、粗粮等都含有维生素 B2。

维生素 C 又称抗坏血酸，可参与蛋白质合成，利于伤口愈合、止血。维生素 C 的缺乏导致疲劳倦怠、皮肤淤点瘀斑、牙龈肿胀出血、伤口愈合迟缓等症状，称为“坏血病”。新鲜的蔬菜和水果都含有丰富的维生素 C，如猕猴桃、韭菜等。

维生素是维持人体正常的生长发育和正常的生理活动、但需求量很少的一类营养素。维生素的种类多，多数维生素不能在体内合成，而是依靠食物来供应。如果体内缺乏维生素，就会引起维生素的缺乏症。

无机盐也称为矿物质，是指存在于人体内、不论其含量多少的各种元素（除碳、氢、氧和氮外）的总称。无机盐构成人体组织的重要成分，如钙、磷、镁组成骨骼、牙齿，缺乏钙、镁、磷、锰、铜，可能引起骨骼或牙齿不坚固。无机盐可维持机体的酸碱平衡及组织细胞渗透压，如酸性（氯、硫、磷）和碱性（钾、钠、镁）无机盐适当配合，加上重碳酸盐和蛋白质的缓冲作用，维持着机体的酸碱平衡；无机盐与蛋白质一起维持组织细胞的渗透压；缺乏铁、钠、碘、磷可能会引起疲劳等。无机盐维持神经和肌肉的兴奋性，如钾、钠、钙、镁是维持神经肌肉兴奋性和细胞膜通透性的必要条件。无机盐组成激素、维生素、蛋白质和多种酶类的成分，如铁离子是参与合成血红蛋白及肌红蛋白的重要离子，也是构成体内酶的重要成分；碘是构成甲状腺素的重要原料。

少年儿童对无机盐的需求量比成年人的大。例如，为保证骨骼和牙齿的正常发育，少年儿童对膳食钙的需求量比成人大。少年儿童生长快，新的红细胞不断地形成、发育，需要更多的铁来参与血红蛋白的构成。因此,少年儿童对铁的需求量比成年人的大。瘦肉和肝脏中的铁,不仅含量高,而且易吸收,所以瘦肉和肝脏是理想的补铁食物。

在人体成分中,水的含量最高,成年人体内水分约占体重的 60%～70%。年龄越小,体内所含水分的百分比越高。人在饥饿或无法进食的情况下,只要供应足够的水分,还能勉强维持生命。但若体内水分损失超过 20%,生命将不能维持。正常成人每天水分的摄入和排出基本为动态平衡状态,总计量为 2500 mL 左右。人体最理想的饮水是白开水。据统计,少年儿童的年龄越小,对水的需求量越大。小学生每天每千克体重的需水量是 60～100 毫升。人每天的补水量,有 60%～70%来自一日三餐,其余的主要靠喝水。低年级小学生每天至少要喝 2～3 杯水(每杯 200 毫升),高年级学生则需要喝 4～5 杯水,才能满足身体的需求。当然,每天喝水量的多少,还要依据个人的生活习惯、活动量和季节气候的变化等灵活增减。如果喝水量太少,会使尿液浓缩,从而使得各种代谢废物不容易从体内排出,不利于身体的健康。此外,浓缩的酸性尿液经常刺激膀胱,容易引起泌尿系统感染。因此,一定要让少年儿童养成常喝开水的习惯。

2.5.2 合理膳食

由于没有一种食物能供给我们身体所需的全部营养素,所以我们在安排膳食时要尽量采用多样化的食物,根据各种食物中不同的营养成分恰当地调配膳食来全面满足身体对各种营养素的需要。合理营养还包括合理的用膳制度和合理的烹调方法。一日三餐应定时定量。一般来说,三餐食物量的分配不应相差很多,午餐可适当多一些。不吃早餐和暴饮暴食都是不合理的进食方式。合理的烹调方法不但可使食物味美可口,促进消化吸收,还可起到消毒杀菌作用,但应注意尽量减少烹调过程中营养素的损失。例如,淘米时过度搓洗、高温油炸食品、新鲜蔬菜切碎后长时间用水浸泡和长时间熬煮等都会导致营养素的损失。在我国迫切需要普及营养知识,使人民群众知道如何获得合理营养增进健康。

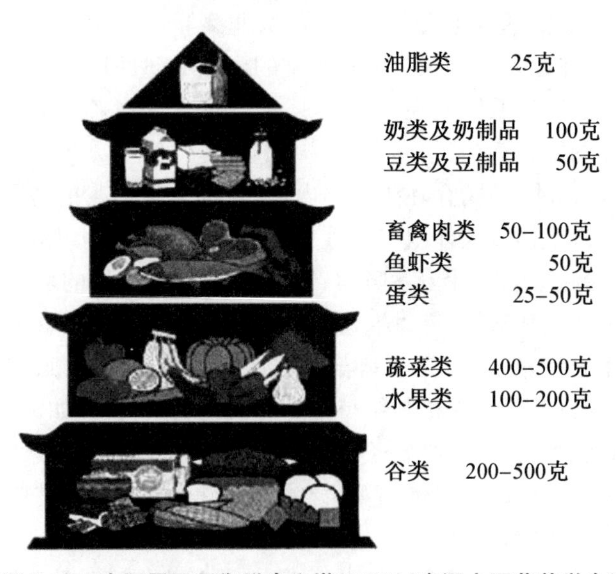

图 2-9 中国居民平衡膳食宝塔(2010)(来源中国营养学会)

2.5.3　消化系统

消化系统由消化道和消化腺两部分组成。消化道是一条肌肉性管道，由口腔、咽、食道、胃、小肠、大肠及肛门组成。消化腺有小消化腺和大消化腺两种。小消化腺散在于消化管各部的管壁内，如食道腺。大消化腺有唾液腺、肝脏和胰腺，唾液腺由三对腺体组成，即腮腺、下颌下腺、舌下腺，分泌唾液。它们均借助导管将分泌物排入消化管内。

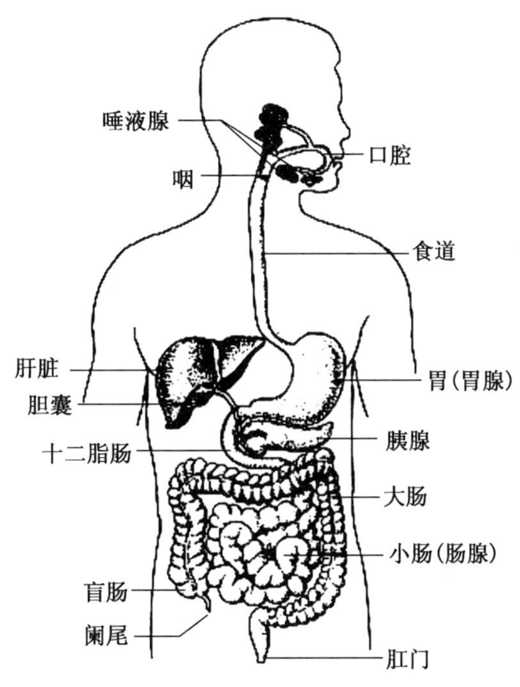

图 2－10　消化系统模式图

口腔内覆盖有黏膜层，位于两颊，舌下和颌下的唾液腺的腺管都开口于此。唾液腺分泌唾液淀粉酶，淀粉的初步消化，将淀粉分解成麦芽糖。舌位于口腔底部，其功能是感觉食物的味道和搅拌食物。婴儿出生 3～4 个月唾液腺分泌量增加，6～7 个月时，口腔浅，常常使口水流出，称为流涎。

牙齿是人体中最坚硬的部分，可辅助发音、咀嚼和粉碎食物。儿童一般在 6～7 个月萌出乳牙，最迟不应晚于 1 岁，20 颗乳牙在 2 岁半左右出齐。

由于食物中缺乏钙、磷、维生素，口腔卫生不良，牙齿排列不整齐及唾液分泌少而黏稠等因素，儿童容易患龋齿。所以儿童要注意口腔卫生，养成刷牙、漱口的好习惯；多晒太阳，注意营养，坚固牙齿；使用含氟的牙膏也可以防龋。

食道连接着咽部和胃，内覆有黏膜层，食物在食道内利用肌肉有节律地收缩和松弛运输到胃。进食时咽喉上下运动控制食管和气管的交替开通。全长 25 厘米，三个狭窄部，第一狭窄部可阻止吸气时空气进入食管，第二狭窄部是异物嵌顿滞留及食管癌的好发部位，第三狭窄部防止胃内容物逆流入食管。新生儿食管 10～11 厘米，1 岁约 12 厘米，5 岁约 16 厘米，管

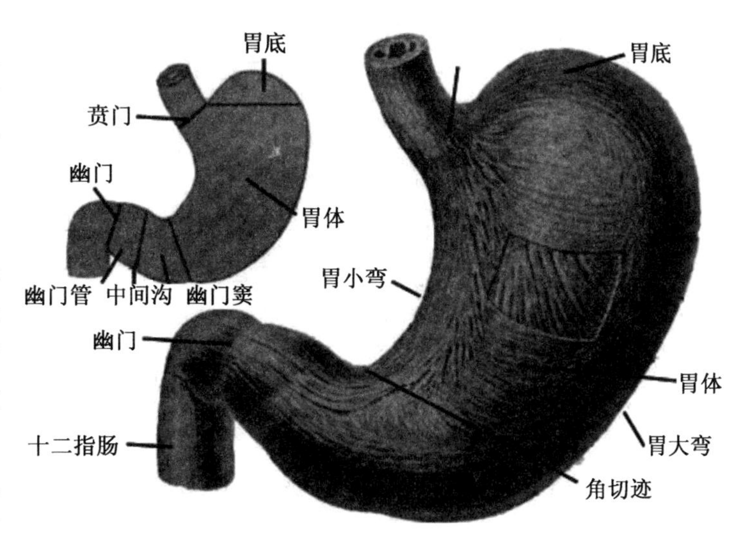

图 2－11　胃的结构

壁薄，弹性纤维发育不完善，易损伤。所以吃饭时应注意细嚼慢咽，食物不要过烫。

胃是主要的消化器官，有贮存食物并消化部分食物和吸收的功能。胃大部分位于左季肋部，小部分在腹上区，分泌的杀灭细菌进一步促进胰液、肠液、胆汁的排放，胃通过蠕动对食物进行物理性消化，形成酸性糜食挤入十二指肠。一般情况下，水约10分钟，糖类约2小时，蛋白质需2～3小时，脂肪需5～6小时才能消化。通常食物为混合食物，约需4～5小时才能消化。

婴儿的贲门比较松弛，且胃呈水平状，即胃的伤口和下口几乎水平，好像水壶放倒了。因此当婴儿吞咽下空气，奶就容易随着打嗝流出口外，这就是漾奶。

小肠是消化食物与吸收营养素的主要器官。小肠上接幽门，下与盲肠相接，长5～7米，盘曲于腹腔中、下部，可分为十二指肠、空肠和回肠。

小肠是消化道中最长的部分，小肠具有分节运动和蠕动，有时有蠕动冲，食糜从胃幽门到大肠需几小时。小肠内有肠腺及多种消化液。

胰腺分泌的胰液，含有碳酸氢盐中和胃酸，含有多种消化酶，可分解蛋白质、淀粉和脂肪，还分泌激素参与碳水化合物的代谢调节。

肝脏作为最大的腺体，分泌胆汁，储于胆囊。胆汁呈碱性，无消化酶，有乳化脂肪的功能。肝细胞在儿童8岁时才发育完善，婴幼儿肝功能不健全，消化能力差，糖原储备少，解毒能力差。

小肠的巨大吸收面积有利于提高吸收效率。小肠的皱襞、小肠绒毛、微绒毛，使小肠的总吸收面积比肠管内表面积大600倍。

婴幼儿肠道肌肉组织和弹力纤维尚未发育完善，肠的蠕动能力比成人弱，自主神经调节能力差，易发生肠功能紊乱。

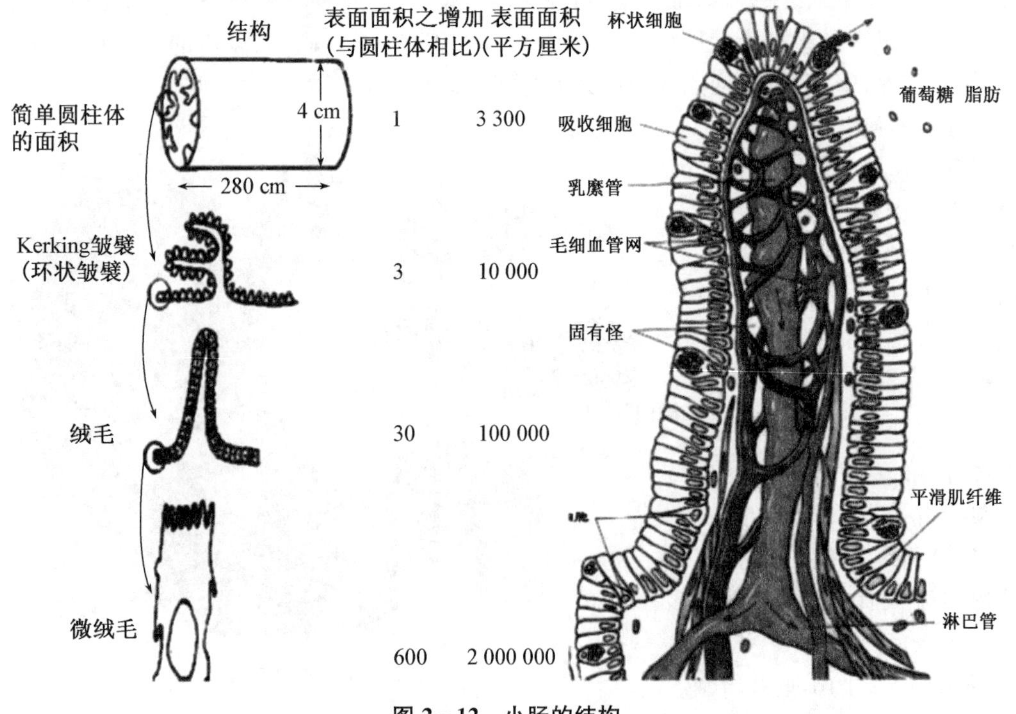

图2－12 小肠的结构

大肠长约1.5米，包括盲肠和阑尾、结肠(升结肠、横结肠、降结肠和乙状结肠)、直肠。大肠可吸收水分、电解质、部分维生素，最终形成粪便。

婴儿由于吸收能力较强，容易造成便秘。所以过了半岁，可培养定时排便的习惯，幼儿应多吃蔬菜、水果，搭配吃些粗粮，利于大便通畅。

总之，婴幼儿吸收能力大于消化能力，应注意少吃多餐。

练习题

1. 简述胃的功能。
2. 为什么说小肠是消化、吸收的主要器官，小肠怎样适应其功能?
3. 食物所含的营养素中，可以在体内产生热量的有(　　)。
   A. 3种　B. 4种　C. 5种　D. 6种
4. 阳光中的紫外线照射到皮肤上可生成(　　)。
   A. 维生素A　B. 维生素B　C. 维生素C　D. 维生素D
5. 乳牙共20颗，于幼儿(　　)出齐。
   A. 1岁左右　B. 1岁半左右　C. 2岁左右
   D. 2岁半左右　E. 3岁左右
6. 夜盲症的病因是缺乏(　　)。
   A. 维生素A　B. 维生素B　C. 维生素C　D. 维生素D
7. 佝偻病为3岁以下小儿的常见病，系缺乏(　　)所致。
   A. 蛋白质　B. 维生素C　C. 维生素D　D. 维生素E
8. 对婴儿来说，共有(　　)种氨基酸不能在体内合成，必须由膳食蛋白质供给。
   A. 8　B. 9　C. 12　D. 14
9. 谷类是人们一日三餐不可缺少的食物，它可提供的主要营养成分是(　　)。
   A. 蛋白质　B. 脂肪　C. 碳水化合物　D. 维生素
10. 99%存在于骨骼和牙齿中，其余的1%存在于血液和细胞外液中的无机盐是(　　)。
   A. 钙　B. 铁　C. 碘　D. 锌

2.6 内分泌系统

内分泌系统是人体一种特殊的分泌方式，是人体内的调节系统。内分泌系统是由人体内分泌腺体、内分泌组织和激素分泌细胞组成的一个体液调节系统(从下丘脑-垂体-靶器官)，内分泌系统释放的化学物质叫激素。激素对人体的生长发育、性成熟以及物质代谢等有着重要的调节作用。

2.6.1 生长激素与侏儒症

内分泌腺之王“垂体”分泌生长激素和促激素。生长激素能够促进蛋白质的合成和骨的生长，与儿童的生长关系十分密切。促激素有两个方面的，一是调节相关腺体内激素的合成和分泌；二是维持相关腺体的正常发育。儿童从出生到青春期，垂体分泌的生长激素是促进生长最重要的激素。垂体在儿童4岁以前和青春期时发育最快，不仅生长迅速，功能也相当活跃。在一昼夜间，生长激素的分泌并不均匀。夜间入睡后，生长激素才大量分泌。儿童睡眠时间不够，睡眠不安，生长激素的分泌减少，会影响身高的增长，使遗传的潜力不能充分发挥。幼年至儿童时期，如果生长激素分泌不足，将会发生生长障碍，表现为生长迟缓、身材矮小，甚至患侏儒症；如果分泌生长激素过多，则会使生长速度过快，甚至患巨人症。

2.6.2 甲状腺素与呆小症

人在出生时就有甲状腺，以后逐渐生长，作用也逐渐增强。青春期时甲状腺发育最快，重量可达到20 g左右，功能也达到最高峰。甲状腺分泌的激素称甲状腺素，可调节机体的新陈代谢、生长和发育。甲状腺素的主要作用是促进机体的新陈代谢和生长发育，特别对婴幼儿的骨骼和神经系统的发育影响很大。因此，如婴幼儿的甲状腺机能低下，不仅身材矮小，而且智力低下，称呆小症。

碘是合成甲状腺激素的主要原料，成年人一般每天碘的需求量是90～100 ug。在青春期，由于甲状腺激素分泌增多，对碘的需求量也增多，每天需求量可达到160～180 ug。如果人体的碘供应量不足，就会引起甲状腺代偿性肿大。处在青春期的女孩，由于体内的雌性内激素常将甲状腺里的碘移作他用，因此，更容易因为碘缺乏而引起甲状腺肿大。这些女孩的脖子变粗，局部有弥散性肿块，质软而表面光滑，但没有其他症状。此时，只要多吃些海带、紫菜等含碘的食物或碘盐，就可以治愈。

2.6.3 性激素与第二性征

第二性征是进入青春期，男女之间出现外生殖器以外的其他差异，又叫副性征。男子的第二性征主要表现在长胡须、喉结突出、声调较低等。女子的第二性征主要表现在乳腺发达、骨盆宽大、声调较高等。男女出现第二性征，是由于性腺分泌性激素的作用引起的。

1. 男性性腺——睾丸

睾丸有两大功能：一是具有生精作用，二是具有内分泌功能。睾丸的生精小管是精子生成的场所，而间质细胞的作用是分泌雄激素——睾酮。睾酮的作用主要是维持生精，睾酮能与生精细胞上的受体结合，促进精子的生成；刺激男性生殖器官的生长发育，促进男性副性征出现并维持其正常状态；维持和提高性欲；主要促进蛋白质合成，特别是肌肉、生殖器官、骨骼肌的蛋白质合成，促进骨骼中钙、磷沉积和骨骼的生长；促进骨髓的造血功能，引起红细胞生成增多。

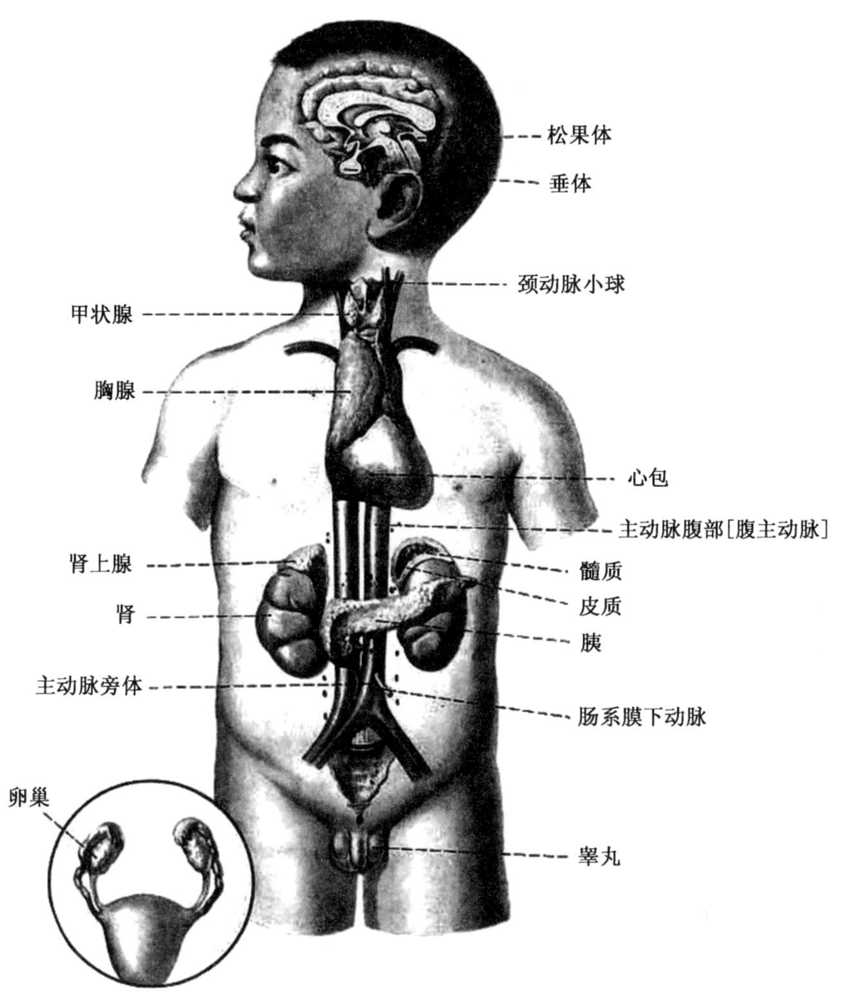

图 2-13　人体内分泌腺

2. 女性性腺——卵巢

卵巢既产生卵子，又分泌女性激素，主要是雌激素（主要为雌二醇）和孕激素（主要为孕酮），还分泌少量雄激素。雌激素可促进子宫、输卵管、阴道和外生殖器的生长发育；雌激素刺激乳腺导管和结缔组织增生，促进乳腺发育，并使全身脂肪和毛发分布具有女性特征，音调较高，骨盆宽大，臀部肥厚；促进蛋白质合成；促进肾小管对水和钠的重吸收，导致水钠滞留；降低血胆固醇。

孕激素可使子宫内膜出现分泌期的变化，有利于受精卵着床；可使子宫不易兴奋，并降低母体对胎儿的免疫排斥反应，故有"安胎"的作用；促进乳腺腺泡发育，为泌乳准备条件；使基础体温在排卵后升高 1 ℃左右，并在黄体期一直维持在此水平上。临床上常将这一基础体温改变作为判断排卵日期的标志之一。

保证幼儿有足够的睡眠，以促进其正常生长，提供科学合理膳食，吃富含碘的食物，防治碘缺乏症；不盲目服用营养品，防止婴幼儿性早熟。

练※习※题

1. 人体最重要的内分泌器官，被称为“内分泌之王”的是____________；关系到儿童生长发育和智力发展的内分泌腺是____________。

2. 构成甲状腺素的主要原料是(　　)

A. 铁　　B. 锌　　C. 碘　　D. 钙

3. 【判断】婴幼儿睡眠不足会影响脑垂体分泌生长激素，从而影响身高的增长。(　　)

2.7 泌尿生殖系统

2.7.1 泌尿系统

排泄是指人和动物将体内产生的代谢终产物、多余的水和无机盐以及进入机体的异物(毒物、药物等)排出体外的过程。

人体的 CO_2、少量的水由呼吸器官排出，胆色素、无机盐由肛门排出，水、尿素、无机盐由皮肤排出，绝大部分物质通过泌尿系统以尿的形式排出。

泌尿系统的组成与功能

人体泌尿系统由肾、输尿管、膀胱及尿道组成。肾脏位于人体腹腔后壁脊柱的两侧，左右各一个。一个肾约有 100 万个功能单位——肾单位组成。肾是人体尿液形成的场所。输尿管将尿液输出运送到膀胱暂时贮存，当尿量达到一定程度时经尿道排出。

婴幼儿新陈代谢旺盛，尿总量较多，而膀胱容量小，黏膜柔弱，肌肉层及弹性组织不发达，储尿功能差，所以年龄越小，每天排尿次数越多。婴幼儿尿道较短，黏膜柔嫩，弹性组织发育不完全，尿路黏膜容易损伤和脱落。而且，女孩的尿道开口接近肛门，不注意保持外阴部的清洁就容易发生尿道感染而引起炎症。

婴儿期，当膀胱内尿液充盈到一定量时，就会发生不自觉的排尿，这时对排尿没有约束能力；一般到了 3 岁，白天就可以不再尿湿裤子，夜间不再尿床。所以儿童要饮水量充足，尿液形成后从上向下流动，对输尿管、膀胱、尿道起着冲刷的作用，可减少泌尿道感染，培养幼儿定时排尿的习惯，防止尿频和憋尿。

2.7.2 生殖系统

1. 男性生殖系统

男性生殖系统分为内生殖器和外生殖器。内生殖器包括睾丸、输精管道和附属腺等；外生殖器包括阴茎和阴囊等。

睾丸的主要作用是产生精子并分泌雄激素。生殖管道包括附睾、输精管和射精管(通过尿道)。附睾有贮存精子、供给精子营养和促进精子成熟的作用。输精管将精子推入尿道，射精时，肌层做强力收缩，将精子快速排出。射精管包在前列腺内，长约 2 cm，穿过前列腺底，开口于尿道的前列腺部。尿道是尿液与精液排出的共同管道。

附属腺由前列腺、尿道球腺和精囊腺组成，均分泌略带碱性的液体，与精子混合即成精液，能增强和维持精子的活动力。精囊腺是一对囊状腺，位于膀胱和前列腺之间，精囊腺分泌黄色黏稠的液体，占精液的 60%，其中含有果糖、提供精子运动的能量。前列腺位于膀胱下方，呈栗形（大小与栗子相似）肌肉组织，包绕着尿道的起始部；其导管开口于尿道。前列腺分泌稀薄的乳白色液体，占精液的 1/3，内含前列腺素、酶类，具有中和酸性、激活精子的作用。尿道球腺位于尿道膜部两侧，一对，豌豆大小。尿道球腺分泌黏液，在射精前排出，润滑尿道。

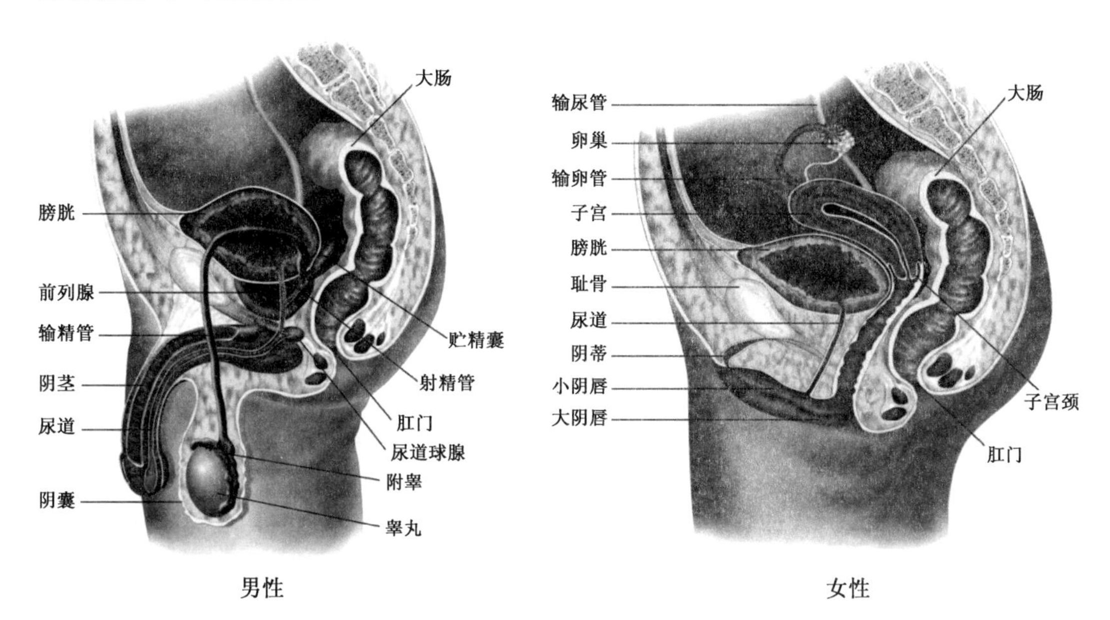

图 2-14　男性、女性生殖系统

2. 女性生殖系统

女性生殖系统分为内生殖器和外生殖器。内生殖器包括卵巢、输卵管道和附属腺等；外生殖器包括阴阜、大阴唇、小阴唇等。

卵巢是产生卵子，分泌女性激素的器官。外为皮质，是卵泡、卵产生的地方，内为髓质。输卵管的主要作用是输送卵子，受精；子宫是精子通道、孕育胎儿的地方；阴道是交配器官、月经流出、胎儿产出的通道。外生殖器包括阴阜、大阴唇、小阴唇、前庭大腺、阴道前庭和阴蒂。

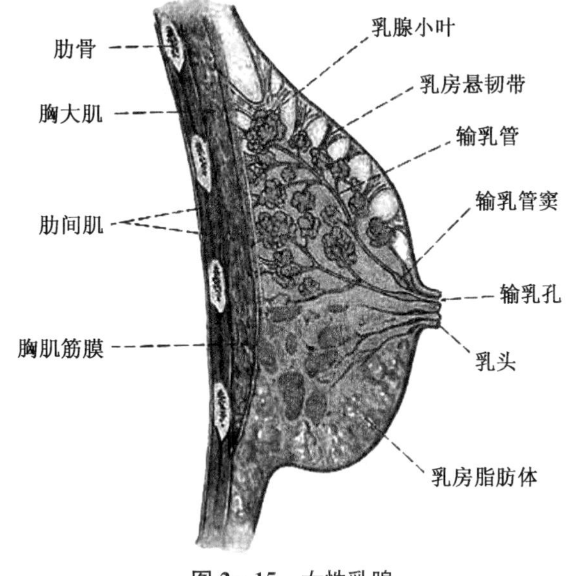

图 2-15　女性乳腺

乳房由乳腺及周围脂肪组织组成，包括乳腺叶、输乳管（以乳头为中心呈放射状排列）、输乳管窦、乳房悬韧带。

婴幼儿时期生殖系统发育缓慢，要到将来进入青春期后才发育迅速。

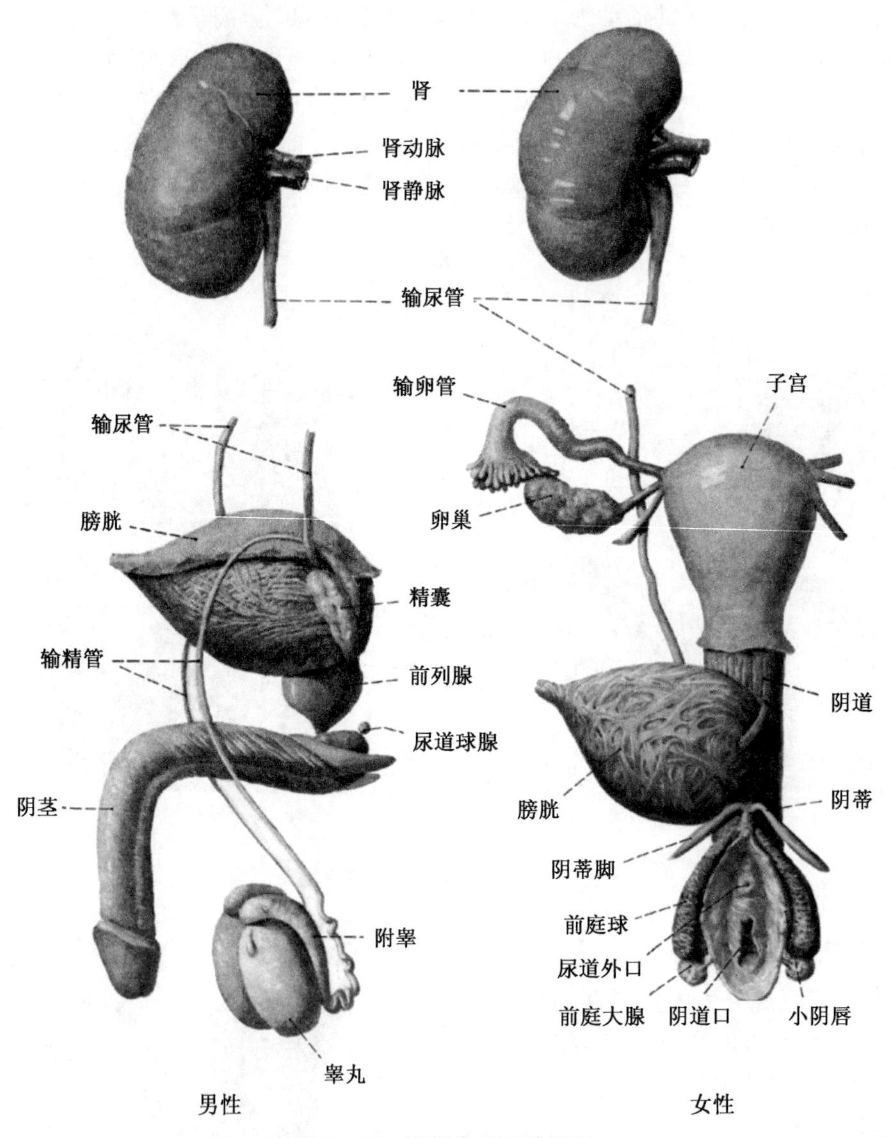

图 2-16　泌尿生殖系统概观

婴幼儿时期是形成性角色、发展性心理的关键期。家长和幼教工作者应对幼儿进行科学的、随机的性教育。培养儿童正确的性角色意识，能自然地回答各种性问题，没有性歧视。青春期是由儿童发育到成年的过渡时期，从体格生长突增开始，到骨骼完全融合、躯体停止生长、性发育成熟而结束。人体在形态、功能、性征、内分泌、心理、行为等方面发生的巨大变化是一生中决定体格、体质、心理、智力发育和发展的关键时期。

表 2－3　男女青春期的变化

年龄/岁	女孩	男孩
8～9	身高突增开始	
9～10	乳房开始发育，身高突增高峰，出现阴毛	身高突增开始，阴茎、睾丸开始增大
12	乳房继续增大	身高突增高峰，出现喉结
13	月经初潮开始，出现腋毛	出现阴毛，阴茎、睾丸继续增大
14	乳房显著增大	变声，出现腋毛
15	脂肪积累增多，臀部变圆	首次遗精，出现胡须
16	月经规则	阴茎、睾丸已达成人大小
17～18	骨骼愈合，生长基本停止	体毛接近成人水平
＞＝19		骨骼愈合，生长基本停止

练习题

1. 青少年频繁遗精的主要原因有哪些？

2. 防止频繁遗精的主要措施是？

3. ＿＿＿＿＿＿是一种性行为习惯。男女青少年均可发生，以男性更为多见。据调查，约 70%以上的男性青年和 40%以上的女性青年有此习惯。

4. 什么是青春期？

5. 儿童进入青春期的开始是＿＿＿＿＿＿＿。

2.8 神经系统

神经系统是机体内起主导作用的调节机构，全身各器官、系统在神经系统的统一控制和调节下，互相影响、互相协调，保证机体的整体统一及其与外界环境的相对平衡。

神经元是神经系统的基本结构功能单位。神经元的结构是由胞体和突起（轴突、树突）组成。胞体是营养和整合中心，细胞核大、有丰富的神经原纤维。树突较短、有小突起，是接受冲动并将神经冲动传入胞体的重要结构。轴突一般只有一个，细长。起始部位称轴丘，其末梢分支很多并形成终扣。轴突外周有髓鞘包着。轴突传出神经冲动。

2.8.1 神经系统的结构

人的神经系统是不可分割的整体，由中枢神经系统和周围神经系统组成。中枢神经系统主要包括脑和脊髓，脑包括大脑、小脑、间脑、中脑、脑桥和延髓；周围神经系统主要由 12 对脑神经和 31 对脊神经组成。

脑位于颅腔内，由大脑、间脑、中脑、脑桥、延髓和小脑组成，通常把中脑、脑桥和延髓合称为脑干。脑干包括中脑、脑桥和延髓,脑干下端为延髓,向下与脊髓相连,宽大的中部为脑桥,上端缩窄的部分为中脑,向上与间脑相连。脑干是大脑、小脑与脊髓之间连系的干道。此外,脑干内还有许多重要中枢,如心血管中枢、呼吸中枢等。小脑有中央与左右半球,外灰质内白质,是平衡、协调肌肉运动的控制中心。大脑由左右两半球、胼胝体组成,外灰质为大脑皮层,内白质髓质,是最高级控制中枢。

2.8.2 神经系统的活动方式——反射

脑的高级调节功能是条件反射,反射的物质基础是反射弧。非条件反射是先天本能的反射,是低级的神经活动;条件反射是后天学习建立的反射,反射弧不固定,可建立可消退,是高级的神经活动。

2.8.3 脑的特点

(1) 优势原则

神经系统中,脑的耗氧量最大;在清醒安静状态下,幼儿脑细胞的耗氧量约为全身耗氧量的50%,充足的氧气是儿童脑细胞正常活动的基本条件。

面对丰富的刺激,大脑能同时对每一刺激都做出反应吗?人能从作用于自身的大量刺激中,选择出最强的或最符合本身目的、愿望和兴趣的少数刺激,这些刺激在皮层所引起的兴奋区域即为优势兴奋灶。

(2) 镶嵌式活动原则

高级神经活动的抑制过程不够完善,兴奋过程强于抑制过程,兴奋占优势,易于扩散,而抑制过程形成较慢,因此幼儿的控制能力较差。神经细胞较脆弱,能量储备较少,易疲劳,但新陈代谢旺盛,容易恢复。

大脑皮层分工精细,从事某项活动时相应区域兴奋,其余抑制。兴奋、抑制不断轮换,好比镶嵌在一块木板上的许多灯泡,忽亮忽灭。在组织学生活动时,经常变换活动的内容和方式,注意动静交替,劳逸结合。

(3) 动力定型

当身体内外的刺激按一定顺序,经多次不断地重复之后,大脑皮层的兴奋和抑制过程在时间、空间上的关系"固定"下来,条件反射的出现越来越恒定和精确,即为动力定型。注意培养学生有规律的生活习惯;不要破坏已建立的动力定型;年龄越小,所建立的动力定型越不牢固,容易改变不良习惯。

(4) 保护性抑制——睡眠

当大脑皮层的能量消耗到一定程度时,会自动转为休息状态,这种特性即为保护性抑制;可防止能量的进一步损耗及重新恢复工作能力,具有生理性保护作用。组织活动时,一旦发现疲劳产生,要及时组织休息,以促进大脑皮层工作能力的恢复。

为保证儿童用脑卫生,注意保持室内空气新鲜,保证充足的睡眠,提供合理的膳食,让孩子积极开展体育锻炼。

2.8.4 视觉器官——眼

眼由眼球壁和内容物构成。眼球壁分为外膜、中膜和内膜，外膜又分为巩膜和角膜。巩膜为白色，坚固，保护眼球的内部结构；角膜无色，透明，可以透过光线。中膜大部分为富含血液的脉络膜，主要作用是营养眼球，含色素的是虹膜，中央的小孔即瞳孔，还有调节晶状体的睫状体。内膜即视网膜，含有许多对光线敏感的细胞，能感受光的刺激。眼球内容物为房水、晶状体和玻璃体，支持起眼球的结构。

5岁以前可以有生理性远视：婴幼儿眼球的前后距离较短，物体成像于视网膜的后面，称为生理性远视。随着眼球的发育，眼球前后距离变长，=一般到5岁左右，就可成为正视。晶状体有较好的弹性：婴幼儿晶状体的弹性好，调节范围广，使近在眼前的物体，也能因晶状体的凸度加大，成像在视网膜上。婴幼儿大脑的发育尚未完善，因此可能出现"倒视"。

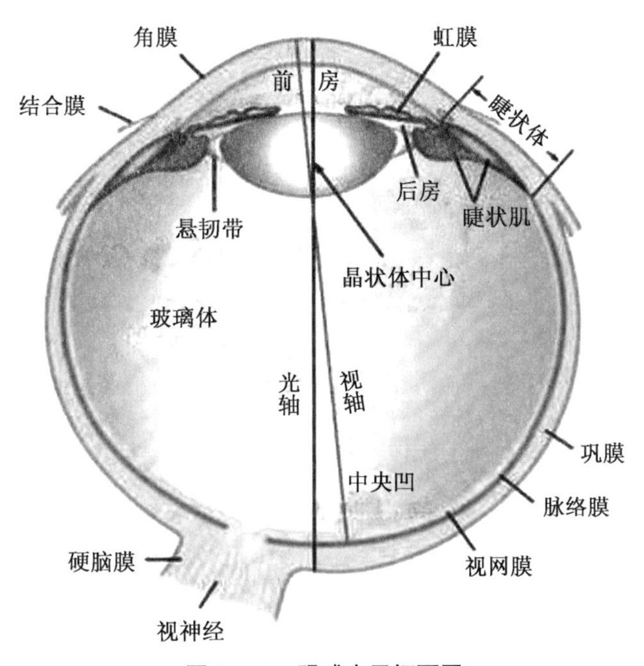

图 2-17 眼球水平切面图

要培养孩子良好的用眼习惯，不要躺着看书，以免眼书距离过近；集中用眼一段时间后，应远望或去户外活动，以消除眼疲劳；看电视，应限制时间。注意用眼安全和卫生，不让孩子接触危险品，如小刀、竹签等；不用手揉眼睛等；提供良好的采光条件。

2.8.5 听觉器官——耳

耳是听觉的外周感觉器官，有听觉和保持平衡的功能，包括外耳、中耳和内耳三部分。

外耳由耳廓和外耳道组成。耳廓利于集音和判断声源，可依据声波到达两耳的强弱和时间差判断声源。外耳道是传音的通路，可增加声强，与4倍于外耳道长的声波长（正常语言交流的波长）发生共振，从而增加声强。

中耳由鼓膜、听小骨、咽鼓管和听小肌组成。鼓膜是一个具有一定紧张度、动作灵敏、斗笠状的半透明膜，对声波的频率响应较好，失真度较小，能如实地把声波振动传递给听小骨。咽鼓管是鼓室与咽腔相通的管道，其鼻咽部的开口通常呈闭合状态，当吞咽、打呵欠或喷嚏时则开放。其主要作用是调节鼓膜两侧气压平衡，维持鼓膜正常位置、形状和振动性能。咽鼓管黏膜上的纤毛运动可排泄中耳内的分泌物。

内耳可感受声音，保持平衡。当听小骨振动时，内耳的淋巴液也随声波激起波纹，无数听神经末梢好似垂到水面上的柳枝，受到波纹的振动，将神经冲动传入大脑听觉中枢，产生听觉。

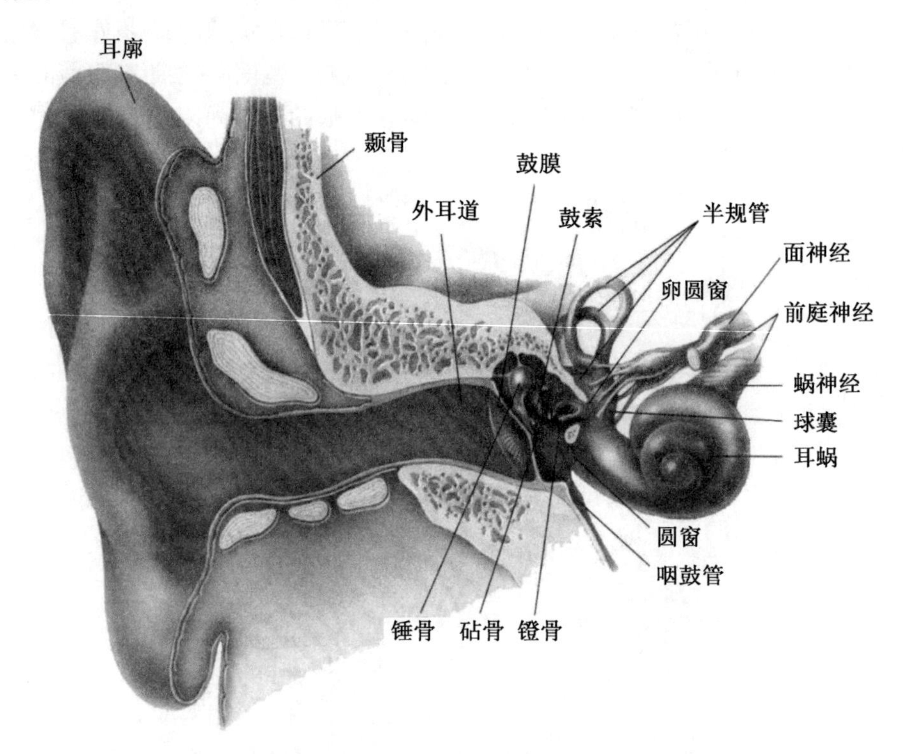

图 2－18　耳的结构图

儿童由于皮下组织少，血循环差，耳廓易生冻疮；眼泪、脏水流入外耳道或掏耳屎损伤外耳道易导致外耳道易生疖；儿童咽鼓管短，管腔宽，位置平直，鼻咽部的细菌易入中耳，引发中耳炎；儿童对噪声敏感。

因此，禁止用锐利的工具给儿童挖耳；学校及托幼机构应避免在吵闹的市场、交通要道建立，注意避免噪声的影响；儿童需服用安全药物，避免药物影响听觉；通过多种途径发展听觉。

练习题

1. 婴幼儿咽鼓管较粗短，位置平直，鼻咽部感染易引起______________。
2. 神经系统的基本活动方式是_________________。
3. 婴幼儿眼球前后距离较短，物体成像于视网膜后面，称_________________。

4. 婴幼儿把书画放在离眼睛很近的地方看也不觉得累是因为______________弹性好。

5. 兴趣能促使大脑皮质产生(　　)。

A. 优势兴奋　　B. 镶嵌式活动　　C. 动力定型　　D. 抑制机制

6. 大脑皮质的活动有它的规律，其中使大脑皮质的神经细胞有劳有逸、维持高效率的是(　　)。

A. 优势法则　　B. 镶嵌式活动原则

C. 动力定型　　D. 睡眠

7. 在组织幼儿活动时，经常变换活动的内容和方式，注意动静交替，劳逸结合，这符合大脑皮层的(　　)原则。

A. 优势兴奋　　B. 镶嵌式活动　　C. 建立动力定型　D. 保护性抑制

8. 以下关于儿童眼睛特点的描述正确的是(　　)。

A. 晶状体缺少弹性

B. 五岁以前可以有生理性远视

C. 斜视无法矫正

D. 治疗弱视的最好时机是在 10 岁以前

9. 小孩眼睛(　　)以前可以有生理性远视。

A. 五岁　　B. 三岁　　C. 七岁　　D. 一岁

10. 婴幼儿眼球前后径较短，物体成像于视网膜后方称(　　)。

A. 正常视力　　B. 生理性近视　　C. 生理性远视　　D. 弱视

2.9 免疫系统

免疫是机体的一种生理保护性反应，主要作用是识别和排除进入人体内的异物(病毒、细菌等)，维持自身的稳定和平衡。

免疫有两类机制，一类是先天的非特异性免疫，例如皮肤黏膜的屏障作用、吞噬细胞的防御作用及血脑屏障等；另一类是后天产生的特异性免疫，例如自然(感染)或人工(接种)产生的自动免疫及自然(胎盘或乳汁)和人工(注射抗体)产生的被动免疫。

免疫系统由免疫器官如胸腺、骨髓、脾、淋巴结和淋巴组织、免疫细胞及其产生的免疫活性物质构成。

淋巴结肿大与一定区域的感染有关。正常的淋巴结黄豆大小，柔软，不粘连在一起，无压痛感淋巴结肿大要重视。扁桃体能制造抗体，能抵抗来自鼻腔和口腔的微生物；幼儿时期扁桃体参与免疫系统活动，保护作用高于成人。儿童免疫系统发育不够完善，需要配合卫生防疫部门，完成预防接种工作；增强幼儿的免疫系统功能应合理膳食，组织体育活动增强儿童体质，培养幼儿良好的卫生习惯，会洗手。

练※习※题

1. 什么是免疫?
2. 如何提高儿童抵抗力?

实验4 骨的成分鉴定

实验目的:

1. 知道骨的成分和物理性质;
2. 善于观察,并能计算。

材料用品:

1. 材料:大鱼的肋骨和鸡腿骨
2. 用具:电子天平、镊子、酒精灯、试管、试管架、质量分数15%的盐酸、清水、火柴、纱布。

方法步骤:

(一) 骨的称量和煅烧

1. 骨的称量

取一根鸡的腿骨,先用力折一下,看它能否被折断;然后用天平称量这根骨的重量,并记录下来。

2. 骨的煅烧

用镊子夹住这根骨,放在酒精灯上煅烧,待骨的颜色变成灰白时,将酒精灯移开。

3. 煅烧骨的称量

待煅烧骨冷却后,称量它的重量并记录下来。比较这根骨在煅烧前后的重量有何不同。

4. 敲打煅烧骨

轻轻地敲打这根煅烧骨,结果碎了。

5. 计算

将煅烧骨的重量/(煅烧前骨的重量-煅烧骨的重量)得出这根骨无机物与有机物的比值。

(二) 骨的称量和脱钙

1. 骨的称量

取一根大鱼的肋骨,用电子天平称量重量,并记录下来。

2. 骨的脱钙

将这根骨浸入盛有质量分数为15%的盐酸的试管中，不久可以看到有气泡上升。15分钟后，用镊子夹住这根骨，看它是否变得柔软。如果这根骨已经变得柔软了，就可以取出来了，并用清水洗去上面的盐酸，将这根骨弯曲或打成结，说明脱钙很成功。

3. 脱钙骨的称量

用纱布将脱钙骨擦干，称量重量并且记录下来。比较这根骨在脱钙前后的重量有何不同。

4. 计算

将脱钙后骨的重量/(脱钙前骨的重量-脱钙骨的重量)得出这根骨有机物与无机物的比值。

表2-4　实验记录单

实验步骤	实验现象	实验结论		体现骨的性质
		剩余物质	表现性质	
煅烧骨				
脱钙骨				

结论：

1. 煅烧后骨变得很脆，轻轻一敲就碎了，这是因为骨中的有机物被燃烧掉了，剩下的只是无机物。

2. 脱钙后骨变得柔韧，这是因为骨中的碳酸钙被盐酸溶解了，剩下的只是有机物。

3. 通过实验，我们发现骨是由硬脆的无机物和柔韧的有机物组成的，而骨的物理性质主要表现在硬度和弹性这两个方面。

练习题

1. 取一根鱼的肋骨，浸入盛有15%盐酸的试管内，15分钟后，发现(　　)。

A. 骨碎了　　B. 骨变软了

C. 骨中有机物变多了　　D. 骨中有机物减少了

2. 取一根鱼的肋骨，放在酒精灯上煅烧，待骨的颜色变灰白时移开酒精，称重后发现(　　)。

A. 质量减少　　B. 质量增加　　C. 质量不变　　D. 骨碎了

3. 说说实验过程中存在的问题。

实验5 小肠绒毛的观察

实验目的：

认识小肠绒毛，了解其作用。

材料用品：

1. 试剂：质量分数为0.9%的氯化钠溶液
2. 材料：猪新鲜小肠
3. 器材：解剖刀、解剖镊子、大剪、线、培养皿、显微镜

实验步骤：

1. 用镊子把肠段放入盛有质量分数为0.9%的氯化钠溶液的培养皿内，清洗肠段的外表面，然后换干净的氯化钠溶液；再纵向剖开小肠，清洗小肠的内表面。再用干净的氯化钠溶液将洗净的肠段浸泡起来备用。

2. 将小肠的内表面向上放入培养皿内，用眼观察，可以看见一层带血丝的绒状结构，而沿着肠段的纵、横断面边缘，则可见无数个小细毛状的突起，这种突起就是小肠绒毛。

3. 用放大镜观察小肠绒毛，如果还觉着不清晰，则可将肠段放在实体镜或低倍显微镜下进行观察，就能较清晰地看到小肠绒毛。如果沿着肠段的纵横断面的边缘仔细观察，则能看到各个分散的小肠绒毛。

练※习※题

1. 将小肠的内表面向上放入培养皿内，可以看见一层带血丝的绒状结构，而沿着肠段的纵、横断面边缘，则可见无数个小细毛状的突起，这种突起就是______________。

2. 【判断】在小肠绒毛的观察中，将其放在盛有清水的玻璃皿中观察是因为小肠绒毛的游离端可以在水中飘起来，并可随水摆动。（　　）

3. 【判断】用镊子把鸡小肠的肠段放入盛有质量分数为0.9%的氯化钠溶液的培养皿内，清洗肠段的外表面，然后换干净的氯化钠溶液。（　　）

第 3 章 植物的结构与功能

3.1 植物的多层次结构

植物体由两类组织构成,即分生组织和成熟组织。

分生组织是指植物体内由一些具备持续分裂能力的细胞组成的细胞群。一般分布在植物的生长部位,如茎尖、根尖等。显微镜下可以看到其细胞壁薄、细胞核大、细胞质浓厚,无明显的液泡,彼此紧密相接,没有明显间隙。

根据在植物体上的位置,可分为顶端分生组织、侧生分生组织和居间分生组织。顶端分生组织位于根、茎的顶端和侧枝的顶端。其分裂活动可以使根和茎不断伸长,并形成侧枝和叶,扩大植物营养面积。侧生分生组织包括木栓形成层和维管形成层。维管形成层的活动使根和茎不断加粗。木栓形成层的活动可使根、茎或受伤的器官表面形成新的保护组织。居间分生组织是顶端分生组织在局部的保留。如葱、蒜、韭菜的叶子剪去上部还能继续伸长,就是居间分生组织活动的结果。

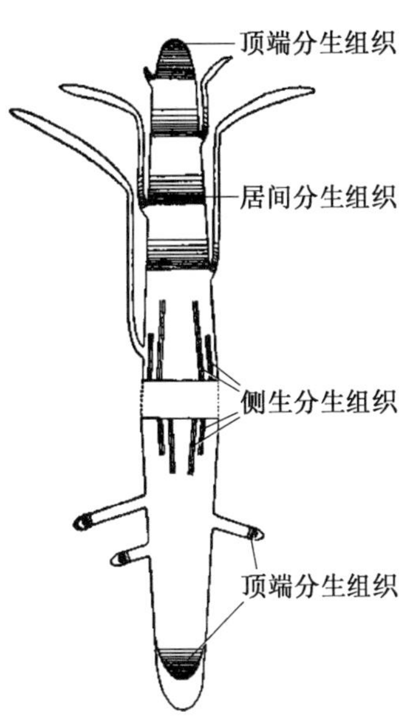

图 3-1 植物分生组织

成熟组织即永久组织,是由分生组织衍生的细胞发展而来的,因其生理机能和结构的不同,而区分为保护组织、薄壁组织、机械组织、输导组织等。

保护组织存在于植物体的表面,由一层或数层细胞构成。根据保护组织的来源、形态结构及其功能的强弱,可将其分为表皮和木栓层。表皮组织位于根茎表面,细胞大多扁平、形状不规则,紧密镶嵌成一薄层,细胞质少,液泡大,细胞壁厚,表面有气孔或皮孔,细胞内不含叶绿体,或细胞木栓化死亡。

木栓层存在于植物的老根、老茎的外表面,是在器官增粗过程中由木栓形成层的活动产生的次生结构。木栓层细胞排列紧密,无胞间隙,细胞壁较厚并高度栓化,没有原生质体。

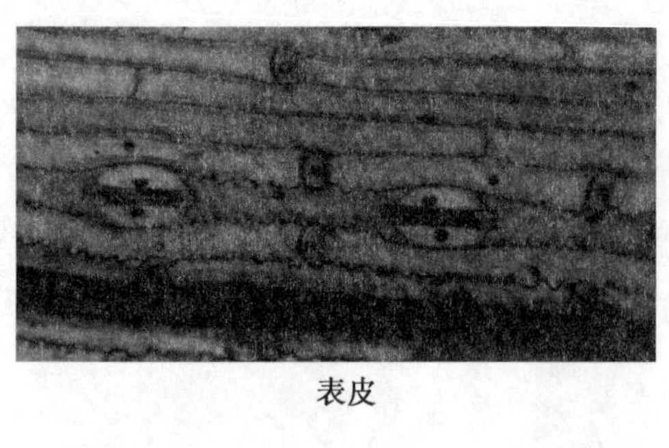

表皮

石细胞

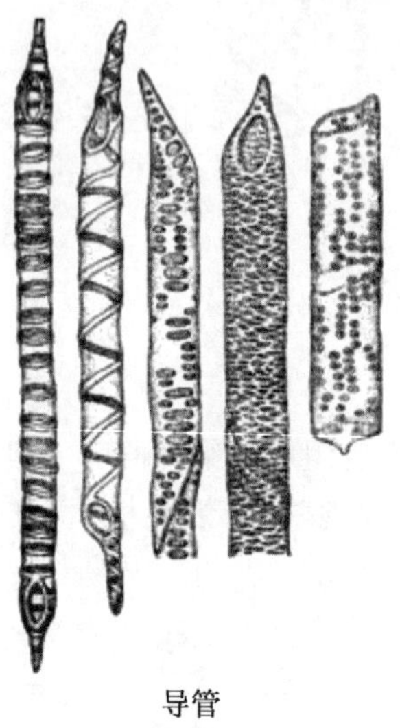

导管

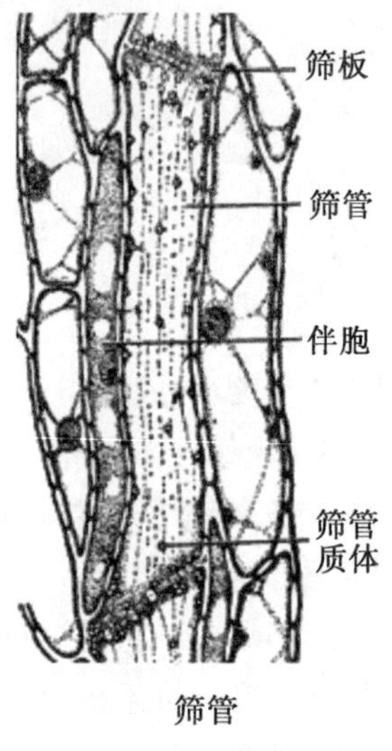

筛管

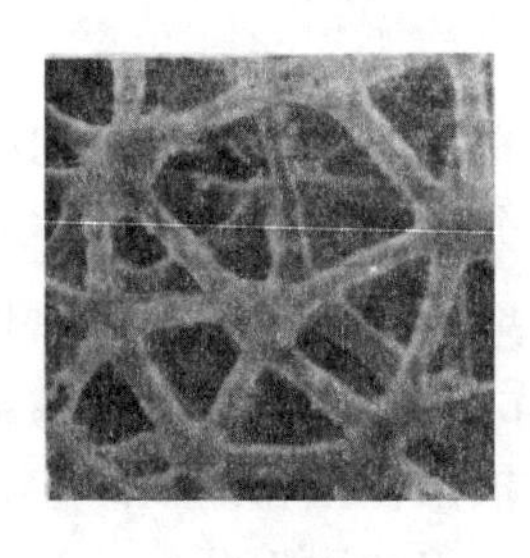

吸收组织

图 3－2　植物的成熟组织

薄壁组织广泛存在，细胞壁薄、细胞质少，液泡较大，细胞排列松散，有较大的细胞间隙。薄壁组织具有潜在的分裂能力，在一定条件下可转变为分生组织。根据基本组织的结构和生理功能的不同，可将其分为吸收组织、同化组织、储藏组织、通气组织等。

机械组织的细胞壁局部（角隅处）或全部加厚，排列紧密，分布在输导组织周围和表皮组织内侧，可支撑植物，有厚角组织和厚壁组织。厚角组织的细胞较长，两端呈方形、斜形或尖形，彼此重叠连接成束，细胞仅局部的初生壁出现增厚，是活细胞，常含叶绿体。厚壁组织的细胞壁全面次生增厚、常木质化，细胞腔狭小，是死细胞。根据其形状不同又可分为纤维和石细胞。纤维细胞狭长，两端尖细，细胞壁极厚、细胞腔极小，是植物体内主要的支持结构。石细胞一般是由薄壁细胞经过细胞壁的强烈增厚并高度木质化的细胞，细胞壁坚硬、细胞腔很小，具有坚强的支持作用。

根据输导组织的结构和所运输的物质不同，可将其分为运输水分和无机盐类的导管与管胞以及运输有机同化物的筛管与筛胞两大类。木质部的导管是由许多管状的、细胞壁木质化的死细胞纵向连接成的一种输导组织。韧皮部的筛管是由若干不具细胞核的管状活细胞连接而成的、运输有机物质的输导组织。

几种不同的组织按照一定的秩序结合起来，构成具有一定功能的器官，植物有根、茎、叶、花、果实、种子六种器官，这些器官就构成了完整的植物体。

3.2　植物的营养器官

3.2.1　根

根是植物的地下营养器官，它主要起固定、支持植物的作用；同时还能从土壤中吸收水分、无机盐、二氧化碳和一些小分子物质；能够合成氨基酸、植物碱和激素等；还具有贮藏、繁殖、输导和分泌的功能。根据发生部位的不同，可以将根分为主根、侧根和不定根三种。其中主根是植物体最早出现的根，它由种子的胚根发育而成。

1. 根的形态

主根上发生的分枝以及分枝再发生的各级分枝均称为侧根。由于主根和侧根在一定的位置发生，故称定根。从其他部位发生的根为不定根。一株植物地下部分所有根的总体称为根系，分直根系和须根系。

表3-1　植物根系

类　别	特点		
根的种类	定　根	主根	种子的胚根直接伸长生长形成的根
		侧根	从主根上形成的各级分枝
	不定根	在茎、叶或老根上长出的根	
根系类型	直根系	主根粗壮发达，与侧根有明显区别，如大豆、白菜	
	须根系	主根不发达或早期停止生长，从茎基部长出许多粗细相近的不定根，如小麦、水稻等	

2. 根的结构

根的初生结构，由外至内分为表皮、皮层和中柱三大部分。表皮由一层细胞构成；皮

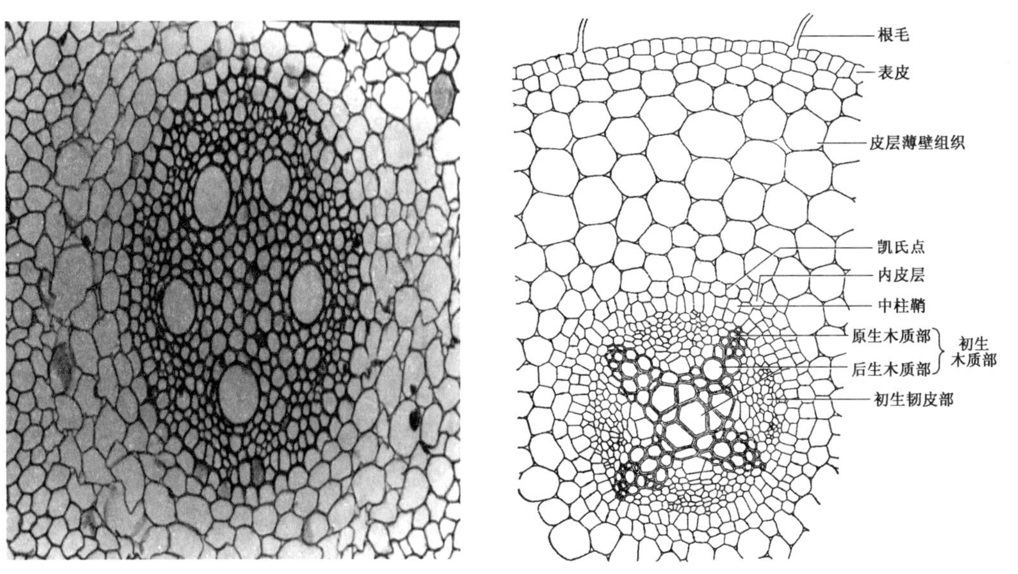

图3-3　根的初生结构

层相当发达；中柱的显著特征是维管束成辐射状排列。初生木质部居中心，具多个辐射棱（多原形）；初生韧皮部夹在初生木质部的辐射棱之间，整个轮廓成星芒状。内皮层细胞壁四面加厚成凯氏带，对根吸收起控制作用。

3. 根的变态

有些植物的根，在形态、结构和生理功能上，都出现了很大的变化，这种变化称为变态。变态是长期适应环境的结果，这种特性形成后，相继遗传，成为稳定的遗传性状。

常见的变态根有：贮藏根、气生根和寄生根。

贮藏根根体肥大多汁，形状多样，贮藏大量养分，贮藏的有机物有的为淀粉，有的为糖分和油滴。这些物质多半贮存在髓部、皮层以及木质部和韧皮部的基本组织中。有些植物经栽植驯化后根部特别发达，往往膨大变成储存有营养物质的场所，在结构上有发达的贮藏组织。多见于2～3年或多年生草本植物中，可分为肉质直根和块根两类，其内贮藏大量的营养物质。

肉质直根：由主根和下胚轴膨大发育而成，外形呈圆锥状或纺锤状、球状等。萝卜、芜菁、胡萝卜的肉质直根很发达，为日常蔬菜。

块根：由侧根或不定根发育而来。菊芋、大丽花的块根中含有菊糖，甘薯、木薯块根的薄壁组织中含有大量淀粉。其他如乌头块根中含乌头碱，为镇痉、镇痛药，麦冬根中含有多种甾体皂苷，有滋阴生津、润肺止咳的功能。

气生根是生长在地面以上空中的根，这种根在生理功能和在结构上与其他根有所不同，又可分以下几种：

(1) 支持根：像玉米从节上生出一些不定根，表皮往往角质化，厚壁组织发达，不定根伸入土中，继续产生侧根，成为增强植物体支持力量的辅助根系。另像榕树从枝上产生多数下垂的气生根，部分气生根也伸进土壤，由于以后的次生生长，成为粗大的木质支持根，树冠扩展的大榕树能呈“一树成林”的壮观。还有甘蔗等植物也属这类型的根。

(2) 板根：常见于热带树种中，如香龙眼、臭楝、漆树科和红树科中的一些种类。板根是在特定的环境下，主根发育不良，侧根向上侧隆起生长，与树干基部相接部位形成发达的木质板状隆脊。有的板根可达数米，增强了对巨大树冠的支持力量。

(3) 攀缘根：像常春藤、络石、凌霄等植物的茎细长柔弱，不能直立，生出不定根。这些根顶端扁平，有的成为吸盘状，以固着在其他树干、石山或墙壁表面而攀缘上升，有攀缘吸附作用，故称攀缘根。

(4) 附生根：在热带森林中，像兰科、天南星科植物生有附生根。附贴在木本植物的树皮上，并从树皮缝隙内吸收蓄存的水分，这种根的外表形成根被，由多层厚壁死细胞组成，可以贮存雨水、露水供内部组织用，干旱时根被失水而为空气所充满。附生根内部的细胞往往含有叶绿素，有一定的光合作用能力。

(5) 呼吸根：分布于沼泽地区或海岸低处的一些植物，例如水龙、红树、落羽松等。在它们的根系中，有一部分根向上生长，露出地面，成为呼吸根。呼吸根外有呼吸孔，内有发达的通气组织，有利于通气和贮存气体，以适应土壤中缺气的情况，维持植物的正常生活。

榕树可以“独木成林”，那么只要种植一棵榕树，其余的就由它自己繁衍了吗？榕树是一种喜欢高温多雨、空气湿度大的长绿阔叶乔木，它遍布于低海拔的热带雨林中和沿海岸及三角洲等地区。由于榕树的果实味道甜，小鸟很喜欢吃，于是坚硬不能消化的种子随着鸟粪到处散播，在热带和亚热带地区的古塔顶上、古城墙上和古老的房屋顶上，都可以见到由小鸟播种的小榕树，在热带雨林的大树上生长的小榕树，也多数是由小鸟播种的，这种树上有树的奇特现象构成了热带雨林的一大景观。榕树的寿命长、生长快，侧枝和侧根非常发达，它的主干和枝条上有很多皮孔，到处可以长出许多气生根，向下悬垂，像一把把胡子，这些气生根向下生长入土后不断增粗而成支柱根，支柱根不分枝不长叶，榕树气生根的功能和其他根系一样，具有吸收水分和养料的作用，同时还支撑着不断往外扩展的树枝，使树冠不断扩大。

高等寄生植物所形成的一种从寄主体内吸收养料的变态根，常又称为吸器。菟丝子苗期产生的根，生长不久即枯萎，以后从缠绕茎上由不定根变态而形成一些突起的垫状物，紧贴寄生豆科植物的茎表面，并由其中形成吸器。吸器顶端的长形菌丝状细胞伸入寄主内部组织，吸取其水分和养料。寄生根构造简单，除少量输导组织外，并无其他复杂构造。寄生根还有桑寄生、槲寄生、列当和独脚金。

3.2.2　茎

茎是联系植物根、叶，输导水分、无机盐和有机物的营养器官。大多数植物的茎是生长在地上的营养器官，而少数植物的茎生于地下。茎的形态多种多样，可分为直立茎、缠绕茎、攀缘茎和匍匐茎四种。茎上着生芽，芽萌发生长形成叶和分枝，组成庞大的枝叶系统，支持着整个植物体。生产上常根据芽在枝条上的着生位置、芽的功能和芽的生理状态对芽进行分类。双子叶植物茎的结构分为初生结构和次生结构，这是形成层旺盛活动的结果。禾本科植物茎的结构仅有初生结构，形成层不发达。适应植物的生活环境和习性，茎会发生相应的变态。

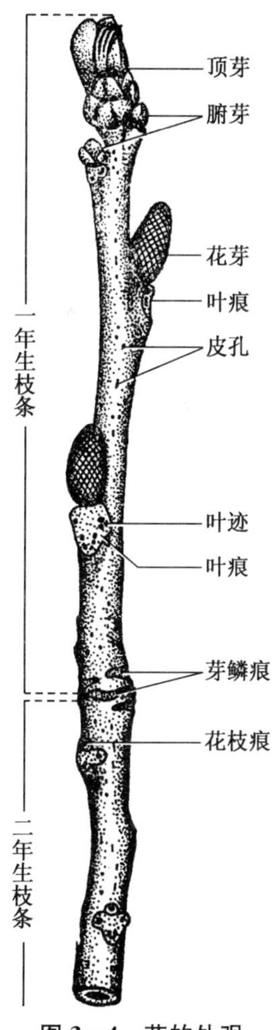

图3-4　茎的外观

1. 茎的形态

茎的外形可以是圆形、三棱形、四棱形、多棱形、扁平体形。着生叶和芽的茎称为枝条，茎上着生叶的部位称为节，相邻两节之间的部分称为节间，茎上叶脱落后留下的疤痕为叶痕，树皮上一些浅褐色柔软的小突起，是枝条与外界气体交换的通道，这称为皮孔。

树干为什么多数是圆的？首先，我们先看一下树干的横切面，在周长相同的情况下，圆形的面积最大。这样，圆形树干中导管、细胞等的数量可以达到最大值，树干输送的水分和养料的能力也就最大；其次，圆柱形的体积也比其他柱体的体积要大，树干的承受力也就达到最大值，尤其当秋天树上结满果实的时候，树干可强有力地支撑着树冠，而不会变得弯曲；再次，在相同体积下，圆柱的表面积最小，这样茎与空气的接触面就最少，水分蒸发量也能控制到最低程度。此外，树干还可以有效地防止外来伤害，由于圆柱形没有棱角，当风吹过的时候，风可以顺着圆柱形的树干擦过，减轻了风对树干的伤害，起到了自我保护的作用。

2. 茎的类型

根据茎的生长习性，可将其分为直立茎、攀缘茎、缠绕茎和匍匐茎。根据茎的木质化程度，可分为木本茎和草本茎。

表 3－2　茎的分类

<table>
<tr><th colspan="3">类别</th><th>分类及特点</th></tr>
<tr><td rowspan="4">生长习性</td><td colspan="2">直立茎</td><td>茎直立生长，多数茎属于此类</td></tr>
<tr><td colspan="2">攀缘茎</td><td>茎细长柔软，不能直立，靠卷须和吸器等攀缘他物生长，如葡萄、瓜类等</td></tr>
<tr><td colspan="2">缠绕茎</td><td>茎细长柔软，不能直立，必须缠绕他物生长，如菜豆、牵牛花等</td></tr>
<tr><td colspan="2">匍匐茎</td><td>茎平卧地面生长，在接触地面的节部生有不定根，如草莓、甘薯等</td></tr>
<tr><td rowspan="5">木质程度</td><td rowspan="2">木本茎</td><td>乔木</td><td>主干粗大明显，分枝部位较高，如梨、杨等</td></tr>
<tr><td>灌木</td><td>无主干或主干不明显，分枝从近地面开始</td></tr>
<tr><td rowspan="3">草本茎</td><td>一年生</td><td>生命过程在一年完成，如大豆、玉米等</td></tr>
<tr><td>二年生</td><td>生命过程需两年完成，如白菜、萝卜等</td></tr>
<tr><td>多年生</td><td>生活期超过两年，地上部分每年枯死，地下部分能活多年，如芦苇、马铃薯等</td></tr>
</table>

3. 芽的类型

芽是尚未发育成长的枝或花的雏体。芽是由茎的顶端分生组织及基叶原基、腋芽原基、芽轴和幼叶等外围附属物所组成。有些植物的芽，在幼叶的外面还包有鳞片。芽有许多种类，分类的标准不一样，名称也不一样。

表 3－3　芽的分类

<table>
<tr><th colspan="3">类别</th><th>分类及特点</th></tr>
<tr><td rowspan="3">位置</td><td rowspan="2">定芽</td><td>顶芽</td><td>着生在枝条顶端的芽</td></tr>
<tr><td>腋芽</td><td>着生在叶腋的芽</td></tr>
<tr><td colspan="2">不定芽</td><td>生长在老根、茎或叶上的芽</td></tr>
<tr><td rowspan="3">性质结构</td><td colspan="2">叶芽</td><td>发育为枝条的芽</td></tr>
<tr><td colspan="2">花芽</td><td>发育为花或花序的芽</td></tr>
<tr><td colspan="2">混合芽</td><td>可以同时发育为枝和花的芽</td></tr>
<tr><td rowspan="2">活动状态</td><td colspan="2">休眠芽</td><td>当年生长季或多年不萌动，需经一段休眠期的芽</td></tr>
<tr><td colspan="2">活动芽</td><td>分化完善，在当年生长季萌动的芽</td></tr>
<tr><td rowspan="2">芽鳞有无</td><td colspan="2">鳞芽</td><td>外面有芽鳞片保护的芽</td></tr>
<tr><td colspan="2">裸芽</td><td>没有芽鳞片保护的芽</td></tr>
</table>

4. 茎的分枝

茎的分枝是普遍现象，能够增加植物的体积，充分地利用阳光和外界物质，有利繁殖新后代。

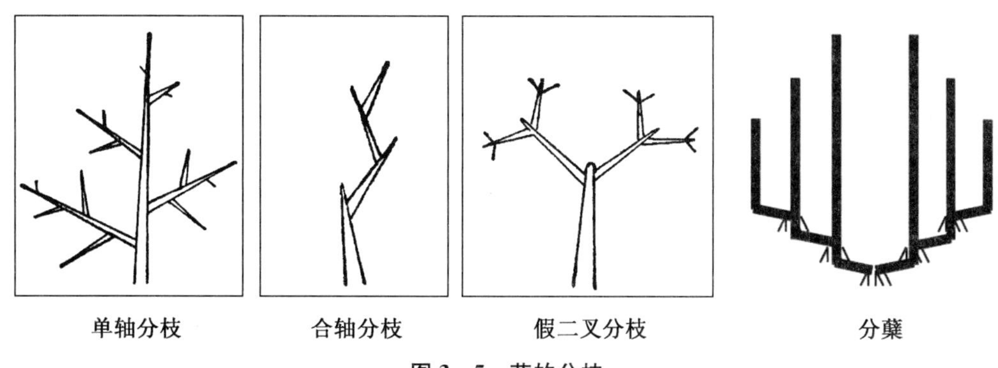

图3-5　茎的分枝

单轴分枝是主轴生长迅速明显、侧枝较不发达。侧枝又以同样的方式进行次级分枝。合轴分枝是到一定时期，顶芽生长缓慢、停止甚至死亡，由腋芽代替顶芽继续生长形成侧枝。新枝又以同样的方式进行次级分枝。假二叉分枝是顶芽生长一段枝条后，停止发育，而由其两侧对生之侧芽同时发育为新枝，新枝又以同样的方式分枝。禾本科植物地面节上的腋芽生出分枝，基部产生不定根的现象为分蘖。产生分枝的节称分蘖节，发生分蘖的部位叫蘖位。主茎上的分蘖称第一次分蘖，由第一次分蘖苗上发生的分蘖叫第二次分蘖，依次类推。

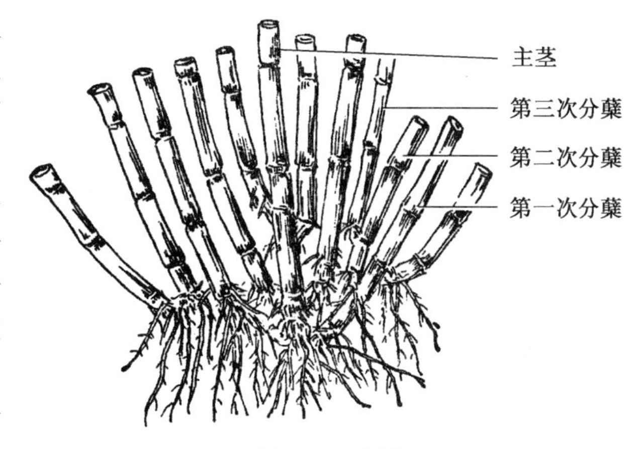

图3-6　分蘖

椰子树的叶子都集中生在茎干的顶端，而且椰子树也没有分枝。随着椰子树茎干不断向上生长，长新叶，脱老叶，年复一年，这样叶子就丛生在高高的茎干顶端了。成年的椰子树在茎干顶端有25～30片叶子，茎干上留下一道道看起来好像是节间的横纹，其实是老叶子脱落后留下的环状叶痕，这些环状叶痕为人们采摘椰子创造了可攀爬的“阶梯”。要想知道椰子树为什么没有分枝，就得先知道树木为什么会分枝。我们知道，一般树木的树皮和木质部分之间有一层分裂能力很强的细胞，叫作形成层。它通过分裂活动，向外不断形成新的韧皮部细胞，向内形成新的细胞，这样，植物的茎就不断地加粗长大，形成粗大的木材，而椰子树没有形成层，茎干由许多纤维化的维管束组成，因此茎干从基部到顶端的粗细基本一样。此外，椰子树只在干梢顶端有一个生长点，生长点受到折断或损坏，所以椰子树是没有分枝的。

表 3-4 茎的分枝

类别	分类及特点
单轴分枝	从幼苗起,顶芽生长占优势,形成直立明显主干,如杨、松等
合轴分枝	顶芽生长一段时间后停止生长或形成花芽,由腋芽萌发成新枝,如此反复,如番茄、苹果等
假二叉分枝	具对生叶序的植物,顶芽活动到一定时间停止生长、死亡或形成花芽,由两个腋芽生长形成侧枝,如丁香、石竹等
分蘖	禾本科植物茎基部节上形成腋芽并产生不定根,如小麦等

5. 茎的结构

由外至内可分为表皮、皮层、维管束三部分。

表皮在茎的最外面的一层细胞,外壁较厚,并具有角质层。木栓为次生构造,紧接表皮的内方,有数层细胞,呈整齐辐射状排列,细胞栓质化,为死细胞,有时可见皮孔结构。木栓形成层位于木栓的内方,有一层较扁平的生活细胞为木栓形成层。由于它的分裂活动,向外产生木栓。

皮层紧接表皮或木栓形成层的内方,多为薄壁细胞,细胞呈椭圆形,排列较疏松。

维管束包括韧皮部、形成层、木质部等。韧皮部由输导组织(筛管、伴胞)、薄壁组织和少量机械组织(韧皮部纤维)组成。形成层位于初生韧皮部和初生木质部之间,由排列整齐、紧密小型的薄壁细胞构成,横切面呈长方形,与束间形成层连成一个圆环。形成层细胞主要进行切向分裂,向外产生次生木质部。形成层主要是次生组织,也包括初生部分。木质部紧接形成层的内方,占茎的绝大部分,主要是由形成层产生的次生木质部,其中有管径较大的导管,其他是木薄壁细胞和木纤维等。注意木质部的细胞重复出现体积的逐渐变化,在茎横切面上显出若干同心环,称年轮。

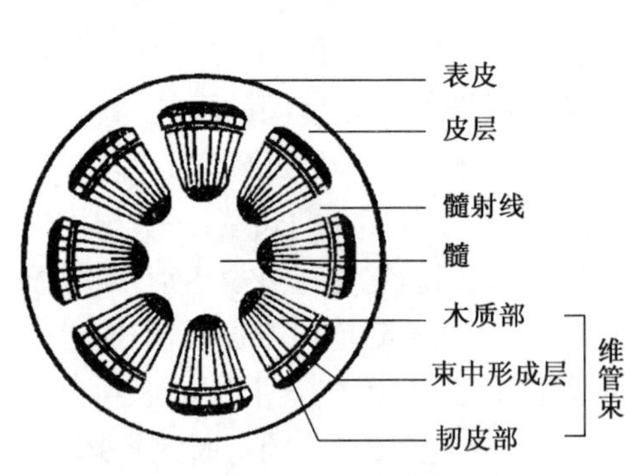

图 3-7 双子叶植物茎的初生结构

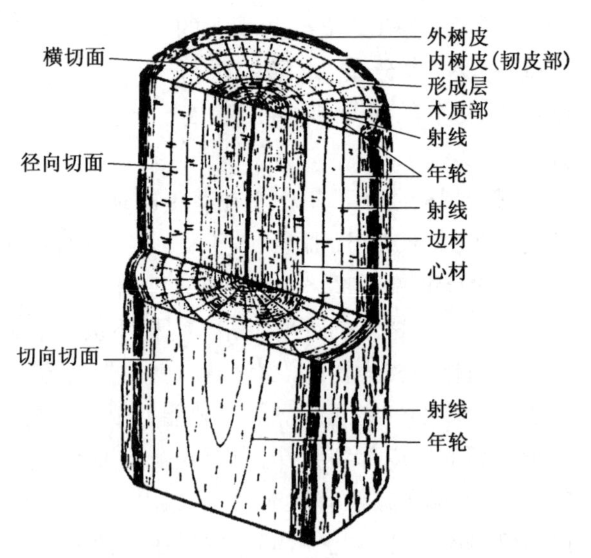

图 3-8 双子叶植物茎的次生结构

6. 茎的变态

由于功能改变引起的形态和结构都发生变化的茎，称为茎的变态。植物在长期系统发育的过程中，由于环境的变迁，引起器官形成某些特殊的适应，以致形态、结构都发生了改变的茎。

茎的变态，有两种发展趋向。变态部分，有的特别发达，有的却格外退化。不过无论发达或退化，变态部分都保存茎特有的形态特征。

变态茎可分为两大类型：地下变态茎和地上变态茎。

地下变态茎：变态茎生长在地下，总称地下茎，共有4种类型：

根状茎，像根一样横卧在地下。莲的地下茎又称藕，节特别细，节间粗大，可供食用。狗牙根、白茅是常见的田间杂草，根状茎繁殖力很强。

块茎，顶部肥大，有发达的薄壁组织，贮藏丰富的营养物质，如马铃薯块茎具螺旋排列的腋芽；菊芋(洋姜)、半夏、甘露子(草石蚕)等都有块茎。

球茎，变态部分膨大成球形、扁圆形或长圆形，有明显的节和节间，有较大的顶芽；荸荠、慈菇、芋的变态茎都是球茎。

鳞茎，变态茎极短，呈盘状，其上着生肥厚的鳞片状鳞片叶，营养物质贮藏在鳞片叶里，如洋葱、水仙。

地上变态茎：地上的变态茎，多是茎的分枝的变态。有4种类型：

卷须，是地上枝的变态，多见于藤本植物，缠绕于支柱物上，牵引植物向上攀缘生长。

茎刺，是分枝或芽的变态，其中的维管组织相连，所以与皮刺不同，如皂荚。

叶状茎，是茎扁化成叶状，但有明显的节和节间，叶片退化，如竹节蓼、假叶树、天门冬等。

肉质茎，绿色，肥大多浆液，薄壁组织特别发达，适于贮藏水分，并进行光合作用。叶片高度退化或成刺状，借以降低蒸腾作用，所以适于生长在干旱地区，如仙人掌。

根和茎的主要区别在于：根表皮具根毛、无气孔，茎表皮无根毛而往往具气孔；根中有内皮层，内皮层细胞具凯氏带，维管柱有中柱鞘；而大多数双子叶植物茎中无显著的内皮层，更谈不上具凯氏带，茎维管柱也无中柱鞘；根中初生木质部和初生韧皮都相间排列，各自成束，而茎中初生木质部与初生韧皮部内外并列排列，共同组成束状结构；根初生木质部发育顺序是外始式，而茎中初生木质部发育顺序是内始式；根中无髓射线，有些双子叶植物根无髓，茎中央为髓，维管束间具髓射线。简单来看，第一，凡是茎都有节，而根上没有节；第二，凡是茎都长叶，而根上不会长叶。

3.2.3　叶

叶是植物重要的营养器官，叶片是植物光合作用的器官，利用太阳光能把二氧化碳和水合成有机物，贮存能量供植物生长发育的需要。叶片是植物蒸腾作用的主要器官，叶面上的气孔是蒸腾作用的主要通道，通过蒸腾作用带动植物体内的水分循环，保证植物营养物质的吸收和运输。叶片还有吸收、繁殖和气体交换等功能。

1. 叶片形态

叶是植物重要的营养器官，叶片是植物光合作用的器官，利用太阳光能把二氧化碳和水合成有机物，贮存能量供植物生长发育的需要。叶片是植物蒸腾作用的主要器官，叶面上的气孔是蒸腾作用的主要通道，通过蒸腾作用带动植物体内的水分循环，保证植物营养物质的吸收和运输。叶片还有吸收、繁殖和气体交换等功能。

完整的植物叶子由叶片、叶柄和托叶三部分构成，缺少任何一部分的叶子称不完全叶。一个叶柄上生有一个叶片称为单叶，一个叶柄上生有两个以上叶片称为复叶。

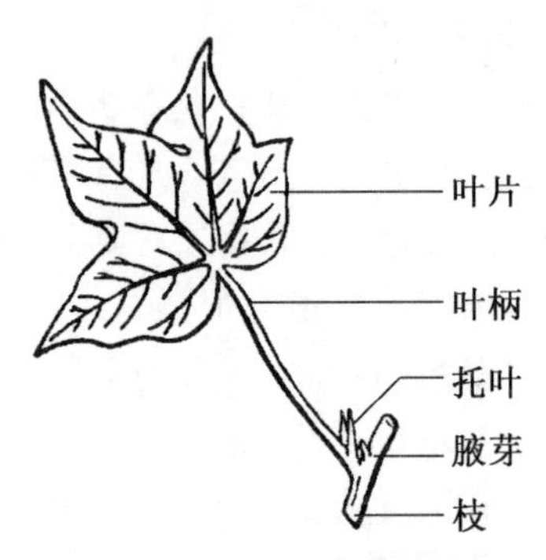

图 3－9 叶的组成

单叶

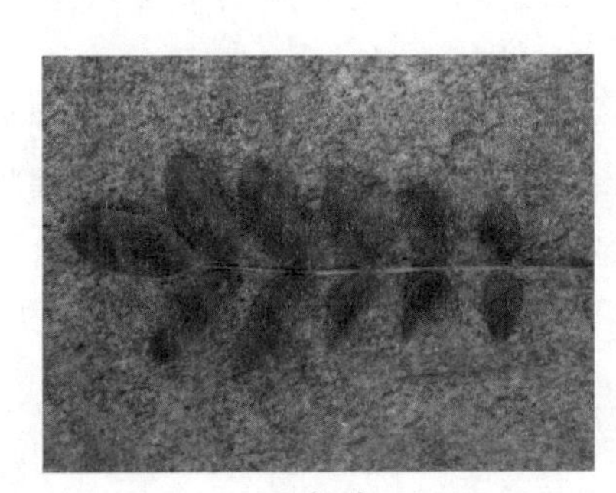
复叶

图 3－10 叶的类型

叶的外形称为叶形，有披针形、卵形、线形、椭圆形等。叶的边缘称为叶缘，有全缘、锯齿缘、牙齿缘、波状缘、钝齿缘等。叶内的输导组织即为叶脉，有网状脉、平行脉。叶缘的缺陷成为缺刻，缺刻明显时即为叶裂，有浅裂、深裂、全裂三种。

网状脉

横出平行脉

直出平行脉

图 3－11 叶脉

叶的着生顺序称为叶序。每一节上只着生一片叶为互生，每一节上着生两片叶为对生，每一节上着生三片或三片以上叶称为轮生，叶在节间短缩的枝上成簇生长即为簇生。

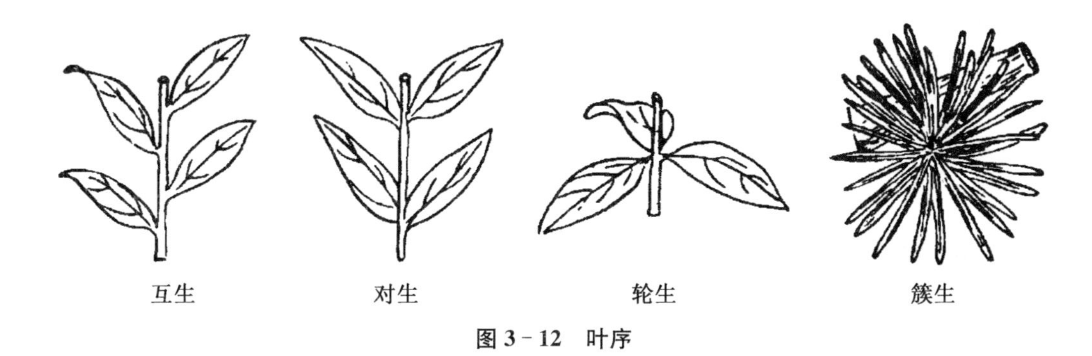

图3－12　叶序

2. 叶的结构

植物叶片由表皮、叶肉和叶脉三部分构成，表皮上分布有气孔，是蒸腾和内外交流的通道。叶脉的主要成分是维管束，与整个植株的维管系统相连接。叶肉细胞中含有叶绿体，其中的叶绿素是光合作用的主体。

表皮上面有表皮毛、气孔和水孔等结构。气孔由两个肾形的保卫细胞围合而成。植物通过气孔与外界环境进行气体交换和水分蒸腾。

叶肉是植物进行光合作用的主要部分。多数植物的叶肉细胞分化为栅栏组织和海绵组织。叶片为两面叶。

叶脉由木质部、韧皮部、形成层组成。其主要功能是输导和支持。

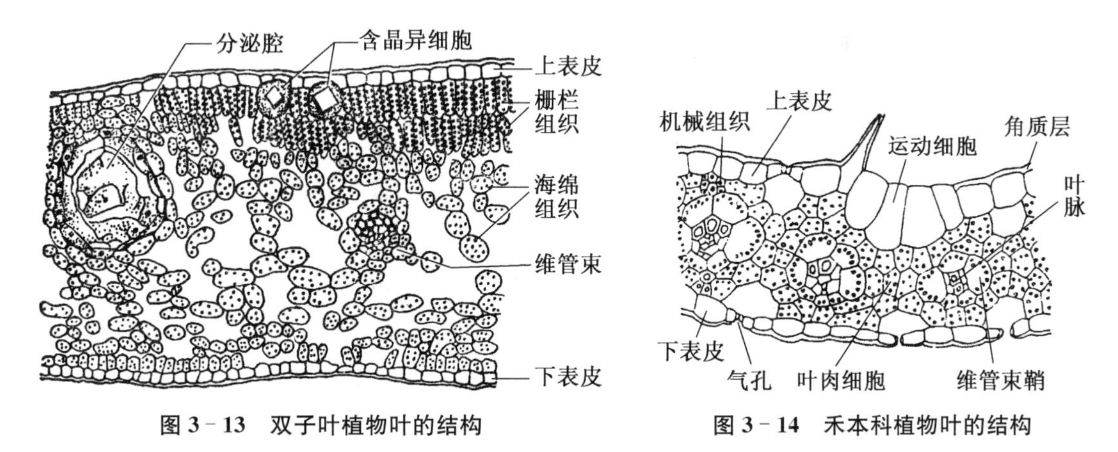

图3－13　双子叶植物叶的结构　　图3－14　禾本科植物叶的结构

3. 叶的变态

有些植物叶的形态结构和生理功能在本质上都发生了非常大的变化，叫作叶的变态。

叶的变态是一种可以稳定遗传的变异。在植物的各种器官中，叶的可塑性最大，发生的变态最多。其主要类型有：苞片和总苞。生于花下的变态叶，称苞片。一般较小，仍呈绿色，但亦有大形的并呈各种颜色的变异，如叶子花。位于花序基部的苞片，总称为总苞，如菊科植物。苞片的形状、大小和色泽，因植物种类不同而异，是鉴别植物种属的依据之一。

仙人掌的全部叶子变为刺状，以减少水分的散失，适应干旱环境中生活；酸枣、洋槐的托叶变成坚硬的刺，起着保护作用；豌豆复叶顶端几片小叶变为卷须，攀缘在其他物体上，补偿了茎秆细弱、支持力不足的弱点。食虫植物的叶能捕食小虫，叫作捕虫叶，这些变态的叶有的呈瓶状，如猪笼草；有的为囊状，如狸藻；有的呈盘状，如茅膏菜。在捕虫叶上有分泌黏液和消化液的腺毛，当捕捉到昆虫后，由腺毛分泌消化液，将昆虫消化并吸收。

3.3 植物的生殖器官

3.3.1 花

花是植物的重要生殖器官，是适应于繁殖功能的变态枝条。一朵完整的花由花梗、花托、花被（花萼和花冠的总称）、雌蕊群和雄蕊群组成。花发育成熟后花冠开放、雌雄蕊暴露称开花。雄蕊花药开裂，花粉粒散发，落到雌蕊柱头上，这个过程称传粉。落到雌蕊柱头上的花粉通过与柱头的识别作用后，在柱头上萌发产生花粉管，延伸至胚囊。精子与中央极核和卵细胞进行双受精作用形成合子和初生胚乳核，进一步发育为种子。

细胞液的酸性程度影响花的颜色，如果细胞液呈现酸性，花瓣就是红色，如果是中性，那么就是蓝色。据不完全统计，开花植物大概有 20 万～24 万多种，超过了现存植物数量的一半。而千姿百态的各色花瓣与萼片，其作用是吸引嗜好不同的昆虫来采蜜授粉。

在苏门答腊的热带森林里，有一种寄生植物，叫作大王花，也叫它大花草，一般寄生在葡萄科乌蔹莓属植物的根上，它很特别，没有茎，也没有叶，一生只开一朵花，可这一朵花却开得轰轰烈烈，最大的直径达 1.4 米。世界上最小的花生活在水里，在一般的池塘和稻田里，有一种浮生在水面的水生植物，是浮萍科的无根萍，它没有根也没有叶，形状好似小球，长约 1 毫米，宽不到 1 毫米，这样小的植物，它的花就更小了，花的直径只有缝衣针的针尖那么大，不注意是很难看出来的，可算得上是世界上最小的花了。

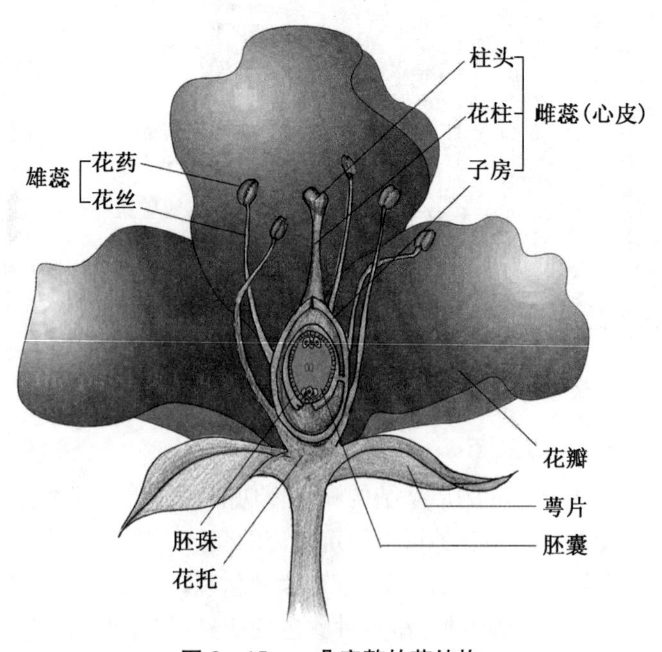

图 3－15　一朵完整的花结构

雄蕊中的花粉粒和雌蕊中的胚囊成熟，花萼和花冠打开，露出雌、雄蕊的现象称为开花。花粉囊散出的花粉借助一定的媒介力量，传送到同一朵花或另一朵花的柱头上，这一过程称为传粉。植物有两种传粉方式，即自花传粉和异花传粉。自花传粉的是两性花，雌雄蕊同时成熟，柱头对接受自身花粉无生理上的障碍。

被子植物的花粉管到达胚囊后，花粉管末端破裂，2个精子释放到胚囊中，1个精子与卵结合成为受精卵，以后发育成胚；另外1个精子与中央细胞的2个极核融合形成受精极核（初生胚乳核），以后发育成胚乳。这样一个过程叫双受精现象，是被子植物有性生殖的特有现象。双受精恢复了植物原有的染色体数；形成新的遗传性状；精、极结合，形成三倍体的初生胚乳核，同样结合了父母遗传性，并作为营养物质供植物生长发育。

被子植物的花只有雄蕊或者只有雌蕊的花称为单性花，两者都有的花则称为双性花，需要借助外界力量传播的花粉产自雄蕊末端的花药中，即使双性花同时拥有雌、雄花蕊，但通常植物会避免同一朵花授粉，因为植物的近亲繁殖同样会导致种族的退化。一般雄蕊和雌蕊不会同时成熟，雄蕊成熟较早，等到雌蕊成长到可以接受花粉时，同一朵花上的雄蕊的花粉已经散尽，这时蜜蜂从别处带来的花粉就会派上用场。这种时间上的差异也是为了避免近亲繁殖。而有些植物的雄蕊和雌蕊长在同一朵花里，它们也会自己来传粉。这样，雄蕊上的花粉成熟后，会自动落在同一朵花的雄蕊上面，从而完成传粉任务，这种传粉方式叫自花传粉，如大豆、小麦就是用这种方式传播的。有些植物的雄蕊和雌蕊不长在同一朵花内，甚至不在同一棵植株上，无法进行独立传粉，因此，它们只能借助外界的力量，才能把这朵花的花粉传送到另一朵花的雄蕊，这就叫异花传粉。植物的繁殖方式不只是用种子进行有性繁殖，还有的进行无性繁殖，像藻类等低等植物大部分采取的就是无性生殖，包括：出芽生殖、分裂生殖、孢子生殖，等等。

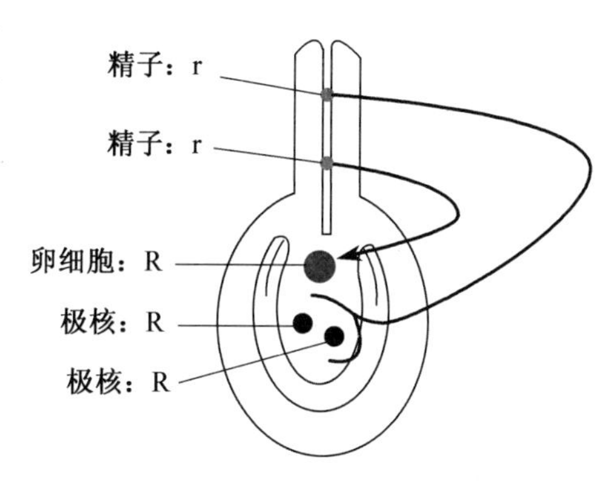

图3-16　被子植物双受精

3.3.2　种子和果实

被子植物受精作用完成后，胚珠发育为种子，子房发育为果实，花的其他部分和花以外的结构也随着发育为果实的一部分。

种子是种子植物特有的器官。种子植物中的裸子植物因胚珠裸露，外面没有子房壁包被，所以发育成的种子是裸露的，被子植物的胚珠有子房壁包被，受精之后，卵细胞发育为胚，胚珠发育为种子，子房壁发育为果皮，所以种子是由果皮包被的。种子有无包被是被子植物和裸子植物的重要区别之一。种子植物除利用种子繁殖后代之外，也是种子植物借以度过干冷等不良环境的有效措施。果实部分除保护种子外，往往兼有贮存营养和辅助种子散布的作用。

种子的大小、形状、颜色因种类不同而异。椰子的种子很大，油菜、芝麻的种子较小，而烟草、马齿苋、兰科植物的种子则更小。蚕豆、菜豆为肾脏形，豌豆、龙眼为圆球状，花生为椭圆形，瓜类的种子多为扁圆形。颜色以褐色和黑色较多，但也有其他颜色，例如豆类

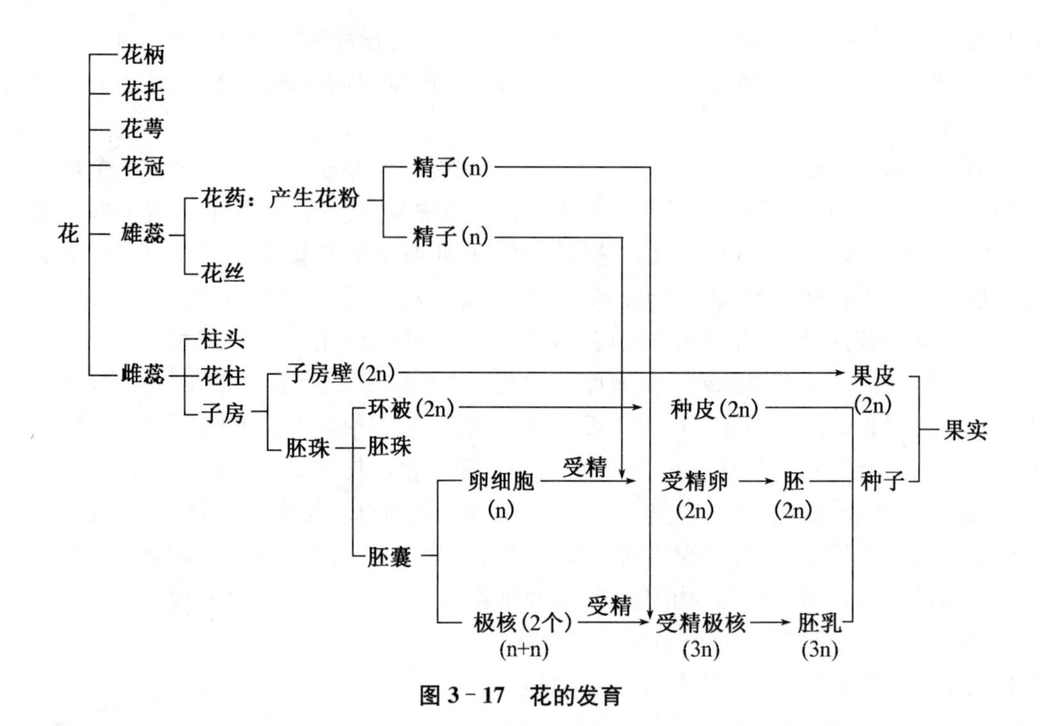

图 3-17 花的发育

种子就有黑、红、绿、黄、白等色。种子表面有的光滑发亮，也有的暗淡或粗糙。有些还可看到种子成熟后自珠柄上脱落留下的斑痕——种脐和种孔。有的种子还具有翅、毛等附属物。

生长在非洲东部印度洋中的塞舌尔群岛上的一种复椰子树，它的种子算得上是植物界的大哥了，可以在海上漂浮到印度、斯里兰卡等地，尤以马尔代夫最多，故又名马尔代夫椰子。一粒种子长达 50 厘米，中央有个沟，好像两个椰子合起来一样，重量竟有 15 000 克，说它是种子重量之最，那是当之无愧的。而世界上最小的种子应该是天鹅绒兰的种子了，它细小得像灰尘那样，50 万粒不足 1 克重，只要呼吸稍微大一些，就会把它吹得无影无踪了，它们经风一吹，就高高地飘起来，飞得很远，一旦散落在湿润的土壤上，便生出纤细的幼芽。

果实与种子最大的区别在于被子植物的子房参与了果实形成，将种子包被在子房之中，形成果皮。通过解剖杏的果实，可以看到杏的果皮明显分成了三层，即膜质的外果皮、肉质的中果皮和骨质的内果皮。敲开杏核，褐色的杏仁才是种子。也有些植物的果实，除了子房外尚有其他部分参加，最普通的是子房和花被或花托一起形成的果实。这样的果实叫假果，例如菠萝、苹果、梨、石榴、向日葵、草莓以及瓜类作物的果实。果实的形态、结构和质地也显示了它们丰富的多样性。

在植物界，有花植物开花结籽是自然规律，香蕉也不例外，我们常吃的香蕉没有种子，是因为现在的香蕉是经过长期的人工选择和培育后改良过来的。原来野生的香蕉也有一粒粒很硬的种子，吃的时候很不方便，后来在人工栽培、选择下，野香蕉逐渐朝人们所希望的方向发展，时间久了，它们就改变了结硬种子的本性，逐渐地形成了三倍体，而三倍体植物是没有种子的。严格说来，我们平时吃的香蕉里也并不是没有种子，我们吃香蕉时，果肉里面可以看到一排排褐色的小点，这就是种子，只是它们没有得到充分发育而退化成现在这样罢了。种植的香蕉因为种子的退化，它们的繁殖依赖于无性繁殖了，分离香蕉根部的幼芽，它就可以繁殖了。

3.4　特殊的植物

植物界大概有四个科，400 多种“杀手”植物，主要有猪笼草、瓶子草、捕蝇草、毛毡苔等等，它们虽然没有脚，不能长途奔袭，但是却可以设置陷阱、守株待兔，肉食性植物捕捉的对象大多是昆虫。南美洲生长着一种“吃人”的植物——日轮花，一旦人不小心碰到了它们，就会被牢牢地卷起来，躲在它们身上的大蜘蛛就会蜂拥而至，将人吸食殆尽，蜘蛛的排泄物就是日轮花的肥料。

实验 6　种子的发芽实验

实验目的：

1. 掌握种子萌发的过程。
2. 能分析对比实验中如何控制条件的变化。

实验材料：

饱满的黄豆种子 50 粒、花生种子 10 粒、培养皿、烧杯、矿泉水瓶、干净的石英砂、软尺等。

实验步骤：

一、种子萌发

① 分别取 10 粒花生、黄豆的种子，放到盛有 200 mL 水的烧杯里，浸泡 10 h。

② 将种皮剥开，用放大镜观察种子内部的结构。注意：种子里最重要的部分是胚，胚包括胚芽、胚根和子叶。胚是有生命的，可以发育成一株植物。

③ 把剥开后的花生种子放在铺有棉花的培养皿里，注意保持棉花的湿润，持续观察种子的变化，并记录发现。

表 1　种子萌发的记录表

	第 3 天	第 6 天	第 9 天	……
胚芽				
胚根				
子叶				

二、种子萌发的条件

植物的一生是从种子发芽开始的，种子发芽需要哪些条件？根据我们的生活经验可知，种子的萌发需要充足的阳光、适当的水分、足够的空气、适合的温度等。

(1) 种子发芽需要水

① 将种子分成 2 组，一组给水，保持湿润，称为实验组；另一组不给水，保持干燥，称为对照组。分别把 5 粒黄豆种子放在铺有棉花的培养皿中，标记为 1 号、2 号。1 号滴水，并保持湿润；2 号不滴水，保持干燥。

② 观察种子的变化，并记录。

表 2　种子发芽和水的关系实验记录表

实验开始时间：　　　　班级：　　　　小组：

日期	种子的变化	
	实验组	对照组
月　日		
月　日		
月　日		
月　日		

(2) 黄豆种子发芽需要充足的空气

① 将种子分成 2 组，一组暴露在空气中，称为实验组；另一组用白色的塑料袋封闭，称为对照组。分别把黄豆种子放在铺有棉花的培养皿中，标记为 1 号、2 号，并保持棉花的湿润。

② 观察种子的变化，并记录。

表 3　黄豆种子发芽是否需要空气的实验记录

共有(　)个小组参加了这个实验

	种子总数量	已发芽量	未发芽量	解释
实验组				
对照组				

三、成长的观察

种子萌发之后成为一株幼苗，用软尺每天测量并记录幼苗的成长过程。

表 4　黄豆幼苗成长记录表

班级：　　　　小组：

日期	黄豆幼苗的变化
月　日	
月　日	
月　日	
月　日	

练※习※题

1. 种子的萌发需要什么条件?
2. 什么是对比试验?

实验7　植物腊叶标本的制作

实验目的:

通过本实验,掌握植物标本的采集、制作和保存方法。在标本制作过程中,查找工具书,进一步掌握鉴定、描述植物的方法。

实验材料:

标本夹、吸水纸、采集袋、枝剪、高枝剪、标本、台纸、铅笔、小刀、镊子、白纸条、大针、机线、乳白胶、采集记录表、采集号签、标本鉴定签、剪刀、毛笔、胶水等材料用品。种子植物科属词典、中国种子植物科属检索表、中国高等植物图鉴、中国植物志等工具书。

实验步骤:

(一) 种子植物野外观察、采集、记录

1. 野外观察

在野外观察种子植物时,要了解它们所处的环境、形态特征以及它们与环境之间的相互关系。

种子植物的种类是很多的,全世界约有20多万种,它们生活在不同的环境中,就是同一环境,却生长着不同的植物。这些植物有它们的形态特征及繁殖方式,它们与环境之间有着密切的联系。

在野外,我们可以看出,植物随着季节的不同,生长发育的阶段是不同的。就是同一季节,各种植物生长发育的阶段也不是完全相同的,可能有的植物正在开花,有的已经结果,有的可能正以果实或种子埋没于土壤中处于休眠状态,情况极不一致。我们在春夏进行野外观察时,可见植物多在开花、结果,我们应多选择有花、果的植物进行解剖观察,才能掌握这种植物的特点。

在野外观察一种植物时,可以从以下几方面入手:

(1) 了解植物所处的环境:植物生长地的环境包括地形、坡度、坡向、光照、水湿状况、同生植物以及动物的活动情况等。尽量做到观察全面细致。

(2) 植物习性:野外观察时要看该种植物,是草本还是木本。如果是草本,是一年生、二年生还是多年生,是直立草本还是草质藤本;如果是木本,是乔木,还是灌木或半灌木,是常绿植物还是落叶植物。同时要注意它们是肉质植物还是非肉质植物;是陆生植物、水

生植物，还是湿生植物；是自养植物，还是寄生或附生植物、腐生植物。同时还要注意看它们是直立、斜依、平卧、匍匐、攀缘或缠绕。

(3) 典型的种子植物包括根、茎、叶、花、果实和种子六部分。我们在观察植物各部分时要养成开始于根，结束于花果的良好习惯，应先用肉眼观察，然后再用放大镜帮助，要注意植物各部分所处的位置，它们的形态、大小、质地、颜色、气味，其上有无附属物以及附属物的特征，折断后有无浆汁流出等，尽量做到观察全面细致。特别是花果，它们是高等植物分类的基础，对于花的观察要从花柄开始，通过花萼、花瓣和雄蕊，直到柱头的顶部，一步一步地，从外向内地进行观察。

下面谈谈从根、茎、叶、花、果实几方面观察时要注意的主要方面：

a. 根：根的观察时要注意，是直根系还是须根系，是块根还是圆锥根，是气生根还是寄生根。

b. 茎：要注意是圆茎、方茎、三棱形茎还是多棱形茎，是实心还是空心，茎之节和节间明显否，匍匐茎还是平卧茎，直立茎还是攀缘茎或缠绕茎。是否具根状茎，或具块茎、鳞茎、球茎、肉质茎。

c. 叶：叶的观察要注意，是单叶还是复叶。复叶是奇数羽状复叶、偶数羽状复叶、二回

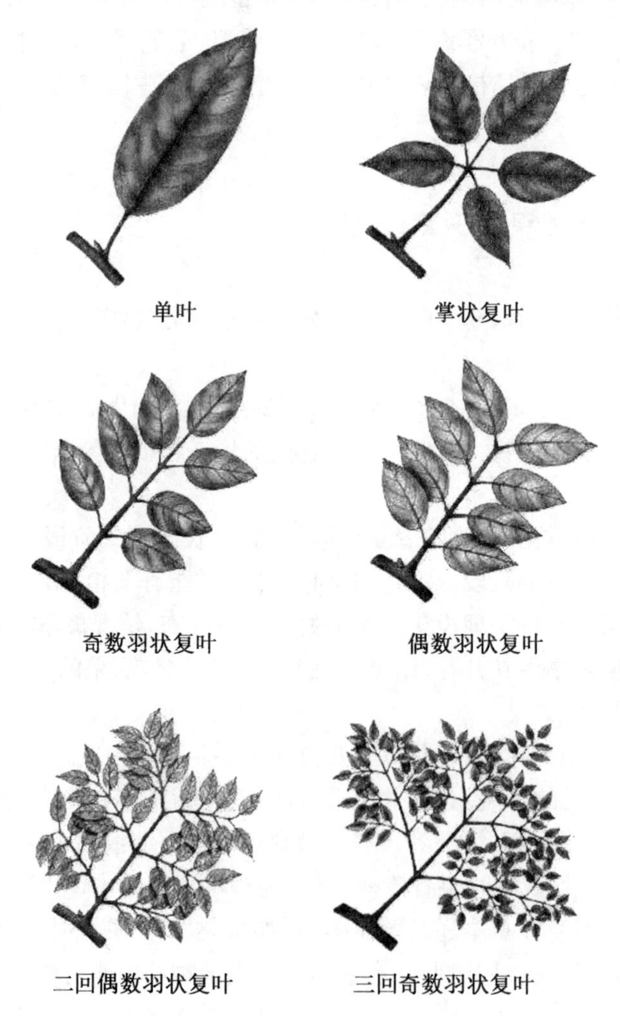

偶数羽状复叶还是掌状复叶;是单身复叶还是掌状三小叶、羽状三小叶等。叶分对生、互生、轮生、簇生、基生。叶脉是平行脉、网状脉、羽状脉、弧形脉还是三出脉。叶的形状怎样(如圆形、心形等),叶基的形状怎样,叶尖的形状怎样,叶缘、托叶怎样以及有无附属物等都要做全面观察。

d. 花:首先观察花是单生还是组成花序,以及其花序是什么花序。然后观察花,是两性花、单性花,还是杂性花,如果是单性花则要看雌雄同株还是异株。花被的观察看花萼与花瓣有无区别,是单被花还是双被花,是合瓣花还是离瓣花。雄蕊是由多少枚组成,排列怎样,合生否,与花瓣的排列是互生还是对生,有无附属物或退化雄蕊存在,是单体雄蕊、四强雄蕊、二强雄蕊、二体雄蕊还是聚药雄蕊等都要观察清楚。对于雌蕊应观察心皮数目,合生还是离生,什么胎座、胚珠数、子房的形状,子房是上位还是下位、半下位。花柱、柱头等都要细致观察。

e. 果实:主要是分清果实所属的类型,其次是大小,附属物的有无,果实的形状的观察。

以上所述是对种子植物观察的一般方法,但对于木本和草本的特殊之处还需要注意下面(4)(5)两点。

(4) 观察木本类型时,要注意树形(主要是决定树冠的形状)。由于树种不同,或同一树种由于年龄或所处的环境条件不同,树冠的形状也不相同,一般可分为圆锥形、圆柱形、卵圆形、阔卵形、圆球形、倒卵形、扁球形、伞形、茶杯形、不整齐形等。观察树形,能帮助我们识别树种。

树皮的颜色、厚度、平滑和开裂,开裂的深浅和形状等都是识别木本植物的特征。树皮上皮孔的形状、大小、颜色、数量及分布情况等,因树种不同亦有差异,可帮助我们识别树种。

同时,还要注意观察木本植物枝条的髓部,了解髓的有无、形状、颜色及质地等。茎或枝上的叶痕形状,维管束痕(叶迹)的形状及数目,芽着生的位置或性质等,也是识别树种的依据。

(5) 在观察草本植物时,要注意植物的地下部分,有些草本植物具地下茎,一般地下茎在外表上与地上茎不同,常与根混淆。在观察草本植物的地下部分时,要注意地下茎和根的特殊变化。

总的来说,在野外观察一种植物时,应从植物所处的环境到植物的个体,由个体的外部形态到内部结构,既要注意植物种的一般性、代表性,也要能处理个别特殊的特征。

2. 植物标本的采集

以往我们所用的植物标本(或腊叶标本),是由一株植物或植物的一部分经过压制干燥后制成的。将植物制成标本的目的是为了保管,以便今后学习、研究及对照之用。为此目的,要求我们在野外采集时,选材、压制及对植物的记录等,应尽量要求完备。

(1) 采集植物标本时,应注意的事项

应该采什么样的标本,这是要以采集的目的决定,对于学习、研究用的标本,一般来说,采集时应注意下列几点:

a. 我们见到一株植物需要采集时,首先要考虑需要哪一部分或哪一枝和要采多大最为理想,标本的尺度是以台纸的尺度为准,若植物体过小,而个体数又极稀少时,但因种类奇特少见,就是标本小也采。每种植物应采若干份,这是以植物种类的性质视野外情况和需要数量来决定的。一般至少采两份，对于我们来说，一份可作学习观察之用，一份送交植物标本室保存，以便将来学习研究之用；同时，采集时可多采些花，以作室内解剖观察之用。在采集复份标本时，必须是采同种植物的，在采集草本植物复份标本时更要小心，否则不能当作复本。

b. 植物的花、果是目前种子植物在分类学上鉴定的依据，因此，采集时须选多花多果的枝来采，倘一枝上仅有一花或数花时，可多采同株植物上一些短的花果枝，经干制后置于纸袋内，附在标本上，如果是雌雄异株的植物，力求两者皆能采到，才能有利于鉴定。

c. 一份完整的标本，除有花果外，还需有营养体部分，故要选择生长发育好的，最好是无病虫害的，而且要有代表性的植物体部分作为标本。同时，标本上要具有二年生枝条，因为当年生枝尚未定型，变化较大，不易鉴别。

d. 采集草本植物时，要采全株，而且要有地下部分的根茎和根。若有鳞茎、块茎的必须采到，这样才能显示出该植物是多年生或一年生，才有助于鉴定。

e. 每采好一种植物标本后，应立即牢固地挂上号牌。号牌是用硬纸做成，长 3～5 cm，宽 15～30 mm，有的号牌上还印有填写的项目。号牌必须用铅笔填写，其编号必须与采集记录表上的编号相同。

(2) 采集特殊植物的方法

a. 棕榈类植物

棕榈类植物有大形的掌状叶和羽状复叶，可只采一部分（这一部分要恰好能容纳在台纸上），不过，必须把全株的高度、茎的粗度、叶的长度和宽度、裂片或小叶的数目、叶柄的长度等记在采集记录表上。叶柄上如有刺，也要取一小部分。棕榈类的花序也很大，不同种的花序着生的部位也不同，有生在顶端的，有生在叶腋的，有生在由叶基造成的叶鞘下面的。当不能全部压制时，也必须详细地记下花序的长度、阔度和着生部位。

b. 水生有花植物

水生有花植物，有的种类有地下茎，有的种类叶柄和花柄随着水的深度增加而增长。因此，要采一段地下茎来观察叶柄和花柄着生的情况。另外，有的水生植物，茎叶非常纤细、脆弱，一露出水面枝叶就会粘贴重叠，失去原来的形状，因此，最好成束地捞起来，用湿纸包好或装在布袋里带回来，放在盛有水的器具里，等它恢复原状后，用一张报纸，放在浮水的标本下面，把标本轻轻地托出水面，连纸一起用干纸夹好压起来，压上以后要勤换纸，直到把标本的水分吸干为止。

c. 寄生植物

高等植物中，有很多是寄生植物，如象列当、槲寄生、桑寄生等，都寄生在其他植物体上，采集这类植物的时候，必须连它所寄生的部分同时采下，并且要把寄生的种类、形状、同寄生植物的关系记录下来。

3. 野外记录

在野外采集时，要求每个同学必须记录，不记录过后则多忘。记录的方式有两种：一为日记，一为填写已印好的表格，日记适用于观察记载，表格适用于采集记录。野外每采集一种植物标本时需填写一份采集记录表。

在填写采集记录表时，应注意下列几点：

(1) 填写时要认真负责,填写的内容要求正确、精简扼要。

(2) 记录表上的采集号必须与标本上挂的号牌的号码相同。

(3) 填写植物的根、茎、叶、花、果时,应尽量填写一些在经过压制干燥后,易于失去的特征(如颜色、气味、肉质否等)。

(4) 将填写好的表格,按采集号的次序集中成册,不得遗失、污损。

(二) 压制植物标本

在野外将植物标本采集好后,如果方便,可就地进行压制,亦可带回室内压制;若将标本带回压制时,需注意不要使标本萎蔫卷缩(尤其是草本植物采集后不及时压制,时间稍长则如此),否则会增加压制时的麻烦,亦会影响标本质量。所采到的标本要及时压制起来,对一般植物而言,采用干压法,就是把标本夹的两块头板打开,用有绳的一块平放着做底,上面铺上四五张吸水纸,放上一枝标本,盖上两三张纸,再放上一枝标本(放标本时应注意:第一、要整齐平坦,不要把上、下两枝标本的顶端放在夹板的同一端;第二、每枝标本都要有一两个叶子背面朝上),等排列到一定的高度后(30～50 cm 不等),上面多着几张纸,放上另一块不带绳子的夹板,压标本的人轻轻地跨坐在夹板的一端,用底板的绳子绑住一端,绑的时候要略加一些压力,同时跨坐的一端用同样大的压力顺势压下去,使两端高低一致,然后以手按着夹板来绑的一端,将身体移开,改用一脚踏着,用余下的绳子,将它绑好。

在压制过程中,标本的任何一部分都不要露出纸外,花果比较大的标本,压制的时候常常因为突起而造成空隙,使一部分叶子卷缩起来,所以,在压这种标本的时候,要用吸水纸折好把空隙填平,让全部枝叶受到同样的压力。新压的标本,经过半天到一天就要更换一次吸水纸,不然,标本会腐烂发霉,换下来的湿纸,必须晒干或烘干、烤干,预备下次换纸的时候用。换纸的时候要特别注意把重压的枝条,折叠着的叶和花等小心地张开、整好,如果发现枝叶过密,可以疏剪去一部分。有些叶和花、果脱落了,要把它们装在纸袋里,保存起来,袋上写上原标本的号码。标本压上以后,通常经过 8～9 天,就会完全干燥了,那时候,把一片叶子折起来就能折断,标本不再有初采时的新鲜颜色。

针叶树标本在压制过程中,针叶最容易脱落。为了防止发生这种现象,采来以后放在酒精或沸腾的开水里,或稀释过的热粘水胶溶涂里浸一会儿。

多肉的植物如石蒜种、百合种、景天种、天南星科等,标本不容易干燥,通常要一月以上,有的甚至在压制当中,还能继续生长。所以,采来以后,必须先用开水或药物处理一下,消灭它的生长能力,然后再压制,但花是万不能放在沸水里浸的。

在压制一些肉质而多髓心的茎和肉质的地下块根、块茎、鳞茎及肉质而多汁的花果时,还可以将它们剖开,压其一部分,压的一部分必须具有代表性,同时要把它们的形状、颜色、大小、质地等等详细地记录下来。对于一些珍贵的植物及个别特殊植物,在采集时或压制处理前,除详细记录外,必要的时候可以摄影,以后可将照片附在标本旁边。

把标本压制干燥后,要按照号码顺序把它们整理好,用一张纸把一个号码的正副分标本隔开,再用一张纸把这个号码的标本夹套成一包,然后在纸包表面右下角写上标本的号码。每 20 包(可视压制者的意见)依号捆成一包。这样就可以贮存或者运送了。

(三) 植物标本的制作

1. 上台纸

将已压干的植物标本，经消毒处理以后，根据原来登记的号码把标本一枝枝地取出来，标本的背面要用毛笔薄薄地涂上一层乳白胶，然后贴在台纸上。台纸是由硬纸做的，普通长 42 cm，宽 29 cm，但也可以稍有出入。如果标本比台纸大，可以修剪一下，但是顶部必须保留。每贴好十几份，就捆成一捆，选比较笨重的东西压上，让标本和台纸胶结在一起，用重物压过以后，取回来，放在玻璃板或木板上，然后在枝叶的主脉左右，顺着枝、叶的方向，用小刀在台纸上各切一小长口，把口切好后，用镊子夹一个小白纸插入小长口里，拉紧，涂胶，贴在台纸背面。每一枝标本，最少要贴 5～6 个小纸条，有时候遇到多花多叶的标本，需要贴 30～40 个，有的标本枝条很粗，或者果实比较大，不容易贴结实，可以用线缝在台纸上，缝的线在台纸背面要整齐地排列，不要重叠起来，而且最后的线头要拉紧，有些植物标本的叶、花及小果实等很容易脱落，要把脱落的叶、花、果实等装在牛皮纸袋内，并且把纸袋贴在标本台纸的左下角。有些珍稀标本，例如原始标本(模式标本)很难获得，应该在台纸上贴一张玻璃纸或透明纸，把标本保护好，防止磨损。

2. 登记和编号

标本上了台纸后，要把已抄好的野外记录表贴在左上角，要注明标本的学名、科名、采集人、采集地点、采集日期等。

每一份标本都要编上号码。在野外记录本、野外记录表、卡片、鉴定标签上的同一份标本的号码要相同。

3. 标本鉴定

根据标本、野外记录，认真查找工具书，核对标本的名称、分类地位等，如果已经鉴定好，就要填好鉴定标签并贴在台纸的右下角。

(四) 植物标本的保存

1. 怎样保存腊叶标本

保存植物标本很重要，在潮湿而昆虫多的地方，应特别重视。贮藏标本的地方必须干燥通风。

植物标本容易受虫害(啮虫、甲虫、蛾等幼虫)，对于这类虫害，一般用药剂来防除。

(1) 在上台纸前，要用升汞酒精饱和溶液消毒。当然具体做法也不一样，有的人把标本浸在里头。有的人是用喷雾器往标本上喷，有的人用笔涂。用升汞消过毒的标本，台纸上要注明“涂毒”等字样，由于升汞水在空气中发散对人是有伤害的，使用的时候要注意。

(2) 往标本柜里放焦油脑、樟脑精、卫生球等有恶臭的药品。

(3) 用二硫化碳熏蒸，这种方法的杀虫效果很好，但是时间一长杀虫效力就消失，所以每次要熏两次才行。

(4) 用氰酸钾消毒，使用这个方法的时候，要把标本室通到室外的放气管开关关紧，门窗的空隙也要用纸条封好，把标本柜的门打开，然后在盆里放上氰酸钾，盆上用铁架发放一个分液漏斗，漏斗里盛稀硫酸。布置好以后，其余人退出，留一个人把漏斗的开关转开，这个人也要立即退出，尽可能快地把门关紧上锁。经过 24 h 后，在室外打开放气管，向外放散毒气，等毒气散清了，就把门窗打开，通风 24 h，人们才能到标本室内去工作。

(5) 在标本橱里放精萘粉：把精萘粉用软纸包成若干小包（每包 100～150 克），分别放在标本橱的每个格里，这个方法很简便，效果也很好。

2. 使用标本时应注意的事项

对标本尤其是原始标本一定要好好爱护，不让它曲折。有些人看标本的时候顺次翻阅几份或者几十份标本，随看随后上叠，看完了就把所有的标本抱起整个地翻过来；有些人看完以后随意乱放，这很容易损坏标本，所以都是不允许的。

在使用标本的时候，顺着秩序翻阅以后，要按照相反的秩序，一份一份地翻回，同时，看完了的标本尤其是原来收藏在标本橱里的标本，必须立刻放回原处。阅览标本的时候，如果贴着的纸片脱落了，应该把它照旧贴好。在查对标本的时候，不要轻易解剖标本。

练习题

1. 高大的草本植物，采下后可折成“V”或“N”字形，然后再压入________。

2. 【判断】采集标本，应选择完整的植株，最好连根一起采。（　　）

3. 【判断】制作植物标本时，落下来的花和果实应放在一个折叠的纸袋内，和标本放在一起。（　　）

4. 植物标本采集后要及时压制并换纸，一般前三天每天换纸（　　）。

A. 1～2 次　　B. 2～3 次　　C. 3～4 次　　D. 4 次

5. 木本植物应剪一段（　　）厘米带叶、花或果的枝。

A. 15～20　　B. 20～25　　C. 25～30　　D. 30～35

6. 采集雌雄异株的植物应注意（　　）。

A. 连根一起采集

B. 分别采集雌株和雄株，分别编号并注明它们之间的关系

C. 必须采集到二者的花

D. 必须采集完整的植株

7. 【多选】制作植物标本的意义是（　　）。

A. 作为辨认植物种类的第一手资料　　B. 永久性的植物档案

C. 进行科学研究的重要依据　　D. 向群众宣传普及

8. 【多选】下列植物采下后不能折成“V”或“N”字形的是（　　）。

A. 杨树　　B. 凤凰木　　C. 火焰木　　D. 木棉

9. 你觉得植物标本采集中应注意些什么？

10. 你觉得植物标本压制过程中应注意什么？

本章练习题

1. 葱、韭菜、蒜的叶子剪去上部还能继续伸长，这是叶基部的（　　）活动的结果。

A. 顶端分生组织　　B. 居间分生组织
C. 侧生分生组织　　D. 初生分生组织

2. 被子植物特有的生理现象是(　　)
A. 有根、茎、叶　B. 陆生　C. 双受精　D. 果实

3. 一朵完整的花应该包括(　　)
A. 花柄、花托、花被、花蕊　　B. 花柄、花托、花瓣、花蕊
C. 花柄、花萼、花被、花蕊　　D. 花柄、花托、花冠、花蕊

4. 木本植物可生活多年，茎随之不断加粗，这是由于(　　)活动的结果。
A. 顶端分生组织　　B. 居间分生组织
C. 初生分生组织　　D. 侧生分生组织

5. 我们的植物食材一般是食用其组成中的一部分，马铃薯吃的是其(　　)。
A. 根　B. 胎座　C. 叶　D. 茎

6. 在植物根尖，细胞代谢旺盛，分裂能力强；细胞排列紧密，无细胞间隙；壁薄，质浓，核大的部分是(　　)。
A. 根冠区　B. 伸长区　C. 分生区　D. 根毛区

7. 我们的植物食材一般是食用其组成中的一部分，西瓜吃的是其(　　)。
A. 根　B. 茎　C. 叶　D. 胎座

8. 取蚕豆根横切片在低倍镜下观察，可见根的出生结构由外至内分为________、________和________三部分。

9. 被子植物受精过程中，两个精子进入胚囊，一个精子与______结合，成为合子(受精卵)，合子将来发育成为________。另一个精子与中央极核结合，形成初生胚乳核，将来发育成为________。

10. 雄蕊由花丝和________组成；雌蕊由________、花柱和________组成。

11. ________是一个幼小的植物，其中________将来发育成植物的根，________发育成植物的茎和叶，有些植物的胚乳可以被吸收变为________。

12. 【判断】一般植物叶片的构造可分为表皮、叶肉和维管束三部分。(　　)

13. 【判断】木质部和韧皮部的主要组成都是管状结构，通常将木质部和韧皮部总称为维管组织。(　　)

14. 【判断】被子植物利用导管和管胞运输有机物。(　　)

15. 【判断】叶一般正面颜色较深，是因为上表皮细胞含叶绿体多。(　　)

16. 【判断】木瓜树是合轴分枝，枝繁叶茂，适于做绿化遮阴树。(　　)

17. 【判断】主根上发生的分枝以及分枝再发生的各级分枝均称为侧根。(　　)

18. 【判断】植物体最早出现的根，由种子的胚根发育而成的是主根。(　　)

19. 请问双子叶植物与单子叶植物的有什么区别?

20. 请问双子叶植物可以不断加粗，而单子叶植物不能的原因是什么?

第 4 章 遗传与变异

4.1 自然界的遗传现象

生物体区别于非生物体的一个重要特征就是，遗传和变异。遗传是指子代具有和亲代相同的性状，俗语说“种瓜得瓜，种豆得豆”。变异是指子代在生成过程中出现一些特有的性状，“一猪生九子，连母十个样”说的就是这种现象。每一个生物个体的存在都是为了整个物种的延续，但世界上找不出完全相同的两个个体，这说明变异是绝对的，而遗传是相对的。

4.2 经典遗传学三大定律

孟德尔(Gregor Mendol，1822—1884)，伟大的遗传学奠基人，生于奥地利西里西亚乡村的农民家庭，曾在奥尔米茨大学哲学院学习古典哲学、数学、物理等，由于经济困难，在 1843 年成为布隆修道院的修道士。从 1856 年开始，孟德尔在修道院的一块花园土地上进行了 8 年的豌豆杂交试验，他仔细观察对比、统计分析了豌豆的 7 对相对性状连续各代的表现，并在 1865 年的“布隆自然历史学会”上宣读了他的《植物杂交实验》论文。但是，他的论文并未被人重视，直到 35 年后，荷兰、德国、奥地利的三位科学家重新发现了孟德尔定律，遗传学从此诞生。

孟德尔以豌豆(*Pisum sativum*)作为实验对象，因为豌豆自体受精、闭花授粉，易于栽培，所以豌豆在自然状态下能保持稳定的纯种。而且豌豆有许多稳定的、易于区分的相对性状。例如，豌豆种皮的颜色有褐色和白色；子叶的颜色有黄色和绿色；种子的形状有圆形和皱形；豆荚的颜色有绿色和黄色；豆荚的形状有饱满和皱缩；有些是高茎(1.5～2 m)，有些是矮茎(0.3 m 左右)；花有腋生的和顶生的。

在遗传学上，把生物表现出来的形态特征和生理特征统称为性状。一种生物同一性状的不同表现类型，叫作相对性状。用这些具有独立的相对性状的豌豆进行杂交，有利于实验结果的观察和分析，因此，选用豌豆作为实验对象是孟德尔成功的首要条件。

另外，孟德尔对于结果的分析采用单因子分析法，即先针对 1 对相对性状进行研究分析，然后再对 2 对、3 对甚至多对性状进行分析，这就最大限度地排除了干扰，因此研究方法也是孟德尔成功的重要原因。孟德尔具有扎实的数学基础，对豌豆杂交实验的结果进行统计学分析，把遗传现象用数量分析来解释是孟德尔成功的又一个因素。

孟德尔定律包括分离定律和自由组合定律。

1. 分离定律

孟德尔用红花豌豆与白花豌豆这对相对性状杂交，F_1 代全为红花豌豆，孟德尔把 F_1 表现出来的性状叫显性性状，F_1 不表现出来的性状叫隐性性状。在 F_2 代获得的种子中，有 705 颗是开红花的，224 颗是开白花的，两者的比例是 3.15∶1，接近于 3∶1。说明在 F_2 代又出现了亲本的隐性性状，而且按一定的数量比(1/4)出现，这种现象称为分离。孟德尔对豌豆的 7 对独立性状分别进行了杂交试验，结果发现 F_2 代表型的比数一致，均为 3∶1。

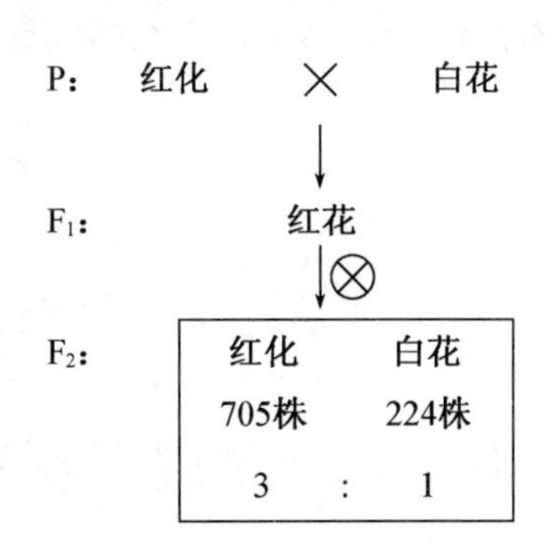

图 4-1　杂交实验

表 4-1　孟德尔豌豆杂交试验的结果

亲本的性状			F_1 表型	F_2 表型	F_2 比率(显性∶隐性)
性状	显性	隐形			
种子形状	圆形	皱缩	全部圆形	5474 圆形 1850 皱缩	2.96∶1
子叶颜色	黄色	绿色	全部黄色	6066 黄色 2001 绿色	3.01∶1
种皮颜色 (花的颜色)	灰色	白色	全部灰色	705 灰色(红花) 224 白色(白花)	3.15∶1
豆荚形状	饱满	皱缩	全部饱满	882 饱满 299 皱缩	2.95∶1
豆荚颜色 (未成熟时)	绿色	黄色	全部绿色	428 绿色 152 黄色	2.82∶1
花的部位	腋生	顶生	全部腋生	651 腋生 207 顶生	3.14∶1
茎的长度	长茎	矮茎	全部长茎	787 长茎 277 短茎	2.84∶1

孟德尔认为生物的性状是由遗传因子(即基因)控制的，一对等位基因控制一对相对性状，例如花的颜色是由一对等位基因控制，有红花基因和白花基因两种形式。在形成配子时，等位基因分离，配子只含有每对等位基因中的一个，形成合子时，配子随机组合。

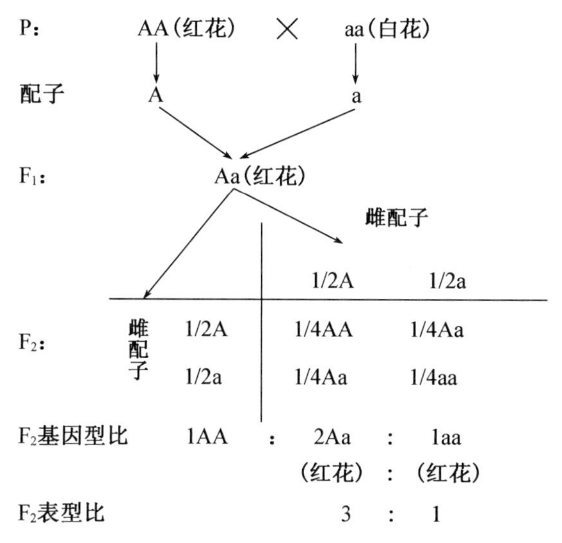

图 4 - 2　豌豆花的颜色性状的分离与孟德尔的假设

例如花的颜色这对性状是由基因 A 和 a 控制的，红花是由显性基因 A 控制，白花则由纯合隐性基因 a 控制，A 对 a 是完全显性。如上图，AA、Aa、aa 就是花的颜色的基因组成，即基因型，其中，AA 和 aa 是纯合体，Aa 是杂合体。而“红花”“白花”则称为表型即表现型。

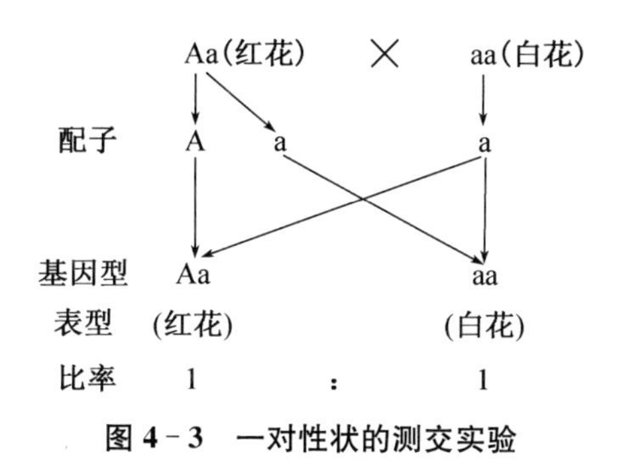

图 4 - 3　一对性状的测交实验

孟德尔用首创的测交法加以验证。测交是将 F_1 杂种与隐性亲本进行杂交，实际是一种回交方式。隐性性状不能遮盖显性形状，所以测交结果能显示 F_1 杂种产生的配子的类型和数目。按照假设，F_1 杂种产生两种数目相等的配子。而测交的结果就是证明孟德尔的假设是正确的。

因此，孟德尔第一定律，我们这样表示：一对基因在杂合状态中保持相对的独立性，而在配子形成时，又按原样分离到不同配子中去的现象。

2. 自由组合定律

孟德尔分析了两对遗传性状的规律后，提出了自由组合定律。

孟德尔用纯种的黄色子叶又是圆形种子的豌豆植株与纯种的绿色子叶也是皱缩种子的豌豆杂交，得到的 F_1 代全是黄色子叶圆形的种子。F_1 代自交得到的 F_2 代出现了 4 种表型，即黄色圆形、黄色皱缩、绿色圆形、绿色皱缩。黄色圆形、绿色皱缩是原来的亲本性

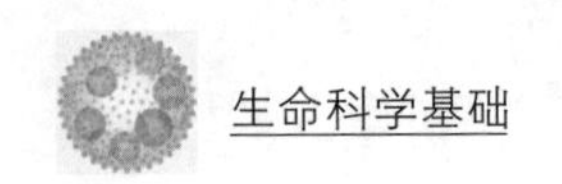

状，而黄色皱缩、绿色圆形是新的重组性状。而且这四种表型的比率不是 3∶1，而是 9∶3∶3∶1。

已知，黄色子叶对绿色子叶是显性，圆形种子对皱缩种子是显性。两对性状的杂交结果是总数 556 粒，其中黄圆 315 粒、黄皱 101 粒、绿圆 108 粒、绿皱 32 粒。黄色对绿色的比率是 416∶140=2.97∶1，而圆形对皱缩的比率是 423∶133=3.18∶1。可见，每一对性状都符合分离定律。

假设 Y 代表黄色基因，y 表示其隐性绿色基因；R 代表圆形基因，r 表示其隐性皱缩基因，而且决定两对性状的基因各自保持独立。在形成配子时，同一对基因各自独立分离，不同对的基因则自由组合。

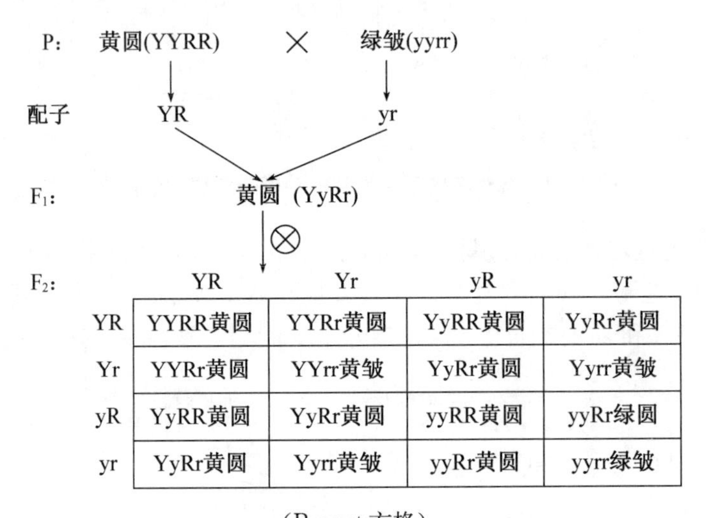

	YR	Yr	yR	yr
YR	YYRR黄圆	YYRr黄圆	YyRR黄圆	YyRr黄圆
Yr	YYRr黄圆	YYrr黄皱	YyRr黄圆	Yyrr黄皱
yR	YyRR黄圆	YyRr黄圆	yyRR黄圆	yyRr绿圆
yr	YyRr黄圆	Yyrr黄皱	yyRr黄圆	yyrr绿皱

（Punnet 方格）

图 4-4　两对性状的自由组合

孟德尔还是利用测交进行证明，如果假设正确，F_1 配子的分离比是 1∶1∶1∶1，将 F_1 的黄圆植株与隐性亲本杂交，预期的结果应是黄圆∶黄皱∶绿圆∶绿皱=1∶1∶1∶1，实际的结果是 31∶27∶26∶26，接近于 1∶1∶1∶1。

因此，我们归纳孟德尔第二定律为：两对基因各自独立，在配子形成时同对的等位基因彼此分离，不同对的基因自由地组合到配子中。

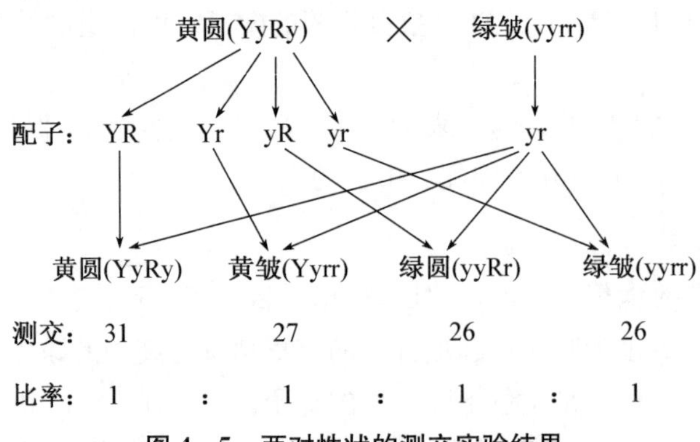

图 4-5　两对性状的测交实验结果

1903年，在孟德尔的工作被重新发现以后，萨顿和鲍维里各自独立地认识到，在体细胞中染色体和基因都成对存在；形成配子时，每对染色体和每对基因均发生分离；在配子中，只有每对染色体中的一个染色单体，也只有每对等位基因中的一个基因。可见，有性生殖过程中的染色体的行为与基因的传递方式有着密切的平行关系，据此提出了基因位于染色体上的假设，即遗传的染色体学说。后来，美国学者摩尔根和他的学生通过实验证明，基因在染色体上呈直线排列。

根据这一理论，等位基因就位于一对同源染色体上，孟德尔定律的实质就是同源染色体分离，实现了等位基因的分离，导致了性状的分离，而非同源染色体的独立分配，导致了非等位基因的自由组合。

3. 连锁和交换

1906年，贝特森和庞尼特在香豌豆的两对性状杂交试验中发现，紫花长花粉粒的香豌豆与红花圆粒的香豌豆杂交，得到的 F_1 代全是紫花长花粉粒的香豌豆，F_1 代自交，得到的 F_2 代有紫长、红圆两个亲本性状，还出现了紫圆、红长两个重组性状，总数381粒，理论上，紫长、紫圆、红长、红圆是215、71、71、24，而实际观察到的却是284、21、21、55，显然不符合自由组合定律，但是却符合分离定律，而且亲本的亲组型比理论数多，重组型比理论数少。

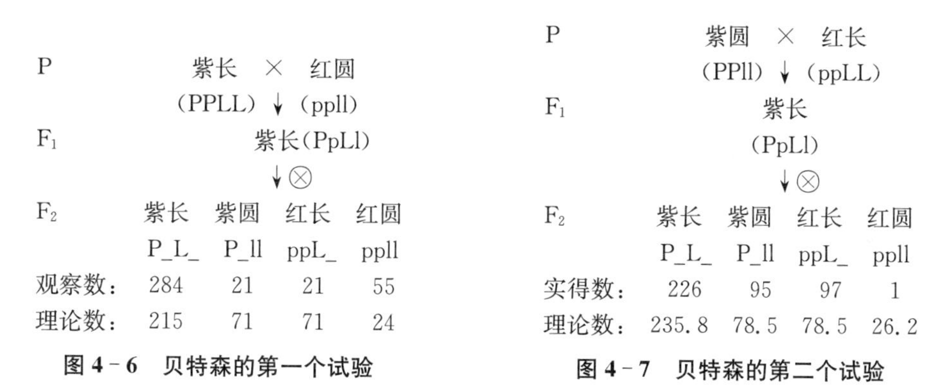

图4-6 贝特森的第一个试验

图4-7 贝特森的第二个试验

但是，Bateson等人认为实验出现错误，而没有继续研究。

直到1912年，摩尔根利用果蝇杂交试验提出了连锁交换定律。

野生的果蝇是灰色B并有长翅V，突变型的果蝇黑色b和残翅v，灰色B对黑色显性，长翅对残翅显性。用纯种的灰色长翅(BBVV)雄果蝇和黑色残翅(bbvv)雌果蝇杂交，产生的 F_1 代都是灰色长翅果蝇。

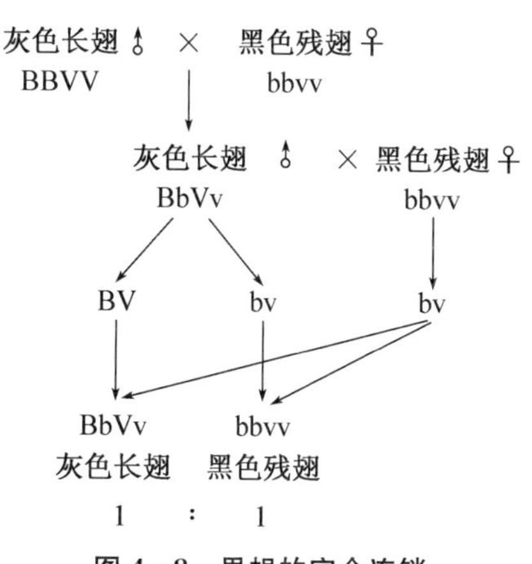

图4-8 果蝇的完全连锁

F_1 代的雄果蝇(BbVv)和黑色残翅(bbvv)的雌果蝇测交，预期的结果是灰色长翅(BbVv)∶灰色残翅(Bbvv)∶黑色长翅(bbVv)∶黑色残翅(bbvv)=1∶1∶1∶1。可是实际的结果是测交后代只有黑色长翅(BbVv)和黑色残翅(bbvv)两种类型,且数目相等。

F_1代的雌果蝇(BbVv)和黑色残翅(bbvv)的雄果蝇测交,后代却出现了灰色长翅(BbVv)、灰色残翅(Bbvv)、黑色长翅(bbVv)和黑色残翅(bbvv)。但是表型比率是0.42∶0.08∶0.08∶0.42。

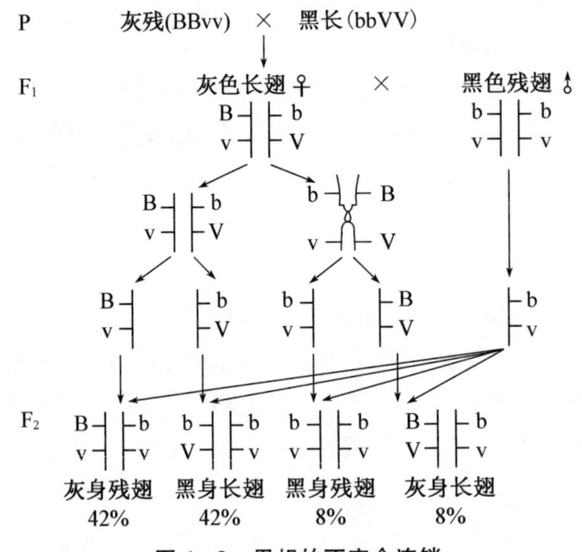

图4-9 果蝇的不完全连锁

摩尔根认为基因B和基因V位于同一条染色体上,位于同一染色体上的基因作为一个整体共同遗传的现象,称为完全连锁。第1种测交结果就是完全连锁,自然界中这种完全连锁的情况较少。这种位于同一染色体上的基因共同遗传的倾向,称为连锁遗传。由于减数分裂过程中,同源染色体上的非姊妹染色单体之间发生交换而引起部分基因重组的现象,称为不完全连锁。这种同源染色体上的基因有互换现象,称为交换。

这样,孟德尔的分离定律和自由组合定律以及摩尔根的连锁与交换定律就构成了遗传学的三大定律。

4.3 性染色体与伴性遗传

自然界中,雌雄性别是最普遍、最引人注意的现象之一。各种两性生物中,雌雄个体的比数大都是1∶1。多数物种都是由于雌雄个体所含性染色体的差异而导致性别的不同。

人类、全部哺乳动物、部分两栖动物及部分鱼类都是由精子携带的性染色体决定子代性别,子代的性别由精子携带的染色体决定。人类的性染色体是X和Y,X和Y染色体在形态、结构、大小上具有明显的差别,XX为雌性;XY为雄性,即XY型性染色体系统。而蝗虫、蟑螂等昆虫则属于XO型性染色体系统,XX为雌性,X为雄性。

蝴蝶、鸟类等动物的性别是由卵携带的性染色体决定子代性别,也就是说子代的性别由卵子携带的性染色体决定，称为ZW型。性染色体是Z和W，ZW型为雌性，ZZ型为雄性。

我们知道，蚂蚁、蜜蜂的性别不是由性染色体决定的，而是由染色体的数量决定的，二倍体的受精卵发育为雌性，单倍体的未受精卵发育成雄性。

自然界中，多数物种具有雌雄之分，但是还有一些是雌雄同体的，也就是说所有的个体都具有相同的染色体，如玉米、蚯蚓等。

1909年，摩尔根在研究黑腹果蝇时发现，野生型的红眼果蝇中出现了一只白眼雄蝇。他让这只白眼雄蝇与野生型的红眼雌蝇交配，F_1 代全是红眼果蝇。再让 F_1 代的雌雄个体杂交，则 F_2 代果蝇中有3/4为红眼，1/4为白眼，但所有白眼果蝇都是雄性的。这表明，果蝇的白眼性状与性别相关，这种与性别相关的性状的遗传方式就是伴性遗传。遗传学上，把性染色体上基因所控制的某些性状总是伴随性别而遗传的现象，称为伴性遗传。

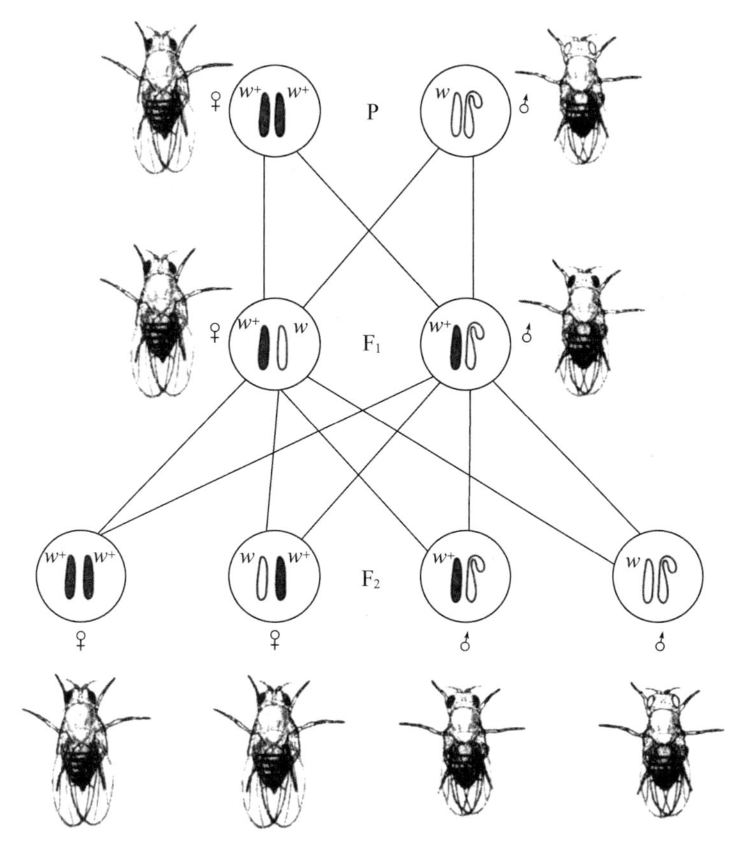

图4-10 果蝇白眼的伴性遗传

位于性染色体上的致病基因引起的疾病称为伴性遗传病。例如红绿色盲、血友病、葡萄糖6-磷酸脱氢酶(G-6-PD)缺乏症，发病的人群中，男性多于女性，这种遗传方式称为伴X隐性遗传。最常见的伴X隐性遗传病是色盲，色盲患者不能辨别红色和绿色，因为隐性的色盲基因位于X染色体上，而Y染色体上没有它的等位基因。这样，男性 X^cY 或女性纯合体 X^cX^c 是色盲，而女性 X^CX^c 是色盲携带者。

有些疾病的患者是女性多于男性，且女性患者多为杂合子，例如抗维生素D佝偻病，是由于位于 X 染色体上显性基因 R 的存在，使得人对钙的吸收出现障碍，这种遗传方式称为伴 X 显性遗传。

还有一些性状只在男性个体出现，例如长毛耳男人、蹼趾男人，而这些性状在男性后代均有，女性后代均无，这种遗传方式称为 Y 连锁遗传，也称为限雄遗传。

4.4 DNA 与染色体

4.4.1 遗传物质——DNA

肺炎双球菌可引起人和小鼠的败血症，有许多不同的类型。一种是细胞外有荚膜保护的，能形成光滑菌落，称为 S 型，是有毒的，可引起疾病。一种没有荚膜，能形成粗糙菌落，称为 R 型，无毒，不致病。1928 年，英国格里菲斯(Griffith)的肺炎双球菌的转化实验证明遗传物质可以转化进入细菌，改变细菌特性。

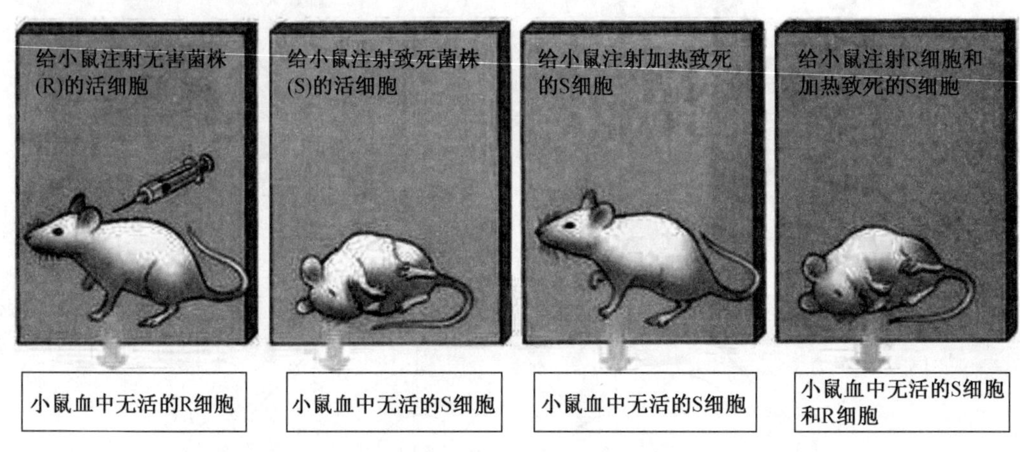

图 4－11　肺炎双球菌转化实验

第 1 组小鼠注射活的 R 型菌，结果小鼠活着；第 2 组小鼠注射活的 S 型菌，结果小鼠死了；第 3 组小鼠注射高温杀死的 S 型菌，小鼠活着；第 4 组小鼠注射高温杀死的 S 型菌和活着的 R 型菌，结果小鼠死了。因此，格里菲斯认为“接种物中的死细菌可能提供了某些特异的原料，使 R 型细菌变成了致病的 S 型”。这种 R 型菌从死的 S 型菌获得转化因子而导致遗传特性改变的过程称为转化。

1944 年，艾弗里(Avery)等在离体条件下完成转化。他们从活的 S 型菌的抽提液中分离得到了多糖、脂类、蛋白质、RNA 和 DNA，再分别与活的 R 型菌混合，将混合液注射到小鼠体内，发现只有 DNA 可以将小鼠杀死，而如果用 DNAase 处理 DNA 后，再与活的 R 型菌混合注射到小鼠体内，小鼠则活着。可见，真正的转化因子是 DNA，也只有 DNA 可以完成转化。但是，有人仍对艾弗里的转化因子实验结论持怀疑态度。

1952 年，纽约冷泉港美国国家实验室的赫希(Alfred Hershey)和蔡斯(Martha Chase)的噬菌体 T2 感染大肠杆菌实验，其结论无懈可击。他们用分别含有放射性同位素^{35}S 和放射性同位素^{32}P 的培养基，培养大肠杆菌。数分钟后，使噬菌体吸附在大肠杆菌细胞表面。使^{32}P 标记的噬菌体 DNA 进入细胞，然后用组织捣碎器将二者分开，这时发现^{35}S 标记的蛋白质外壳几乎全部从细胞上拉下来，而噬菌体在细胞内照样正常地进行增殖。生活史循环完成后，子代噬菌体中几乎没有出现^{35}S，^{32}P 有一半在子代噬菌体的 DNA 出现，这意味着噬菌体 DNA 携带了在细胞内进行增殖的信息，从而产生了与亲代噬菌体完全一样的子代噬菌体。这就证明噬菌体的 DNA 是决定遗传的物质。

后来发现，某些病毒，如烟草花叶病毒(tobacco mosaic virus，TMV)，其遗传物质是 RNA。

4.4.2　DNA 双螺旋结构

1953 年，沃森和克里克通过威尔金斯看到了富兰克林拍摄的一张十分漂亮的 DNA 晶体 X 射线衍射照片，发现了 DNA 双螺旋的结构，开启了分子生物学时代。

DNA 双螺旋结构的要点是：DNA 是由两条反方向平行的脱氧核苷酸链围绕同一个中心轴相互缠绕形成的右手双螺旋；氧核糖和磷酸基团通过 3′、5′—磷酸二酯键连接形成，排列在外侧，构成骨架，碱基排列在内侧，DNA 分子的一条长链是从 5′→3′，另一条长链是从 3′→5′；DNA 的碱基遵循碱基互补配对原则，即 A 与 T 配对，G 与 C 配对，A 与 T 间形成两个氢键，G 与 C 间形成三个氢键；配对的碱基并不充满双螺旋空间，而碱基占据的空间不对称。

尽管 DNA 分子只有 4 种碱基，但是由于脱氧核苷酸链碱基的排序千变万化，也从分子水平揭示了自然界个体差异显著的原因。

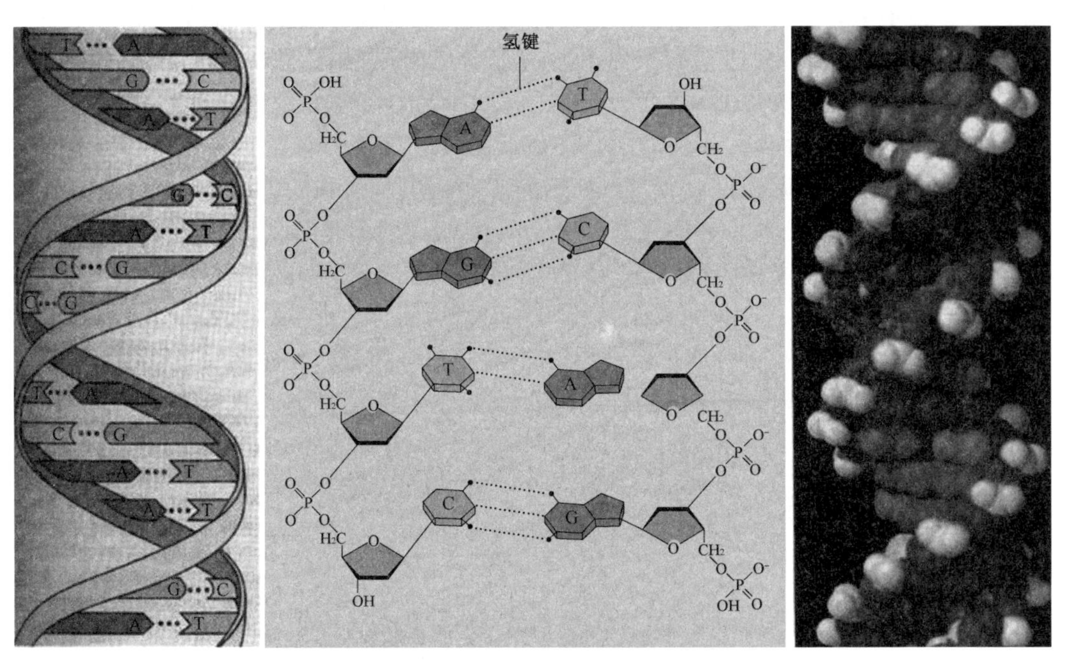

图 4-12　DNA 双螺旋结构

4.4.3 基因、染色体

19世纪60年代,孟德尔已经通过植物杂交实验提出了"遗传因子"的概念,并用以解释发现的分离和自由组合定律。

1902年,萨顿和鲍维里发现孟德尔所说的遗传因子从亲代到子代的传递过程与细胞减数分裂和受精过程的染色体的行为存在着平行现象,提出了遗传的染色体学说。

1909年,丹麦植物学家和遗传学家约翰逊首次提出"基因"这一名词,用以表达孟德尔的遗传因子概念。

1910年,摩尔根及助手从白眼突变的雄果蝇中发现性连锁现象,第一次将代表某一特定性状的基因同某一特定的染色体联系起来,证明了基因就是在染色体上。

基因是遗传的物质基础,是一段有编码功能的DNA序列。染色体是由DNA和组蛋白组成的。可见,染色体是基因的载体,基因在染色体上直线排列。

4.5 遗传信息的传递

DNA作为遗传物质,具有贮藏遗传信息、传递遗传信息和表达遗传信息的功能。

4.5.1 DNA的复制

生物要将遗传信息代代相传,就必须有一套严格的遗传物质复制系统。DNA复制是保证物种之间稳定的基础。DNA复制发生在细胞分裂间期的S期,复制的结果是在每个新合成的DNA双链中,一条来自亲代,一条是新合成的,这种复制方式称为半保留复制。

DNA的复制也称为以DNA为模板的DNA的合成,发生在细胞核。DNA的复制是一个边解旋边复制的过程。首先,由DNA解旋酶解开母链的双螺旋结构,接着,单链结合蛋白SSB马上与解旋的DNA结合,稳定DNA结构。然后在DNA聚合酶的作用下,以解旋的DNA为模板,按照碱基互补配对原则合成新链,但是DNA聚合酶只有5′-3′聚合酶活性,因此只有一条链可以按5′→3′的方向连续合成,称为前导连;另一条链是由引物酶先合成一小段RNA引物,DNA聚合酶在引物后面合成DNA片段,称为冈崎片段,随后RNA引物被另外一种DNA聚合酶切除,将缺口补齐,DNA连接酶把冈崎片段连接到正在延伸的DNA链上,这条链的合成是不连续的,称为滞后链。这种DNA的合成方式称为半不连续复制。

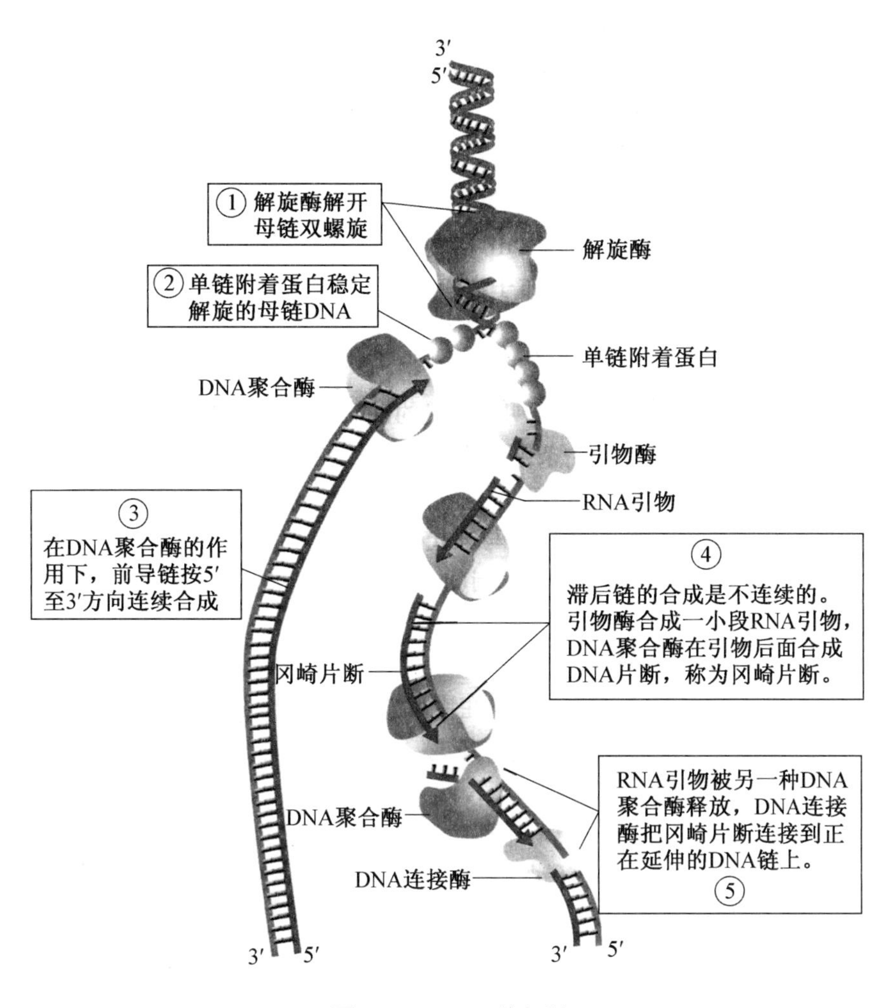

图4-13　DNA的复制

4.5.2　转录

转录是遗传信息由DNA转换到RNA的过程，以DNA中的一条链为模板，在RNA聚合酶的催化下，以4种核糖核苷酸ATP、CTP、GTP和UTP为原料，按照碱基互补配对原则，以全保留的方式连续合成。转录是DNA将遗传信息传递给蛋白质的中心环节，发生在细胞核。

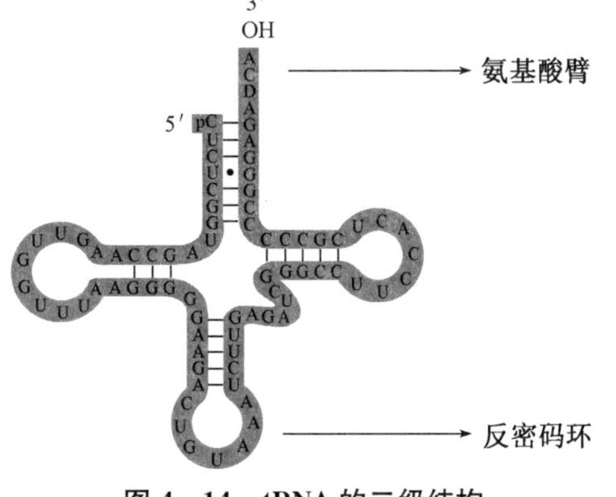

图4-14　tRNA的二级结构

RNA通常是单链的，主要有mRNA、rRNA和tRNA。mRNA是信使RNA，携带并传递DNA中的遗传信息，在蛋白质合成中起模板作用。rRNA是核糖体RNA，与蛋白质结合形成蛋白质的“工厂”——核糖体。

tRNA 是转运 RNA，在蛋白质合成过程中转运氨基酸。

转录过程分为起始、延伸和终止三个阶段。起始是指 RNA 聚合酶与 DNA 上一段称为启动子的特定的核苷酸序列结合，使双链打开。延伸是以解开的 DNA 的一条链为模板，按照碱基互补配对原则，沿着 5′→3′方向合成 RNA 单链，因为 RNA 聚合酶只有 3′-5′聚合酶活性。当 RNA 聚合酶遇到 DNA 模板上的特殊序列——终止子，RNA 聚合酶就会脱离 DNA 模板，合成的 RNA 也会脱离 DNA 模板，在细胞核中游离，经过加工形成 mRNA、rRNA 或 tRNA 等。

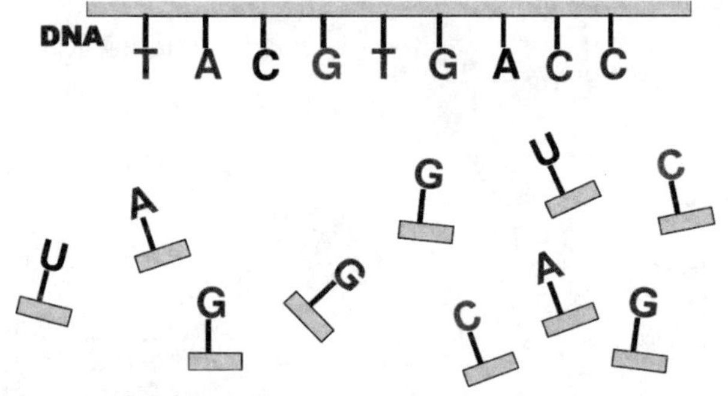

(1) DNA双链解开，双链的碱基得以暴露，以其中一条链为模板

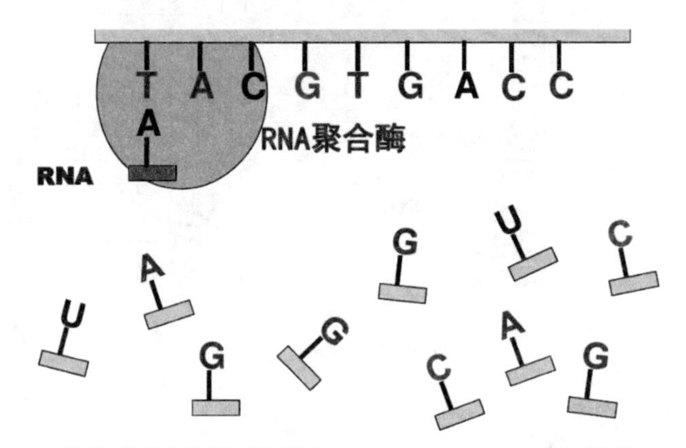

(2) 按照碱基互补配对原则(A-U、T-A、G-C、C-G)进行

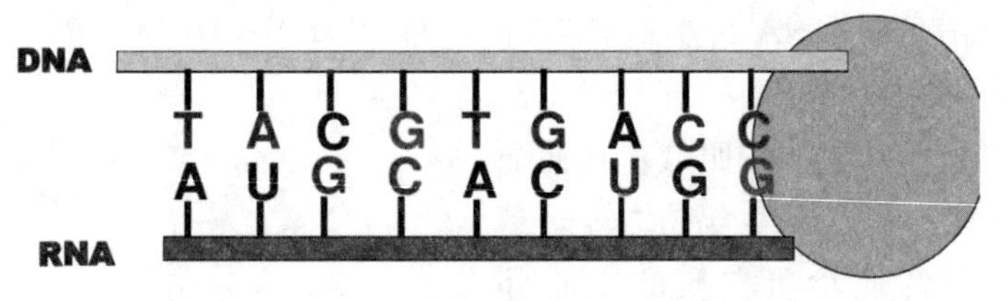

(3) 形成mRNA链，DNA上的遗传信息就传递到mRNA上

图 4－15 转录的基本过程

4.5.3 翻译

蛋白质的生物合成，即翻译，就是将 DNA 中由 4 种脱氧核苷酸序列编码的遗传信息，以遗传密码的方式解读为蛋白质一级结构中 20 种氨基酸的排列顺序。DNA 分子中

核苷酸的排列顺序与蛋白质中氨基酸排列顺序之间的对应关系，称为遗传密码。mRNA 上存在遗传密码，从 5′至 3′方向，由三个碱基组成的，因此也叫三联体密码，共 64 个，其中 61 个负责氨基酸的翻译，AUG 是起始密码，UAA、UAG 和 UGA 是终止密码。三联体密码作为连接 DNA 和蛋白质的桥梁，具有连续性、简并性、偏好性、通用性等特点。连续性是指 mRNA 上各个三联体密码的阅读是连续的，密码之间既无间断也无交叉。遗传密码中，除色氨酸和甲硫氨酸仅有一个密码子外，其余氨基酸有几个密码子为其编码，这称为简并性。但是每个密码子的使用频率却不相同，这是偏好性。蛋白质生物合成的整套密码，从原核生物到人类都通用。

翻译过程发生在细胞质的核糖体，包括起始、延伸、终止。蛋白质合成的方向为 N—C 端。第一个合成的氨基酸总是甲硫氨酸，之后可被切除。因为甲硫氨酸可与携带它的 tRNA 形成 tRNA$_i^{fMet}$，即起始氨酰 tRNA。其实，每个氨基酸都必须在氨酰- tRNA 合成酶的作用下，与相应的 tRNA 结合形成氨酰- tRNA，才能参与蛋白质的合成，这称为氨基酸的活化。

$$\text{氨基酸} + \text{tRNA} \xrightarrow[\text{ATP}\ \ \ \ \ \text{AMP + PPi}]{\text{氨基酰 - tRNA合成酶}} \text{氨基酰 - tRNA}$$

表 4-2　遗传密码表

第一个碱基	第二个碱基 U	第二个碱基 C	第二个碱基 A	第二个碱基 G	第三个碱基
U	UUU UUC } Phe UUA UUG } Leu	UCU UCC UCA UCG } Ser	UAU UAC } Tyr UAA 终止子 UAG 终止子	UGU UGC } Cys UGA 终子止 UGG　Trp	U C A G
C	CUU CUC CUA CUG } Leu	CCU CCC CCA CCG } Pro	CAU CAC } His CAA CAG } Gln	CGU CGG CGA CGG } Arg	U C A G
A	AUU AUC AUA } Ile AUG Met 或起始密码子	ACU ACC ACA ACG } Thr	AAU AAC } Asn AAA AAG } Lys	AGU AGC } Ser AGA AGG } Arg	U C A G
G	GUU GUC GUA GUG } Val	GCU GCC GCA GCG } Ala	GAU GAC } Asp GAA GAG } Glu	GGU GGC GGA GGG } Gly	U C A G

首先，核糖体大小亚基分离，mRNA 在小亚基定位结合，接着起始氨基酰- tRNA 结合到小亚基上，接着核糖体大亚基结合上去，起始完成。$tRNA_i^{fMet}$ 占据 P 位，mRNA 上的下一组遗传密码可使相应的氨酰- tRNA 进入核糖体 A 位。在肽基转移酶的作用下，P 位上甲硫氨酸就脱离 $tRNA_i^{fMet}$ 转移到 A 位上的 tRNA 携带的氨基酸的 N 端并连接起来形成肽键。核糖体继续向前移动，A 位上的氨酰- tRNA 就移到了 P 位，下一组新的密码子再使相应的氨酰- tRNA 进入核糖体 A 位。于是氨基酸按照 mRNA 的密码，依次添加氨基酸使肽链从 N 端向 C 端延伸。当 mRNA 上终止密码出现后，肽链合成就停止，肽链从肽酰- tRNA 中释放，mRNA 与核糖体等分离，这些过程称为肽链合成终止。总之，蛋白质的合成过程十分复杂，需要 GTP、起始因子等很多辅助因子。

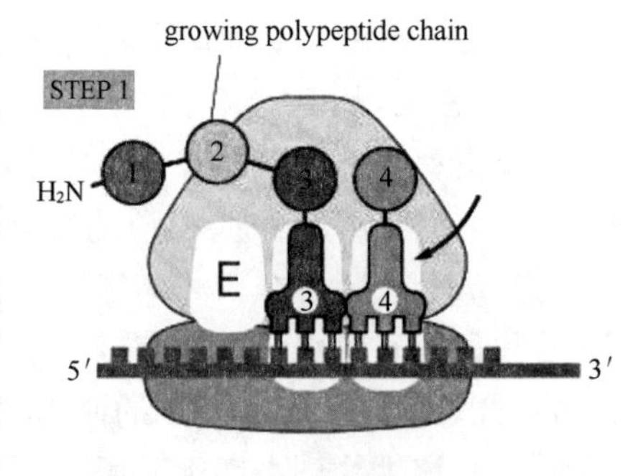

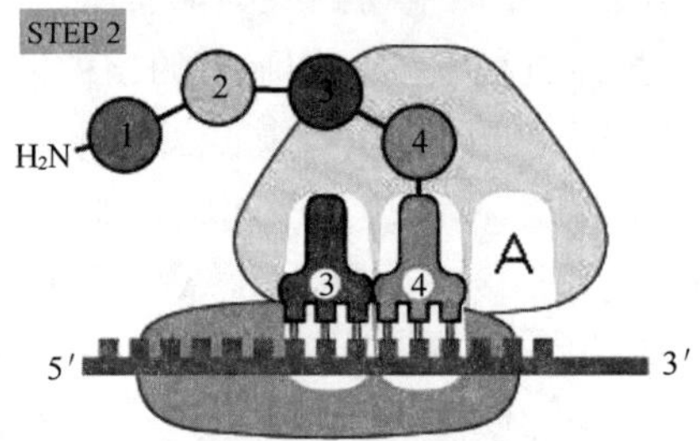

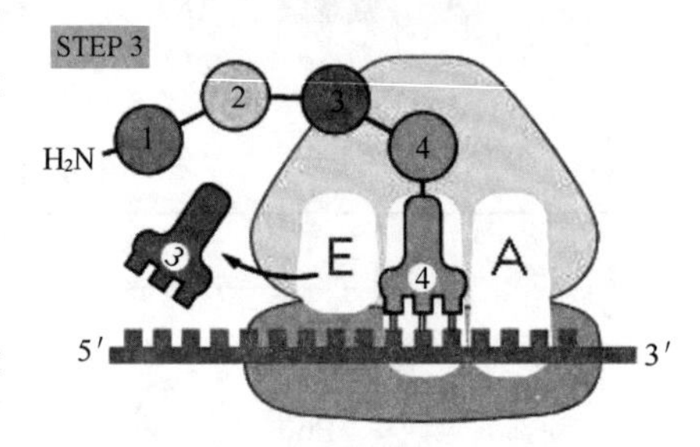

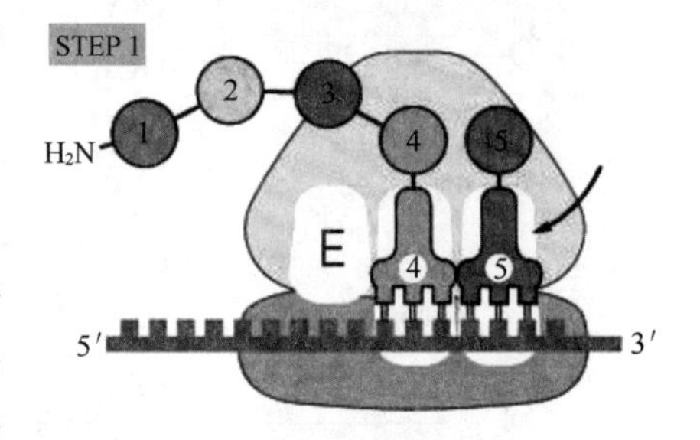

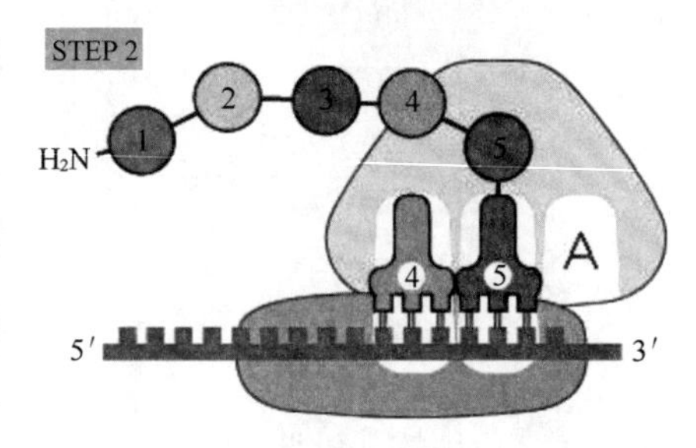

图 4－16　翻译的基本过程

4.5.4　中心法则

1956 年，克里克提出将遗传信息传递的规律称为中心法则，包括由 DNA 到 DNA 的复制、由 DNA 到 RNA 的转录和由 RNA 到蛋白质的翻译等过程。

遗传信息以密码的形式储存在 DNA 分子上，表现为特定的核苷酸排列顺序。在细胞分裂中，以 DNA 为模板把亲代细胞所含的遗传信息忠实地传递给两个子代细胞，称为 DNA 复制。然后，通过转录将这些遗传信息传递给 RNA，再由 RNA 翻译转变成蛋白质多肽链，表现为多肽链上的氨基酸排列顺序，最后由蛋白质执行各种各样的生物学功能，使后代表现出与亲代相似的遗传特征。

1970 年后，人们又发现，有些病毒的遗传物质是 RNA，这些病毒能以自己的 RNA 为模板进行复制，还有一些 RNA 病毒能以其 RNA 为模板合成 DNA，称为逆转录。这是中心法则的补充。

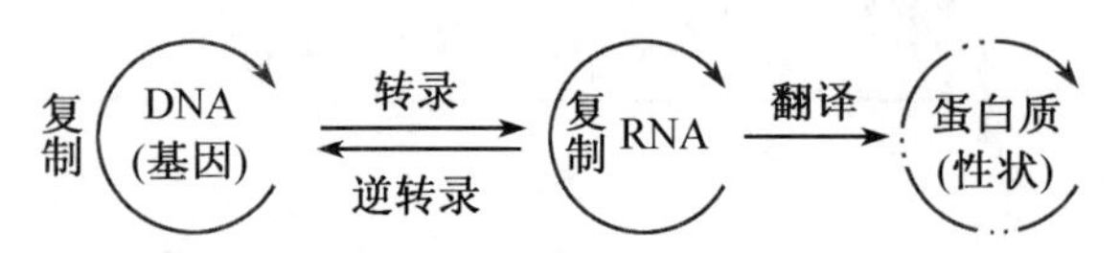

1997年,美国的希鲁辛纳教授发现了导致疯牛病的朊病毒的致病因子是一种传染性的称为朊病毒蛋白的特殊蛋白质。这种蛋白质有两种存在形式,正常的脑组织中发现的PrP^{C}不具有感染性,对蛋白酶敏感,可以被完全降解;而PrP^{SC}具有感染性,具有抗蛋白酶的性能。二者的氨基酸序列完全相同,但二级结构却有很大差异。正常朊蛋白构型发生异常改变后导致疯牛病,却不需要DNA或RNA的参与,也就是正常的PrP^{C}蛋白质转变为PrP^{SC}的过程,就是从朊病毒的传染复制。这对中心法则提出了"挑战"。

斯坦利·希鲁辛纳教授经过研究发现,朊病毒是正常寄主的PrP基因编码的蛋白质PrP^{C}的异构体PrP^{SC},不能自我复制。目前为止,中心法则的正确性无可置疑。

中心法则总结了生物体内遗传信息的流动规律,揭示遗传的分子基础,让人们对细胞的生长、发育、遗传、变异等生命现象有了深刻的认识,也以此为基础发展出了很多新的理论和技术,给人类的生产和生活带来了深远的影响。

4.6 生物性状的控制

性状是指生物体所有特征的总和,包括形态结构、生理特征及行为方式等,是基因和外界环境共同作用的结果,基因是性状得以表现的内在物质基础,环境可以改变基因的效应。

基因控制生物的性状可以通过控制代谢过程中的几个关键的酶实现,例如白化病。白化病是由于控制酪氨酸酶形成的基因异常,使酪氨酸酶不能合成,导致酪氨酸不能正常转化为黑色素而引起的疾病。

基因也可以控制蛋白质的结构而直接控制生物体的性状,例如囊性纤维病。由于CFTR基因缺失了3个碱基,使得CFTR蛋白结构异常而导致CFTR蛋白功能异常,从而使患者支气管内黏液增多,清除困难,导致肺部感染而引发疾病。

曾有遗传学家将孵化后4～7 d的长翅果蝇幼虫,在35～37 ℃处理6～24 h,会得到一些残翅果蝇,而将这些残翅果蝇放在正常环境温度25 ℃下,产生的后代却仍然是长翅果蝇。水毛茛在水下的叶子呈丝状、叶形深裂,而水上的叶子则是正常的扁平叶。可见,环境对性状是有影响的。

总之,基因控制生物体的性状,而性状的形成同时还受到环境的影响。基因并不是决定性状的必然因素,只是决定了一种可能性。

生物体将遗传信息以密码的形式贮存在DNA分子上,通过DNA复制、RNA转录和蛋白质的翻译,使遗传信息由亲代传递给后代,从而使后代表现出与亲代相似的遗传性状。显然,遗传保证了物种之间的连续性和相似性。

4.7 生物的变异

生物的变异是指生物体亲代与子代之间以及子代的个体之间存在差异的现象,所谓

“一猪生九子,连母十个样”。自然界没有两个完全相同的个体,即使是同卵双生的一卵双生的双胞胎。生物的变异是基因和环境条件共同作用的结果,既没有永久不变的遗传物质,也没有永久不变的环境条件。遗传和环境条件的稳定性都是相对的,而变异则是绝对的,是自然界普遍存在的现象。

4.7.1 生物变异的原因

1. 减数分裂

生物进行有性生殖时,通过减数分裂产生配子。在减数分裂Ⅰ后期,同源染色体分离,分别进入不同的配子中,而非同源染色体就会自由组合,这将会产生很多组合。而在减数分裂Ⅰ的前期,联会后的同源染色体上的非姐妹染色单体会发生交换,由于每条染色体上都有很多基因,因此可能会产生大量变异。

2. 突变

突变是指生物体遗传物质发生的改变,包括染色体畸变、基因突变。如果突变发生在染色体内的DNA,就称为基因突变。如果发生在染色体内,引起染色体数目或结构的变化,就称为染色体畸变。突变会自然发生,如果生物暴露在辐射或一些化学药品中,突变的概率就会大大提高。有些突变是恶性的,也有少数突变是良性的。

3. 随机的受精作用

卵子与精子的受精作用是随机的,所以合子会有很多不同的基因组合。因此,同父同母的兄弟、姐妹的性状差异很大;同一豆荚里的种子,大小形状也常常有所不同;同一胎小猪,大小毛色也有所不同。

4. 环境因素

生物在生长和发育过程中由于外界条件的影响会产生形态上或生理机能上的一定变异。如前所述,在35 ℃～37 ℃处理后的长翅果蝇幼虫出现了一些残翅果蝇,就是变异。这是后天获得的,是不能遗传的,也称为“获得性变异”。所以这些残翅果蝇再放在正常环境温度25 ℃下,产生的后代却仍然是长翅果蝇。

4.7.2 生物变异的类型

生物变异包括可遗传的变异和不可遗传的变异。

1. 可遗传的变异

可遗传的变异是由于遗传物质的变化所产生的性状差异,这种改变是可以代代传递的。例如家畜的毛色和抗病力的差异,果蝇的残翅和常态翅等,都是可遗传的变异。遗传的变异广泛存在,环境条件并不决定变异的方向,是生物进化的内因。可分为基因重组、基因突变和染色体畸变。

基因重组是在生物体减数分裂过程中四分体上的非姐妹染色单体的基因交换引起的改变,是自然界普遍存在的一种遗传现象。

基因突变也称为点突变,是染色体上一个座位内的遗传物质的变化。包括碱基置换和移码突变。碱基置换包括转换和颠换，嘌呤替代嘌呤、嘧啶替代嘧啶称为转换，嘌呤变嘧啶或嘧啶变嘌呤则称为颠换。如人类的镰刀形细胞贫血病，就是由于正常血红蛋白基因的DNA上的一个碱基A→T造成的(如图4-15)。在DNA的碱基序列中一对或少数几对邻接的核苷酸的增加或减少，造成该位置后的一系列编码发生了变化，称为移码突变。

染色体畸变是指染色体形态、结构和数量的改变，必然破坏种群的遗传稳定性，产生新的变异。

染色体结构变异包括缺失、重复、倒位和移位。缺失是指染色体某一节段的丢失，例如人类的5号染色全短臂缺失，导致猫叫综合征。重复是指同一染色体某一阶段连续含2份或以上，例如，果蝇棒眼现象就是X染色体部分重复。若某一染色体发生两处断裂，形成3个节段，其中间阶段旋转180度变位重接就称为倒位，例如，人类第9号染色体长臂倒置导致女性习惯性流产。若某一染色体上断裂下的节段连接到另一染色体上，就称为易位，例如，人类第14号与第22号染色体部分易位导致慢性粒细胞白血病。

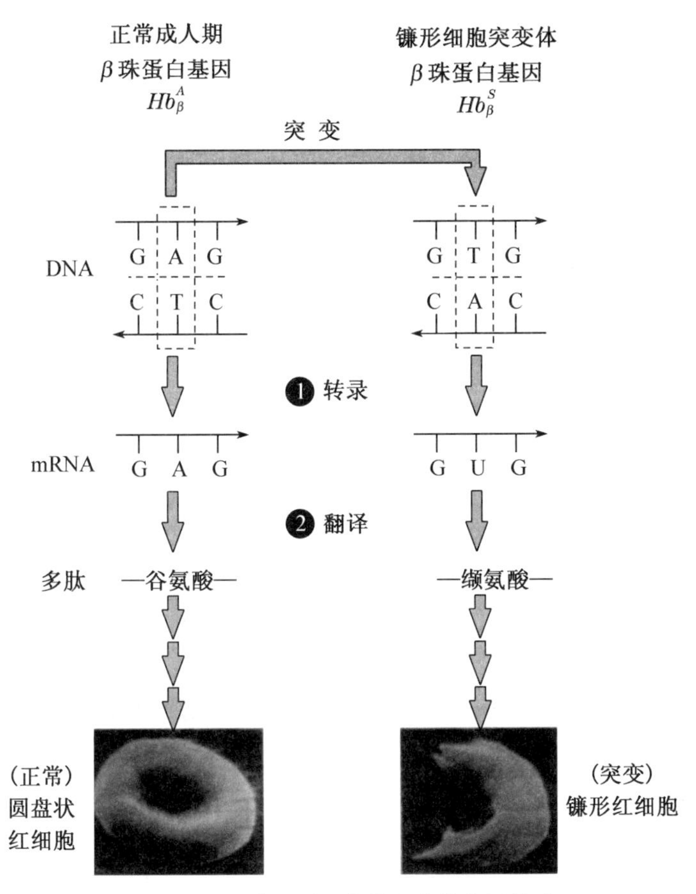

图4-17　镰刀型细胞贫血病的分子基础

染色体数目变异包括整倍体和非整倍体变化。以二倍体(2n)为标准，如果二倍体生物的细胞中的染色体成倍增减(n的倍数)，这种个体叫作整倍体。如果二倍体生物的细胞中的染色体增减一条或多条，这种个体叫作非整倍体。整倍体多见于植物中，如无籽西瓜(3n)、普通小麦(6n)。染色体非整倍性变异包括单体、三体、缺体等。单体是某对染色体减少了一条,如人类 Turner 综合征缺少一个 X。三体是某对染色体增加了一条,如人类 21 号三体较为常见,表现为先天愚型。

2. 不可遗传的变异

不可遗传的变异是由环境条件引起的性状的变化,即获得性变异,由环境条件决定变异的方向。例如,同一品种的绵羊,在牧草充足的条件下都会长得大些,如果遇到食物不足,都会长得不好,生长发育受阻;在北方生长,毛会又长又密,在南方生长,毛又短又稀疏。人们多晒太阳,皮肤都会变得黑些;如果很久不见太阳,皮肤都会变得白些。

总之,在自然界中,生物之间因争夺食物、空间甚至配偶而相互竞争。生物出现变异,会使那些具备优良性状的个体将优良性状传递给下一代,这就是适者生存。由于环境不断改变,变异有助于产生能适应环境的生物。如果生物世世代代都完全相同,那么最终会因无法适应环境而灭绝。

练习题

1. 亲代传给子代的是(　　)。

A. 基因型　　B. 表现型　　C. 基因　　D. 性状

2. 在番茄中,红果色 R 对黄果色 r 是显性,问下列杂交可以产生哪些基因型,哪些表现型,它们的比例如何?

(1) RR×rr;　(2) Rr×rr;　(3) Rr×Rr;　(4) Rr×RR;　(5) rr×rr。

3. 在南瓜中,果实的白色(W)对黄色(w)是显性,果实盘状(D)对球状(d)是显性,这两对基因是自由组合的。问下列杂交可以产生哪些基因型,哪些表型,它们的比例如何?

(1) WWDD×wwdd　　(2) WwDd×wwdd

(3) Wwdd×wwDd　　(4) Wwdd×WwDd

4. 在鸡中,羽毛的显色需要显性基因 C 的存在,基因型 cc 的鸡总是白色。已知羽毛的芦花斑纹是由伴性(或 Z 连锁)显性基因 B 控制的,而且雌鸡是异配性别。一只基因型是 ccZbW 的白羽母鸡跟一只芦花公鸡交配,子一代都是芦花斑纹,如果这些子代个体相互交配,它们后代的表型分离比是怎样的?

5. 揭示生物体内遗传信息传递一般规律的是(　　)。

A. 基因的遗传定律　　B. 碱基互补配对原则

C. 中心法则　　D. 自然选择学说

6. DNA 双螺旋结构的特征是什么?

7. 简述 DNA 的复制过程。

8. 中心法则的内容是什么?

9. 生物的形状是如何控制的?

10. 变异的类型有哪些?

11. 【判断】面颊上有无酒窝不是一对相对性状,而单双眼皮为一对相对性状。(　　)

12. 【判断】某人是单眼皮，最近做了双眼皮手术，变成双眼皮，这是基因突变。（　　）

13. 孟德尔豌豆杂交实验能够成功的首要条件（　　）。

A. 选材　　B. 研究方法　　C. 分析方法　　D. 神父

14. 在遗传学上，把生物表现出来的形态特征和生理特征统称为（　　）。

A. 基因型　　B. 表现型　　C. 基因　　D. 性状

15. 性别决定和伴性遗传是在研究下列哪一种生物时被发现的（　　）。

A. 豌豆　　B. 拟南芥　　C. 果蝇　　D. 人

16. 人的ABO血型受一组复等位基因 I^A、I^B、i 控制，I^A 和 I^B 对 i 都是显性，I^A 与 I^B 为共显性。如果AB血型与B血型的所生的子女中不可能是（　　）。

A. AB型　　B. A型　　C. B型　　D. O型

17. 以DNA为模板的DNA的合成称为（　　）。

A. 复制　　B. 转录　　C. 翻译　　D. 反转录

18. 在蛋白质合成过程中，转运氨基酸的是（　　）。

A. tRNA　　B. mRNA　　C. rRNA　　D. hnRNA

19. DNA聚合酶的共同特点是（　　）。

A. 不需要模板　　B. 不需要引物

C. 合成的方向都是 $5'\rightarrow3'$　　D. 双链不打开

20. 从性遗传又称性控遗传，是指由常染色体上基因控制的性状，在表现型上受个体性别影响的现象。已知人类秃发的遗传是从性遗传，BB表现正常，bb表现秃发，杂合子Bb在男性中表现秃发，而在女性中表现正常。现有一对正常夫妇生育了一个秃发的孩子，请问这个孩子的基因型及性别是什么？

第 5 章 生物多样性与进化

生物从共同祖先由低级到高级，由简单到复杂逐步分化演变的过程叫进化。生物进化是生物与其生存环境相互作用过程中，其遗传系统随时间而发生的一系列不可逆的改变，并导致相应的表型的改变。在大多数情况下，进化导致生物总体对其生存环境的相对适应。

5.1 生物进化的证据

5.1.1 古生物学上的证据

古生物学是研究地质历史时期生物的发生、发展、分类、进化和分布等规律的科学，研究对象主要是化石。化石是先前生活的生物被保存在地层中的遗留物或遗迹，如石化的躯体、躯体印痕、足迹、排遗物粪便等。一般情况下，生物体死亡后，它们的遗体会被微生物分解，但是，有时生物的遗体会被迅速包埋起来，与外界环境隔绝，这样就不会分解，经过长时期的矿物填充和交换作用，就会形成化石。琥珀和深冻猛犸与化石一样，也是研究生物进化的好材料。海洋与湖泊的沉积埋藏作用是化石形成的重要条件，现已发现的化石大部分属于水生生物。

人们发现某种生物的化石以后，可通过一定的技术手段来测定这种化石属于什么地质年代，从而知道这种生物生存的年代。通过对大量各种地质年代的化石进行比较，就可以大致了解生物进化的历程。例如，科学家在中生代地层发现大量的爬行动物化石，这就说明爬行动物曾经有过非常繁盛的时期；而始祖鸟化石的发现，则为科学家研究鸟类的起源提供了证据。

古生物学家在研究化石的过程中发现，各类生物的化石在地层中的出现是有一定顺序的。在越早形成的地层中，成为化石的生物越简单、越低等，其中水生的种类也越多；在越晚形成的地层中，成为化石的生物越复杂、越高等，其中陆生的种类也越多。即越老（下部）的地层，生物形态越简单；越新（上部）的地层，生物形态越复杂。简言之，生物是不断进化的，进化的途径是由简单到复杂，由低等到高等，由水生到陆生。

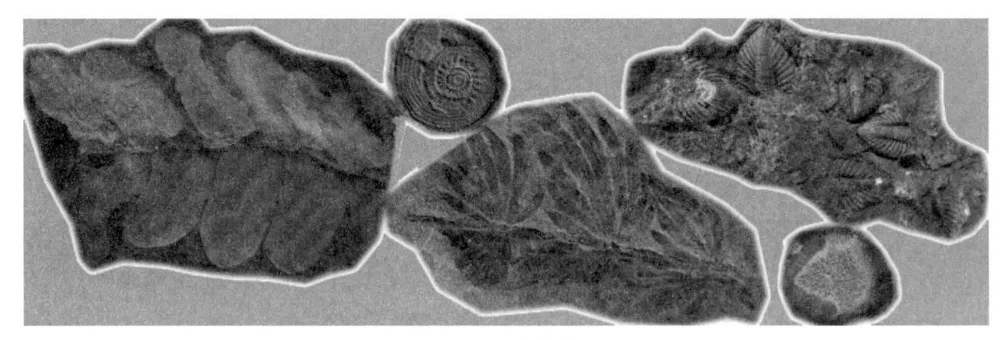

图5-1 生物化石

5.1.2 比较解剖学上的证据

比较胚胎学是对割裂脊椎动物的器官和系统进行解剖和比较研究的科学。比较解剖学的研究也为生物进化提供了重要的证据。

对不同种群生物的个体解剖结构进行比较。在一些不同种群生物中，某些器官即使行使不同功能，它们在解剖结构上也具有相同或相似性，反映出这些生物之间具有的亲源关系和从某个共同祖先进化来的轨迹。

如图5-2，鸟、马和人的上肢骨虽然形态和功能不同，结构却很相似；都有一个大的肱骨，一个尺骨和一个桡骨。这从另外一个方面证明，鸟类、哺乳类和人是由共同的祖先进化而来的，只是在进化过程中，由于适应不同的环境，促使

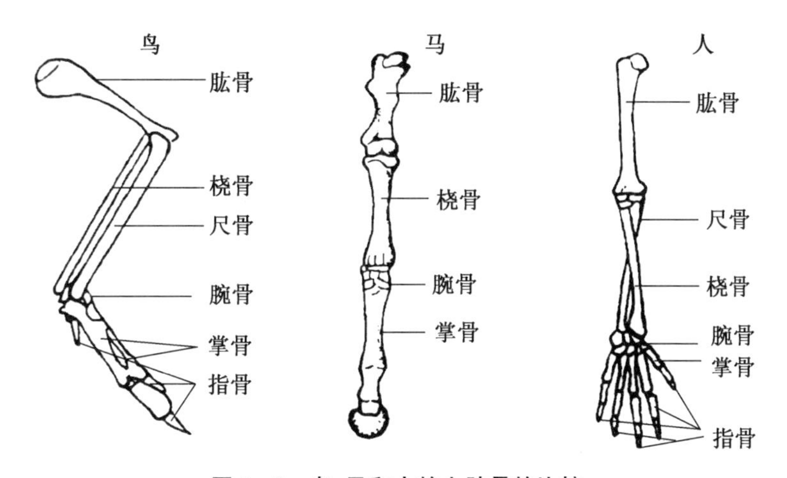

图5-2 鸟、马和人的上肢骨的比较

这些器官发生了形态和功能上的变化。例如，鸟的前肢特化为翼，适于飞翔；马的前肢适于在草原上奔跑；而人的上肢则变得适于使用工具等。

胚胎发育中起源相同、内部结构和分布位置相似，而形态和功能不同的器官，我们称之为同源器官，如鸟的翼、蝙蝠的翼手、鲸的鳍、马的前腿和人的上肢。同源器官在构造及发育上的一致性说明这些动物起源于共同的祖先，具有相似的遗传基础。

痕迹器官是指生物体在进化过程中，有些作用不大但依然存在的器官。如人的盲肠、阑尾、耳肌和尾椎骨等，都已退化成痕迹器官。

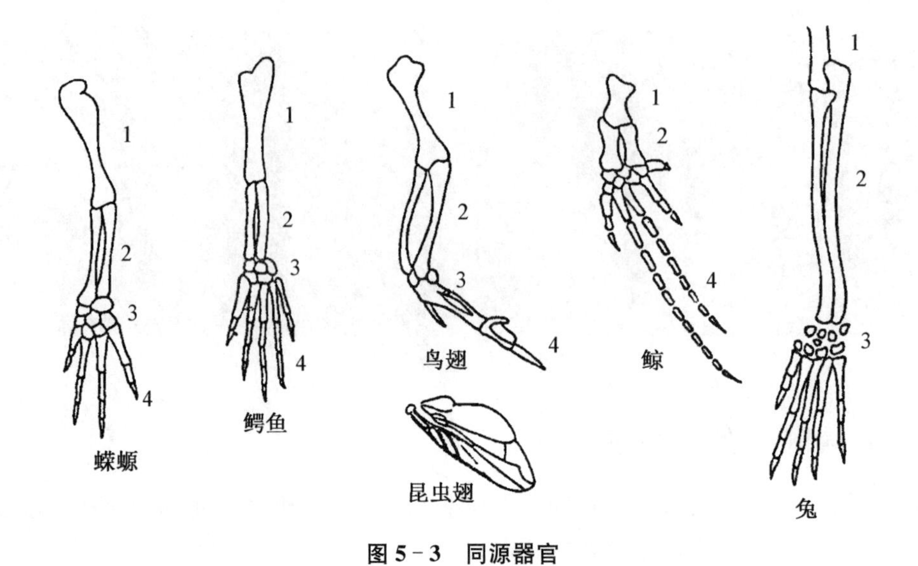

图 5-3　同源器官

5.1.3　胚胎学上的证据

胚胎学是研究动植物的胚胎形成和发育过程的科学。比较胚胎学即不同生物胚胎发育过程的变化研究也揭示了一些不同的生物是由同一个祖先进化而来的事实。亲源关系相近的生物在它们发育过程中有相同的发育阶段即重演。

图 5-4 显示,人和脊椎动物的胚胎在发育初期都很相似,后来逐渐有所不同,最后才

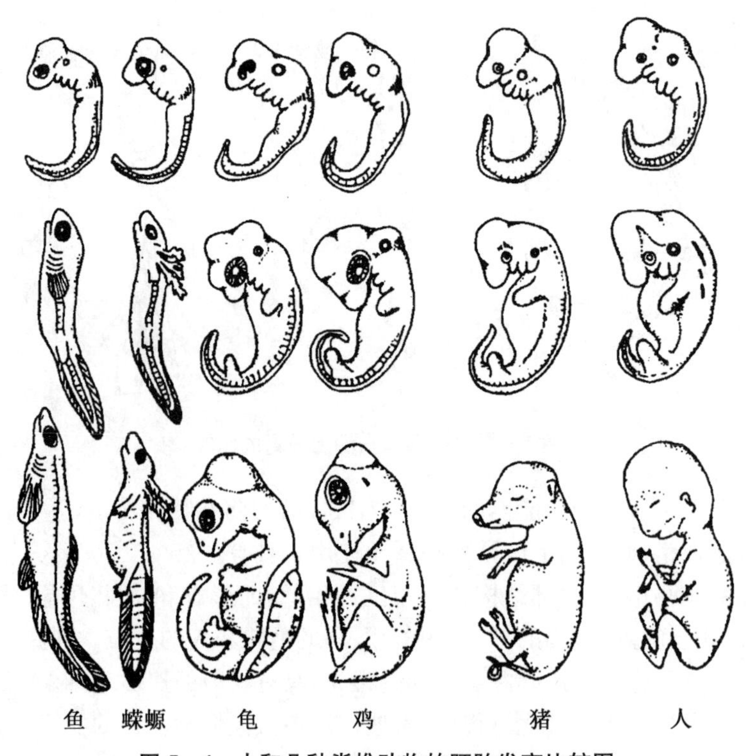

图 5-4　人和几种脊椎动物的胚胎发育比较图

显示出各自的特征。例如,在胚胎发育的初期,人和各种脊椎动物都有鳃裂,后来,除鱼以外,人和其他脊椎动物的鳃裂都消失了。另外,在胚胎发育初期,人和各种脊椎动物都有尾,直到胚胎发育后期,人的尾才消失。

可以看出从鱼类、两栖类、爬行类、鸟类到哺乳类和人,它们的早期胚胎很相似,都具有鳃裂和尾。这说明脊椎动物也具有共同的祖先,它们均来自用鳃呼吸、有尾的水栖动物祖先,而人类则是从有尾的动物发展而来的。

随着科学的发展和进步,科学家们又不断从其他方面获得生物进化的证据,例如比较生理学、生物化学等。近些年,科学家们已在分子水平上研究生物的进化了。例如,细胞色素C是动植物细胞内普遍存在的一种蛋白质,通过测定不同生物的细胞色素C的氨基酸序列,比较它们之间的差异,就可以判断不同生物之间的亲缘关系,进而更加准确地了解生物进化的来龙去脉。

练习题

1. 生物进化的主要证据是(　　)。

A. 化石证据　　B. 胚胎发育的证据

C. 解剖证据　　D. 结构方面的证据

2. 进化理论的主要创立者(　　)。

A. 达尔文　　B. 拉马克　　C. 居维叶　　D. 华莱士

3. 【判断】从鱼类、两栖类、爬行类、鸟类到哺乳类和人,它们的早期胚胎很相似,都具有鳃裂和尾。这说明脊椎动物也具有共同的祖先,它们均来自用鳃呼吸、有尾的水栖动物祖先,而人类不是从有尾的动物发展而来的。(　　)

4. 【判断】化石是先前生活的生物被保存在地层中的遗留物或遗迹,是研究生物进化的好材料。(　　)

5. 【判断】痕迹器官是指生物体内仍然保存着的,但功能不大的器官。如人的阑尾、犬齿等。(　　)

6. 【判断】蝾螈和鳄的前肢为同源器官,鸟类的翅和哺乳类的前肢为同功器官。(　　)

5.2 达尔文自然选择学说

在生物进化的过程中,为什么有些生物种类会灭绝呢?新的生物种类又是怎样形成的呢?生物为什么能够不断进化?对于这些问题,人们进行了长期的探索,提出了不同的解释,其中达尔文的自然选择学说对生物进化做出了最好的解释。

5.2.1 繁殖过剩

各种生物都有极强大的生殖力。但是自然界中各种生物的数量在一定时期内都会保持相对稳定。例如一对家蝇繁殖一年，若每代1000个卵，如果后代不死亡，后代可以把整个地球覆盖2.54 cm之厚。一株杨树每年能产生大量的种子，一条鲫鱼每次能产10万～20万粒卵等。

5.2.2 生存斗争

但是，杨树能产生的种子中，只有极少数能生成幼苗，在鲫鱼排出的卵细胞中，只有极少数能够受精，并且只有少数受精卵能够发育成小鱼，而最终能够长成大鱼的就更少了。为什么会出现这种现象呢？

这是因为生物赖以生存的条件，包括食物和空间等，是有一定限度的。生物要生存下去，就必须为争取生活条件而进行生存斗争。

也就是说生物存在着繁殖过剩现象，出现了生存斗争。生存斗争包括种内斗争、种间斗争以及生物与非生物之间的斗争。生存斗争的结果是只有少数个体能够生存下来。

5.2.3 遗传与变异

有遗传物种才能稳定存在；有变异生物界才会绚丽多彩，即世界上没有两个生物个体是完全相同的，并且这种变异是随机产生的，而非按需要向一定的方向发生，是可遗传的变异。在自然界长期的自然选择中，生物的有利变异通过遗传而逐代积累，就形成了生物的多样性和适应性，生物则不断由简单到复杂、由低等向高等、由水生向陆生进化。

5.2.4 适者生存

生物体普遍存在着遗传和变异，其中有利变异得到保存，对生存不利的变异遭受淘汰，出现适者生存。由此可见，变异是随机的，是没有方向的，只有通过定向的选择，才能保存有利变异，以适应环境。

例如，现代长颈鹿是由长颈鹿的祖先在食物资源充足的情况下大量繁殖，产生了个体差异较大的后代，有长颈长前肢的个体，也有短颈短前肢的个体，由于大量繁殖，食物资源即青草相对匮乏，随处可见的青草已经吃不到了，只有选择高一点的青草或树枝嫩叶，而短颈短前肢的个体吃不到此处的青草，长颈长前肢的个体就可以吃到，因此，这些个体得以生存，经过逐代选择，长颈长前肢的基因被保留下来，这就进化成了现代长颈鹿。

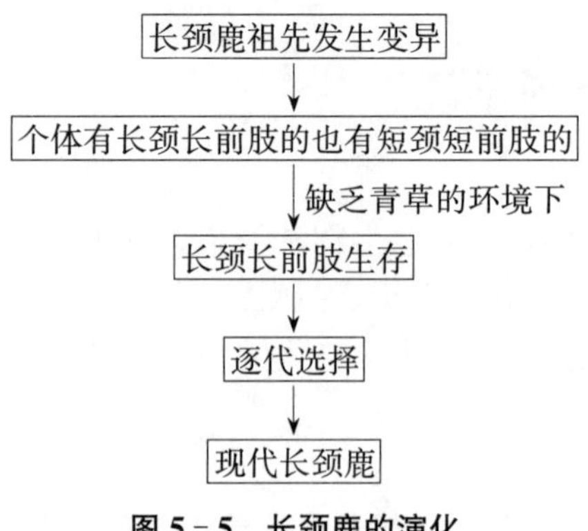

图5-5 长颈鹿的演化

练习题

1. 长颈鹿的颈很长，按照达尔文的观点，其原因是(　　)。
   A. 变异朝着有利于生殖的方向发展的结果
   B. 繁衍后代的需要
   C. 代代经常使用(吃高处的叶子)的结果
   D. 颈短的个体被淘汰，颈长的个体被保留，是选择的结果

2. 一对家蝇繁殖一年，若每代1000个卵，如果后代不死亡，后代可以把整个地球覆盖2.54 cm之厚，这体现了达尔文自然选择学说中的(　　)。
   A. 遗传变异　　B. 适者生存　　C. 繁殖过剩　　D. 生存斗争

3. 海洋中的小岛上，只有翅膀异常发达，或者没有翅膀的昆虫可以存活，请根据达尔文的自然选择学说解释飞翔能力不同的昆虫个体的不同命运。

4. 请根据达尔文的自然选择学说解释斑马的进化。

5. 用达尔文自然选择学说解释。狼群中存在不同种类的个体，有的跑得快，有的跑得慢，这说明生物普遍具有______，而这种特征一般是随机产生的，随着环境的变化，鹿的减少，跑得快且凶狠的狼获得食物生存下去，这就是______，食物和环境对狼起到了________作用，这种作用是________的，决定着生物进化的________。

5.3　自然选择的三种模式

定向性选择为抗性选择，结果是选择了种群中的极端类型。即把趋于某一极端的变异保留下来，淘汰掉另一极端的变异，使生物类型朝某一变异方向发展，这种类型也称单向性选择。这种选择的结果也会使变异的范围逐渐趋于缩小，群体基因型组成趋向于纯合。定向选择多见于环境条件逐渐发生变化的群体中，人工选择大多属于这种类型。桦尺蠖的工业黑化也是此类型的自然选择。

稳定型选择即选择中间类型而淘汰两极端类型，是对抗基因突变和基因漂变的选择，使适应性强的个体稳定地存在。选择的结果使性状的变异范围不断缩小，群体的基因型组成更趋于纯合。据报道，人类新生儿体重为3 kg平均体重左右者，其死亡率最低，过轻或过重者死亡率均较高。

分裂选择即淘汰中间类型，保持两极端类型的选择。例如克格伦岛上的昆虫正是向不同的方向进化，才逐渐形成残翅、无翅或翅膀特别发达这两种类型，而具有一般飞行能力的昆虫逐渐被淘汰了。达尔文对此的解释是：由于海岛上经常刮大风，那些有翅能飞但翅膀不够强大的昆虫，就常常被大风吹到海里，因而生存和繁殖后代的机会较少，而无翅或残翅的昆虫，由于不能飞翔，就不容易吹到海里，因而生存和繁殖的机会较多。这说明在一定的环境中，生物能否生存下来并繁衍后代取决于生物对环境的适应能力。

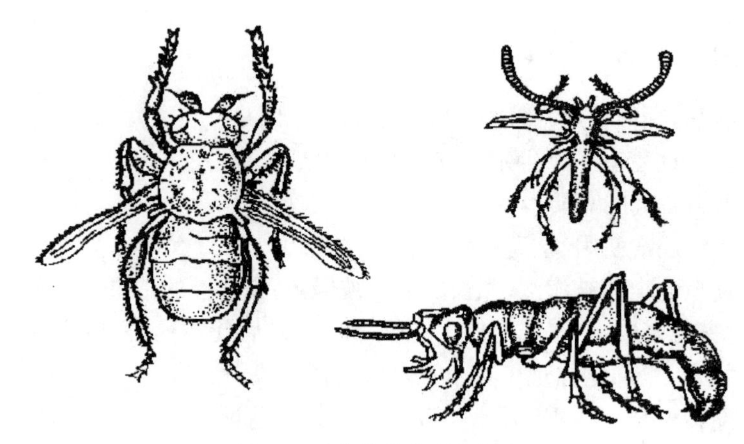

图 5-6　克格伦岛上的昆虫

练※习※题

1. 不同颜色的英国椒花蛾的相对比例的变化，是(　　)。
   A. 定向性选择　B. 稳定性选择　C. 中断性选择　D. 分裂选择
2. 海洋中的小岛上，飞翔能力不同的昆虫个体命运不同，这种选择模式是(　　)。
   A. 定向选择　B. 稳定性选择　C. 中断选择　D. 分裂选择

5.4　物种的形成

物种形成有三个环节，即可遗传的变异是物种形成的原材料；选择影响物种形成的方向；隔离是物种形成的重要条件。

同种生物的不同群体，由于某种原因隔离开，这样，彼此之间没有进行杂交的机会，也就没有进行基因交流的机会，这就是隔离。例如，由于高山的阻隔，一个山谷中的某种陆生螺类不能与另一个山谷中的同种陆生螺类进行交配，从而造成隔离。环境隔离是物种形成的重要条件，生殖隔离是物种形成的主要标志，基因突变和染色体畸变等遗传物质的改变为进化提供原材料。

物种通过生殖隔离形成，隔离分为两类，配合前隔离与配合后隔离。配合前隔离由自然选择引起，包括生态隔离或栖息地隔离、时间或季节隔离、行为隔离、配子隔离等。配合后隔离是由基因不亲和性引起，包括杂种不育，主要表现为生殖细胞形成过程中发生紊乱和异常。

生态隔离或栖息地隔离是指不同物种对不同生境的依附使之不能相遇或减少相遇的机会，如依附于不同寄主的近缘种所产生的生殖隔离称为寄主隔离，不同物种占据不同生态位构成生态隔离。时间或季节隔离是由于生殖季节的不同产生的隔离。如美洲蟾蜍

Bufo americanus 和 *Bufo fowleri* 的生境与繁殖时间均不同，一在林带，早春繁殖，一在草原，繁殖较晚。在自然状态下两者相遇机会极少。行为隔离是由于求偶动作、求偶信号（声、光、性信息素）的发放和接受等行为上的不同所造成的隔离，是有效的配合前隔离机制。配子隔离是指精子只被某些雌性个体的生殖系统接受，或只在一定的物理、化学条件下存活起受精作用。异种配子往往不能结合，即使交配但不能受精。

配合后隔离由基因不亲和性引起，包括杂种不育，主要表现为生殖细胞形成过程中发生紊乱和异常。配合后隔离程度和形式不同，胚胎期死亡、流产、发育不全、生活力底下或没有繁殖能力；杂种二代尚能存活但不能延续很久；杂种本身具有体质优势，但完全不育，如骡。

练※习※题

1. 区分物种的一个最主要的根据是（　　）。
   A. 有无生殖隔离　　B. 有无生态隔离
   C. 有无地理隔离　　D. 有无形态隔离
2. 树棉（*Gossypium arboreum*）与草棉（*Gossypium herbaceum*）之间的 F1 杂种是健壮而可孕的，但其 F2 太弱，以致不能生存。这种隔离属于（　　）。
   A. 杂种不活　　B. 杂种破落　　C. 杂种不育　　D. 配子体隔离
3. 雌马和雄驴产生骡，骡子不能繁育后代，这种隔离属于（　　）。
   A. 杂种不活　　B. 杂种破落　　C. 杂种不育　　D. 配子体隔离

5.5 生物进化的趋势

在生物进化的漫长岁月中，很多物种绝灭了。现存的物种顶多不过是全部种数的千分之一到十万分之一。古生物学和地质学的研究告诉我们，大约每隔 2600 万年～2800 万年，生物界就要发生一次大规模的物种绝灭（extinction）。例如，发生在二叠纪之末的一次大绝灭，约有 50%以上的物种死亡。发生在白垩纪之末的恐龙的绝灭也是很大的，并且是很有名的一次绝灭。除恐龙外，大的陆生动物、很多温带植物、几乎所有海洋浮游生物和很多脊椎动物也都一同绝灭了。只有小型陆生动物、淡水生物和热带植物似乎没有受到影响。

总的来说，生物进化的趋势大致是生物的种类由少到多，生活环境由水生到陆生，身体的结构由简单到复杂、由低等向高等发展。

练※习※题

1. 【判断】现存的物种顶多不过是全部种数的千分之一到十万分之一。（　　）。
2. 【判断】古生物学和地质学的研究表明，大约每隔 2600 万年，生物界就要发生一次大规模的物种绝灭。 (　　)。

5.6 生物多样性

生物多样性是指所有来源的活的生物体中的变异性，这些来源包括陆地、海洋和其他水生生态系统及其所构成的生态综合体；这包括物种内、物种之间和生态系统的多样性。生物多样性包括物种多样性、遗传多样性以及生态系统多样性。

物种多样性是指地球上动物、植物、微生物等生物种类的丰富程度。它包含两个方面的含义：一定区域内物种的总和；生态学方面物种分布的均匀程度。

广义的遗传多样性是指地球上所有生物携带的遗传信息的总和。狭义的遗传多样性是指种内不同群体间（两个隔离地理种群间）及单个群体（种群）内个体间的遗传变异总和，即基因多样性。研究遗传多样性的意义有指导人类生存和社会发展的基础；有助于追溯生物进化的历史；指导制定保护策略和措施；探究现存生物进化的潜能；预测物种未来的发展趋势；可以评估现存的各种生物的生存状况。

生态系统多样性是指生物圈内生境、生物群落和生态系统的多样性以及生态系统内生境差异、生态过程变化的惊人的多样性。代表各种不同生境条件下物种的群集反应；此处的生境是指无机（理化）环境，如气候、地貌、地形、土壤、水文等。

生态系统多样性是生物多样性研究的重点。从基因到景观乃至生物圈的不同水平研究综合，例如，濒危物种的保护从不同水平上探索物种濒危机制，从生境或生态系统水平上考虑保护措施。生态系统多样性维持机制的机制研究不仅注重生境，更注重不同生物类群的作用，及其相互关系对系统稳定性的影响。

对于人类来说，生物多样性具有巨大的价值，包括以下三个方面：直接使用价值、间接使用价值以及潜在使用价值。许多野生动植物具有药用价值，五灵脂是复齿鼯鼠等的粪便，具有活血、化瘀、止痛等药效。霍霍巴种子可以提炼油脂，代替鲸的油脂做高级润滑油原料。生物的多样性具有科学研究价值。例如野生生物为杂交育种提供基因库，生物体的器官及其生理功能，启示科学技术发明创造。

生物多样性具有重要的生态功能。每一种野生生物都对生态系统的稳定性做出了贡献。一旦减少，人类的生存环境将受影响。面对大量的野生生物，我们目前尚不清楚它们的使用价值，但是它们具有巨大的潜在使用价值。

所有物种都有自身的价值和存在的意义，人类无权贬低它们。

练※习※题

1.（　　）是生物多样性研究的重点。

A. 物种多样性　　B. 生态系统多样性

C. 遗传多样性　　D. 景观多样性

2. 地球上动物、植物、微生物等生物种类的丰富程度是指(　　)。

A. 生态系统多样性　　B. 物种多样性

C. 遗传多样性　　D. 景观多样性

3.【判断】我国是生物种类多样性最丰富的国家之一。由于人们不合理利用野生生物资源,我国也是生物多样性面临严重威胁的国家之一。(　　)

4.【判断】所有物种都有自身的价值和存在的意义,人类无权贬低它们。(　　)

5. 简述生物多样性的价值。

5.7 生物的类群

面对包罗万象、千姿百态的生物,人们在生活和生产实践中,为了便于对生物进行研究和利用,按照它们的异同程度,从简单到复杂、从低等到高等进行分类。目前常用的生物分界系统是三主干六大界的分解学说。三主干是指真核生物、真细菌和古细菌三个主群。古细菌主群算一界,种类最少,大约有数十种到数百种。真细菌也算一界,它包括古细菌以外的所有原核生物。真核生物主群最庞大,包括原生生物、真菌、植物和动物四界。

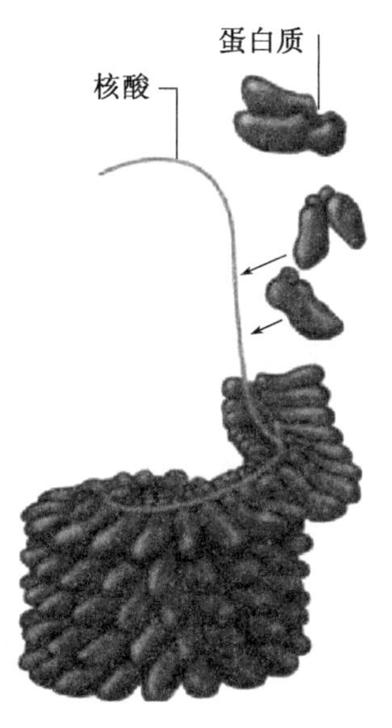

图5-7 病毒结构

病毒不具有细胞形态结构,仅由核酸和蛋白质构成。病毒是不是生物,长期以来存在争议,在各界分类系统中都没有病毒分类地位。但是,人们一直以来又是把病毒当作重要的生物进行研究,因此,有人把病毒称作分子生物。

病毒的主要特征是:体积微小、结构简单、细胞内寄生、对抗生素不敏感。病毒只有一种核酸(RNA或DNA),并都有遗传活性,无蛋白质合成和能量代谢的机制。

5.7.1 古细菌

古细菌又称作嗜极细菌,生活在极端环境,例如高温、高盐、高压、极端酸碱等环境下,在生理、生化和分子机制方面与真细菌之间存在着巨大的差别。根据其所耐受的环境条件不同,可将它们分为嗜热菌、嗜冷菌、嗜盐菌、嗜碱菌、嗜酸菌、嗜压菌等。嗜热菌的生长温度为50 ℃~90 ℃,还有一些超嗜热菌能在90 ℃以上温度下生长,例如在大洋洋嵴水热喷口的一种古细菌,生存在3×10^4 kPa,250 ℃的极端环境下(Baross和Deming,1983)。

表 5-1　古细菌、真细菌与真核生物特征比较

	古细菌	真细菌	真核生物
核膜	无	无	有
膜围细胞器	无	无	有
鞭毛	无“9+2”结构	无“9+2”结构	有“9+2”结构
DNA 与基因	环状，不与蛋白质结合；含有重复序列；存在内含子；富含可转移成分	环状，不与蛋白质结合；基本不含重复序列；极少内含子；很少可转移成分	与染色体的蛋白质结合；含有大量的重复系列；存在内含子；含可转移成分
核糖体	核糖体较真细菌有增大趋势，含有 0 种以上蛋白质	大部分为 70S；含有 55 种蛋白质	核糖体为 80S，含有 70～84 种蛋白质
起始 tRNA	蛋氨酰 tRNA	甲基蛋氨酰 tRNA	蛋氨酰 tRNA
5StRNA 的二级结构	有 5 个螺旋曲；一级结构与真核生物相似	有 4 个螺旋曲；一级结构与真核生物相差甚远	有 5 个螺旋曲
RNA 聚合酶	多亚基组成	较为简单	多亚基组成
细胞壁	主要成分是蛋白质	主要成分是含胞壁酸的肽聚糖	植物细胞的主要成分是纤维素和果胶
蛋白质合成抑制剂	不受链霉素等抑制	受链霉素等抑制	不受链霉素等抑制
细胞膜脂	类异戊二烯酯脂类	酰酯脂类	酰酯脂类
光合色素	细菌视紫红质	细菌叶绿素 a、b	植物含叶绿素 a、b、c

5.7.2　真细菌

真细菌包括古细菌以外的所有原核生物。它们过着典型的独居或群居生活，单细胞，且细胞较小，细胞内没有成形的核，没有核膜，只有一个核区，染色体仅由裸露的 DNA 分子组成，没有线粒体、内质网等细胞器，通常以直接分裂进行繁殖，如细菌、蓝细菌等多数此类。

细菌细胞的外表特征可从形态、大小和细胞间排列方式三方面加以描述。细菌的形态极其简单，主要有球状、杆状和螺旋状。在自然界中，杆菌数量最多，其次为球菌，数量最少的是螺旋菌。

5.7.3　原生生物界

原生生物界包括所有的单细胞真核生物，是真核生物中最低等的类群，包括动物中的原生动物、植物中的藻类和真菌中的黏菌，是其中种类原始、难以划分的真核生物。原生生物界已有明显的成形的细胞核，染色体由 DNA 和蛋白质组成，具有线粒体等细胞器，在自养型中还有叶绿体。通常以核内有丝分裂进行无性繁殖，在寒冷或干旱等不良条件下，也可进行有性生殖，形成合子，度过不良环境。单细胞原生生物虽然没有细胞的分化，但和其他动植物一样，要执行各种生物学功能，这种最全能的细胞，必然要求细胞结构更为复杂。

1. 藻类

藻类是一类具有光合作用色素、无根茎叶分化的自养原植体生物，大多单细胞。团藻、丝藻等都是常见的藻类。丝藻生活在流动的淡水中，丝状体不分枝，基部固着在石块上，叶绿体呈半环状。

红藻多数为多细胞，少数是单细胞，红藻体积差别较大(0.1～2 m)。藻体有简单的丝状体或假薄壁组织形成的叶状体和枝状体，除含有叶绿素、叶黄素和胡萝卜素外，还有藻红素和藻蓝素，使得藻体呈现红色。红枣储存的营养物质为红藻淀粉，与糖原相似。红藻繁殖方式多样，营养繁殖有单细胞纵裂或多细胞体断裂或有丝分裂；无性繁殖产生单孢子。

褐藻为多细胞分支丝状体，有组织分化的藻体，为较高级的类型。除含有叶绿素外，还含有一种特殊的叶黄素岩藻黄素，岩藻黄素掩盖了叶绿素的绿色，使藻体呈现褐色。贮存的营养物质主要为褐藻淀粉和甘露醇。褐藻细胞含有大量的碘。褐藻营养繁殖以断裂为主或形成繁殖枝，无性生殖产游动孢子和静孢子，有性生殖产多室配子囊，进行同配、异配和卵式生殖。海带是人们喜爱的食品，也是褐藻的重要类型之一。

绿藻形态多样，有单细胞、群体或多细胞。有些绿藻与真菌共生形成地衣。绿藻细胞皆有眼点。含叶绿体较多，贮藏食物为淀粉核。绿藻无性生殖产生游动孢子、静孢子和后壁孢子；有性生殖经过配子结合形成合子。衣藻是单细胞的绿藻，有纤维素壁，叶绿体杯状，叶绿体前端或侧面有一红色眼点，细胞核位于细胞中央，夜间进行无性生殖，繁殖几代后才行有性生殖。团藻是群体细胞的绿藻，团藻生活在淡水中，直径约1～2 mm，由数百个至上万个形态结构与衣藻相似的细胞组成。多数生物学家认为绿藻和陆生植物是由它们的共同祖先——古代绿藻进化而来。由古代绿藻演化产生的两个分支就是绿藻和第一个陆生植物。

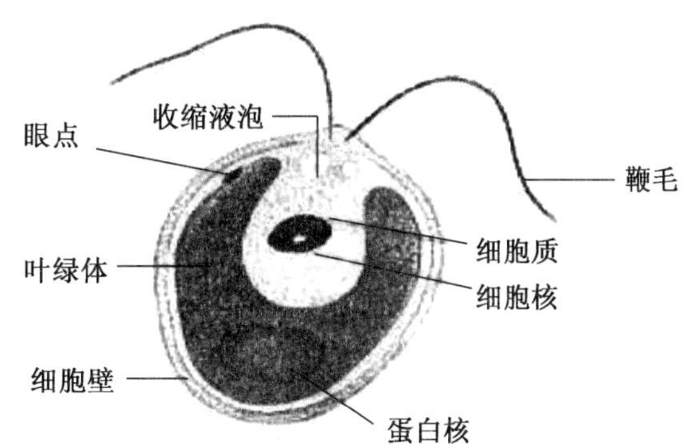

图5-8 衣藻的基本结构

2. 原生动物

原生动物是最低等、最原始的单细胞动物。原生动物大约有3万种，大多数种类生活在有水的环境中，少数种类寄生在其他生物体内。常见的有草履虫、变形虫和疟原虫等。

草履虫生活在有机质丰富、不大流动的淡水中，身体微小，形状像一只倒转的草鞋，前端较圆，后端较尖。整个身体由一个细胞构成。这是一个能独立生活的动物体，能够完成消化、呼吸、排泄、对刺激的反应等一切生理活动。

变形虫身体表面的任何部分都能够向外突出形成伪足，其运动和摄食都是借助伪足的伸缩完成的。寄生在人体小肠内的变形虫叫作痢疾内变形虫，可以使人患“阿米巴痢疾”(也叫赤痢)。

疟原虫是引起疟疾的病原虫，寄生在人体肝脏和红细胞中，使人出现寒战、发烧等症状，严重时引起死亡。疟原虫的另一寄主是按蚊。疟疾就是在按蚊叮人时传染的。

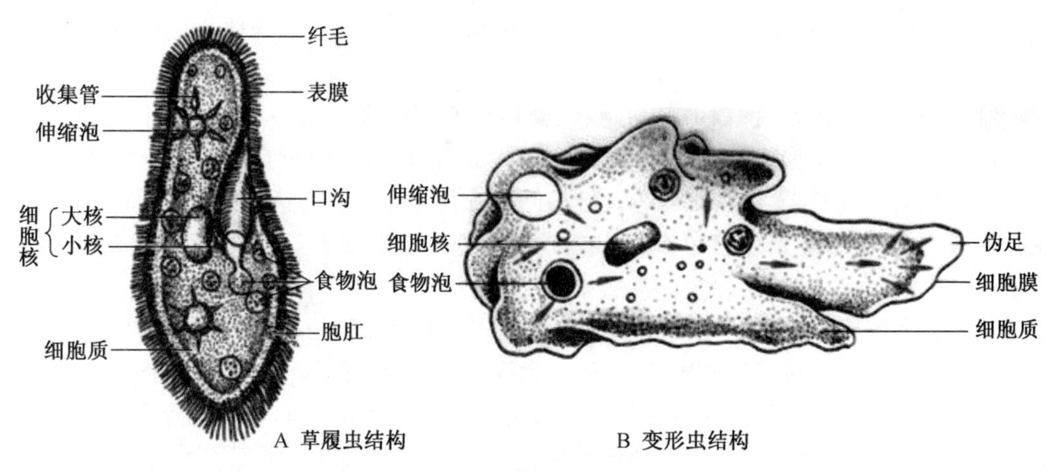

图 5-9 草履虫、变形虫

3. 黏菌

黏菌在营养期为裸露、无细胞壁、多核变形虫状的细胞，原生质成熟时发育为繁殖结构的子实体。其营养期的结构、运动或摄食方式与原生动物中的变形虫相似，但其繁殖期又像真菌中的霉菌，为介于原生动物与真菌之间的真核生物。

5.7.4 真菌

真菌是营吸收异养的多细胞真核生物。根据化石记录，真菌出现于 9 亿年前的元古宙晚期。在 4.3 亿年前，某些真菌伴随植物来到陆地，在之后的 1 亿年里，确立了真菌的 3 个主要类型：接合菌、子囊和担子菌。

真菌细胞不含叶绿素，没有质体，营寄生或腐生生活。真菌贮存的养分主要是糖原，还有少量的蛋白质、脂肪以及微量的维生素。多数真菌有细胞壁，其主要成分是壳多糖。除少数单细胞真菌(酵母)外，绝大多数真菌的生物体由菌丝构成。有些菌丝就是一个长管形细胞，具有很多核，称为无隔菌丝。有些菌丝有横隔，把菌丝隔成许多细胞，每个细胞内含 1 个或 2 个核，称为有隔菌丝。菌丝反复分支形成网络，称为菌丝体。

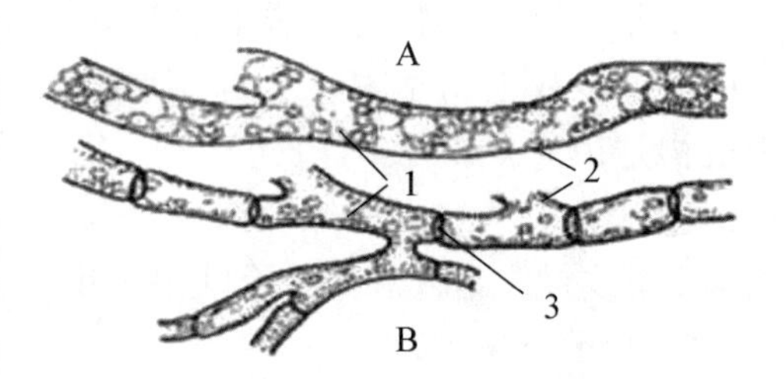

A 无隔菌丝　B 有隔菌丝
1. 原生质　2. 细胞壁　3. 横膈膜
图 5-10 真菌的菌丝

真菌不是植物，不含叶绿素，无根、茎、叶的分化。黑根霉是一种常见的接合菌。馒头、面包上黑色的毛样霉斑就是黑根霉。菌丝体由无隔菌丝组成。火丝菌是常见的子囊菌。其菌丝为有隔菌丝，多分枝。子囊菌是真菌中物种数量最多的一类。许多物种是我们熟知的，并同人类生活有密切的关系。如在酿酒和食品发酵中广泛应用的酵母菌，遗传学中作为研究材料的链孢霉，提取青霉素用的青霉、中药材冬虫夏草，以及危害禾谷类作物的白粉菌、麦角菌。蘑菇是常见的可食用的担子菌。菌丝有横隔。很多担子菌寄生在植物体内,引起作物病害,如玉蜀黍黑粉菌,菌丝寄生在玉米植株上,玉米组织受刺激,长大成瘤,其中充满黑色孢子。小麦秆锈病菌寄生在小麦、大麦上。而木耳、银耳是著名的食用菌。灵芝是著名中药和制造保健食品的一种珍贵的基础材料。地衣是生物扩展生存领域的先驱。在干燥的岩石或树皮上,常有灰白、暗绿、淡黄、鲜红等多种颜色的生物,看起来干枯而无生气,其实生命力极强,这就是地衣。真菌是地衣和绿藻(或蓝细菌)的共生体。地衣可长期保持生命,有些地衣已生活了1000多年,称得上最古老的植物。北极地区的地衣是北极驯鹿的主要食物,有些地衣,如石蕊,可用作酸碱指示剂。

5.7.5 植物多样性

地球上的植物,目前已经知道的有30多万种,它们既有共同的特征,又有各自的特点。根据植物的生殖特点,可以将植物分为孢子植物和种子植物。

5.7.5.1 孢子植物

孢子是一种生殖细胞。孢子脱离母体以后,不经过受精作用就能直接发育成新个体。孢子植物包括苔藓植物和蕨类植物。

苔藓植物没有茎、叶的分化,它们的植物体只是扁平的叶状体;有些苔藓植物,如葫芦

角苔　地线

大灰藓　葫芦藓

图5-11 常见的苔藓植物

藓，具有短小的茎和叶，但是细胞都没有分化出导管和筛管，即没有输导组织，因此，叶又小又薄，而且植株长得很矮小。地上部分体表覆盖着角质层，大多数物种具有假根。有性生殖离不开水，精子需要借助水才能与卵会合。

在植物的生活史中，产生孢子的孢子体世代(2n)与产生配子的配子体世代(n)有规律地交替出现的现象，称为世代交替。不同植物的生活史都包括单倍体核相的配子体与双倍体核相的孢子体世代的交替，但各自的孢子体与配子体的特征及生活期等都有很大的差别。

如图 5－12，葫芦藓在生殖过程中出现了胚。胚在母体内进一步发育，向上长出了一个长柄，长柄的顶端生有一个葫芦状的结构，葫芦藓因此得名。葫芦状的孢子体结构经过减数分裂后产生了许多孢子。这些孢子飞散出来以后，遇到温暖湿润的环境，就会萌发出原丝体，原丝体长有芽，芽发育成葫芦藓植株，这些植株具有叶绿体，可见，葫芦藓的配子体是能进行光合作用的、独立生活的植物体。葫芦藓的雌枝有颈卵器，雄枝有精子器。

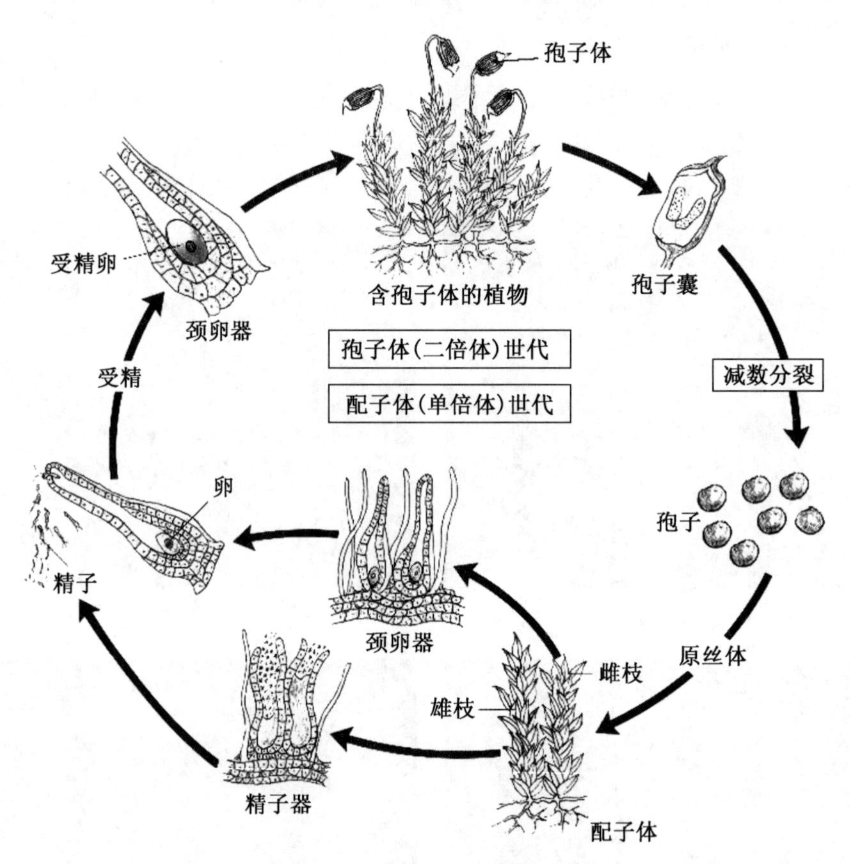

图 5－12　苔藓植物的世代交替

有性生殖时，雄配子体即精子器，产生很多精子，成熟的精子长且卷曲，具有两根鞭毛。雌配子体即颈卵器，其形如瓶，腹部产生一卵。当精子从精子器被释放出来后，借助雨水或露水，凭着鞭毛的运动到达颈卵器。精子和卵融合产生二倍体的合子。合子经过有丝分裂形成孢子体。孢子体由 3 部分组成：上端为孢子囊，又称孢蒴，其下为蒴柄，再下为基足。孢子体离不开配子体，因为基足在配子体的组织中吸收养分。因此，这种孢子体不能独立生活，而是寄生在配子体上。在孢子囊中的孢子母细胞经过减数分裂成单倍体的孢子。减数分裂的完成标志着孢子体世代的结束和配子体世代的开始。最后，孢蒴顶部爆裂，孢子被释放出来，落到条件适宜的地方，再萌发为配子体。

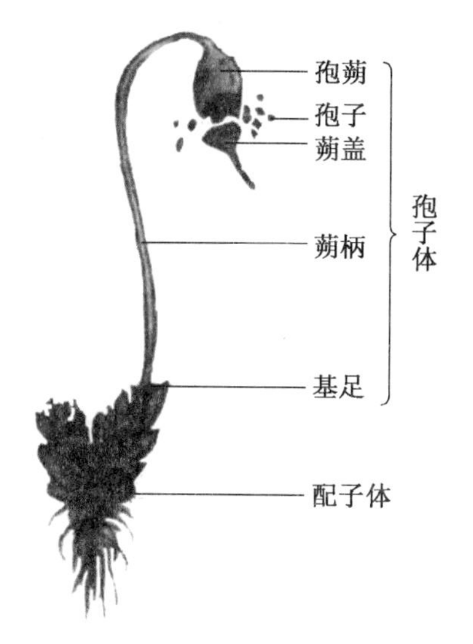

图 5-13 葫芦藓的结构

蕨类植物也称为无种子维管植物。它们与苔藓植物不同：它的孢子体在胚胎阶段附着于配子体并从中获取营养，长大后即伸出配子体，成为营光合作用的自养型植物体；有维管组织；在生活史中，孢子体世代是一个有较大的植株和较长生存时间的阶段。

蕨是一种常见的蕨类植物。如图 5-14，蕨的孢子体有根、茎、叶的分化。茎匍匐于地面或地下。茎中具有维管束和机械组织，维管束中有疏导水分和无机盐的管胞。管胞是一种两头尖细的管状厚壁细胞。成熟的管胞没有细胞质核细胞核，是死细胞。上下的管胞之间相互紧密衔接，水分通过管胞壁上的纹孔，由一个管胞流向另一个管胞。叶为羽状复叶，叶脉分支，页面有角质层和气孔。有些叶的底面有成簇的孢子囊，称为孢子叶。如图 5-15，孢子萌发成为单倍体的配子体。配子体很小，心形，有光合细胞和假根，能独

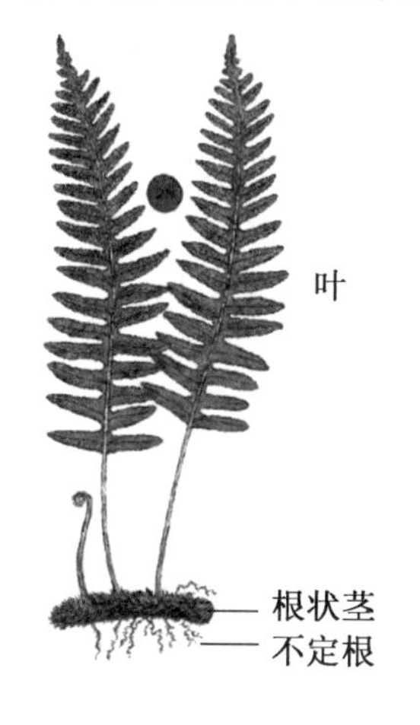

图 5-14 蕨

立生活，称为原叶体。在同一原叶体的背面生有精子器和颈卵器。精子是多鞭毛的，借助一薄层水游入颈卵器，与卵融合成为合子，合子萌发成孢子体，伸出配子体，成为独立生活的生物体，配子体随即死去。

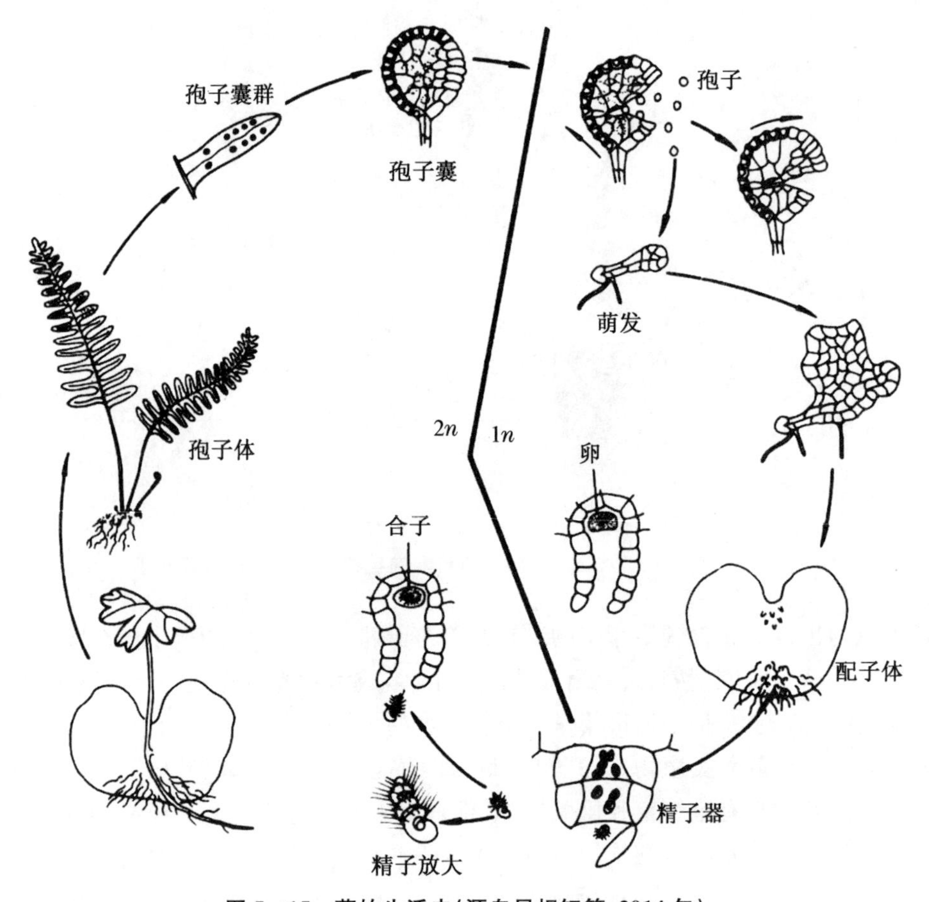

图 5－15　蕨的生活史（源自吴相钰等，2014 年）

蕨类植物的根、茎、叶都具有输导组织。这样，根吸收的水分和无机盐能够较快地输送到叶里，制造的有机物也能较快地输送到茎和根。此外，蕨类植物的根、茎、叶也有机械组织，因此，蕨类植物长得比较高大，抵抗干旱的能力也较强。在植物的进化史上，角质层、气孔、维管系统等性状的出现，使维管植物的孢子体有了新的适应特性，植物有了相当坚强的机械支撑力，不需要水介质的支持而直立于陆地上，植物有了有效地运输水和营养物质的特殊系统，因而能有效地利用土壤中的水分和营养物。蕨类植物的孢子体世代已适应陆地生活，而有性生殖仍依赖水。它们是植物界的“两栖类”。

5.7.5.2　种子植物

种子植物包括裸子植物和被子植物。

裸子植物是一类既保留着颈卵器，又能产生种子，介于蕨类植物和被子植物之间的维管植物。它与无种子维管植物的主要区别在于：有性生殖过程中出现了花粉和花粉管，使受精过程不再需要以水为媒介；出现了种子，在很大程度上加强了对胚的保护，提高了幼小孢子体对不良环境的抵抗能力。

裸子植物孢子体发达，为多年生木本植物，多数只有管胞和筛胞，即有高度分化的维管组织，茎干也有加粗的次生生长。裸子植物除了有根、茎、叶以外，还有球花和种子。裸子植物没有真正的花，仍以孢子叶球作为繁殖器官，保留了颈卵器的结构。胚珠裸露，没有被大孢子叶球包裹起来。孢子叶多聚生成孢子叶球（strobilus），小孢子叶球（雄球花）着生小孢子囊（花粉）；大孢子叶球（雌球花）着生一至数枚裸露胚珠，胚珠受精后发育成种子，但不能形成子房和果实。

松树、银杏、水杉、苏铁等，如图5-16，都是常见的裸子植物。

图5-16 常见的裸子植物

高大的松树是最常见的裸子植物，也是其发达的孢子体。在春季，松树分枝的顶端分别产生雄球果（小孢子叶球）和雌球果（大孢子叶球）。雄球果有许多小孢子叶组成。每个小孢子叶背面有两个小孢子囊，内含很多小孢子母细胞。每个小孢子母细胞经减数分裂形成4个小孢子。

雌球果由很多鳞片状结构组成，其上有一对胚珠。胚珠中的珠心即为大孢子囊，中央有一个大孢子母细胞，经减数分裂形成4个大孢子。仅有一个大孢子发育成多细胞的雌配子体。成熟时，雌配子体顶端形成3～5个颈卵器。每个颈卵器含一个卵细胞。

小孢子经3次分裂形成两个原叶细胞（迅速退化），一个是粉管细胞，一个是生殖细胞，这就是传粉时的花粉。花粉有能抵抗干旱的外壁，上面有“翅”状突起，可以随风飘荡到很远的地方。花粉从孢子囊散出后，总有少许花粉有机会落到雌球果上，长出花粉管并到达颈卵器。此时，花粉中的生殖细胞分裂为柄细胞和体细胞。后者再分裂为两个精子。精子和卵结合成为合子。合子发育成胚，这是另一个世代的幼小孢子体。胚受到很好的包装。珠被属于前一世代孢子体的部分，现在变成种皮，保护着幼胚。原来的雌配子体变成胚乳，供给幼胚营养。整个胚珠变成了种子，如图5-17。

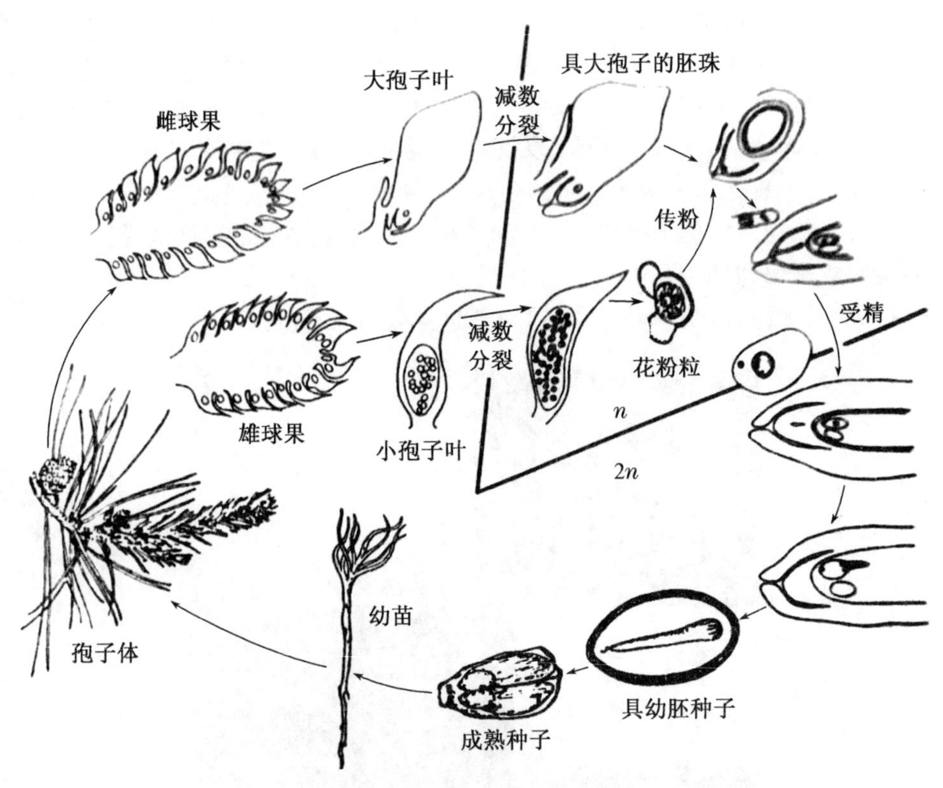

图 5-17　松的生活史(源自吴相钰等,2014 年)

春天,当雄球果成熟时,释放出云雾般的花粉。可以看到淡黄色的花粉成片漂浮在池塘里,覆盖在附近的轿车车顶上。只有极少部分落在雌球果上。裸子植物以浪费大量小孢子和雄配子体为代价,在有性生殖过程中摆脱了对水的依赖,加上种子抵抗不良环境的包装,裸子植物因此不再为湿地所局限,分布在更为干旱和寒冷的地区。裸子植物的孢子体也进一步向着适应陆地环境的方向发展。

在距今 2.8 亿年前的二叠纪早期,地球的大部分地区出现酷暑、干旱的气候。许多在石炭纪盛极一时的无种子维管植物(如蕨类植物)因不能适应环境的变化而走向衰落和灭绝。裸子植物兴起并取而代之,成为地球生态系统的主角。直到中生代末期,裸子植物才把主角位置让给了被子植物。至今在欧亚大陆和北美洲的北部还可看到大面积的针叶林。在低纬度的高山地区,也能看到繁盛的针叶林。

被子植物是当今世界上最高等、最繁盛、分布最广的植物。有完善而复杂的营养器官和生殖器官,有真正的花,胚珠包在子房里,受精后胚珠发育成种子,子房发育成果实。

最早的被子植物来自白垩纪地层。到了新生代,被子植物发展成陆地植被中最重要的植物。时至今日,针叶林在欧亚大陆的北部占优势,而被子植物则在其他大部分地区占优势。

被子植物的孢子体高度发展和分化,具典型的根、茎、叶、花、果实和种子等器官。生殖器官特化成为花的构造,雄蕊的花粉囊中有花粉母细胞,即小孢子母细胞,经减数分裂可产生 4 个单倍体的小孢子,这就是由一个细胞组成的花粉粒。小孢子的形成标志着二倍体的孢子体世代的结束和单倍体的配子体世代的开始。小孢子经过有丝分裂形成含有两个细胞的花粉粒，一个细胞为粉管细胞(营养细胞)，一个为生殖细胞。此时的花粉粒已成为雄配子体。随后生殖细胞也可在花粉中再进行一次有丝分裂，形成两个精子。含有两个或三个细胞的花粉粒是成熟的花粉粒。

雌蕊中胚珠的珠心含有胚囊，胚囊发育成大孢子母细胞，二倍体的大孢子母细胞经减数分裂产生4个单倍体的大孢子。它标志着二倍体的孢子体世代的结束和单倍体的配子体世代的开始。4个大孢子中只有一个大孢子经有丝分裂形成有7个细胞组成的胚囊及雌配子体。7个细胞中有一个是卵，一个是含有两个核的中央细胞。成熟的花粉被传送到雌蕊的柱头上，在上面萌发出花粉管，伸向胚珠。在花粉管中，尚未分裂的生殖细胞分裂成两个精子。花粉管到达胚囊，释放出两个精子，一个精子与卵结合形成二倍体的合子，一个精子与中央细胞的两个极核结合形成三倍体的胚乳母细胞。受精作用和合子的形成标志着单倍体配子体世代的结束和二倍体孢子体世代的开始，如图5-18。合子经有丝分裂成为种子中的胚，种子萌发，胚发育为成熟的孢子体。花就是孢子体的生殖器。

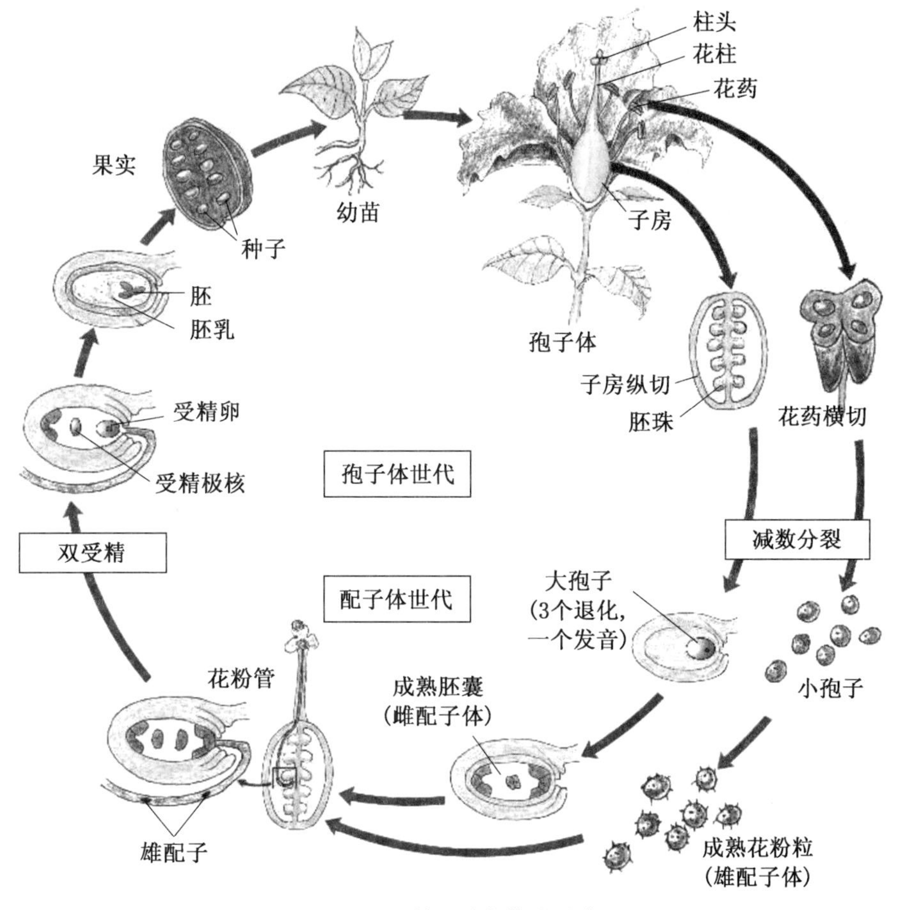

图5-18　被子植物的生活史

5.7.5.3 稀有植物

普陀鹅耳枥:落叶乔木,雌雄同株,雄花序短于雌花序。雄、雌花于4月上旬开放,果实于9月底10月初成熟。具有耐阴、耐旱、抗风等特性。为中国特有珍稀植物,现仅存一株,在保存物种和自然景观方面都有重要意义,是国家一级保护濒危种。

为什么全世界只有这一棵普陀鹅耳枥树呢?

这是因为:虽然普陀鹅耳枥雌雄同株,但是雌花雄花开花的时间是错开的,一个在三四月份开花,一个在七八月份开花,错过了授粉的时机,使得它们繁衍后代成了一个大问题。现代科技的发展帮了它一个忙,为了抢救这一濒危树种,植物学家通过有性和无性繁殖已经培育了500多株幼苗,并进行了迁地保护,现最大树苗已达4.5米高,不久以后,我们将看到更多的普陀鹅耳枥。然而,还是有一个不解之谜:既然普陀鹅耳枥是花期错开的,那么它的第一棵树是从哪里来的,大自然留下了无穷的奥秘,还等着我们去探索。

绒毛皂荚:学名为 *Gleditsia vestita*。现仅存2株。因荚果密被黄绿色绒毛而得名,花杂性,结果极少。本树木材致密,荚果可作洗涤剂,植株具有园林观赏价值。本种是豆科中较原始的种类,对分类系统研究有重要意义。我国独有的世界珍稀植物。本种仅产于湖南南岳广济寺附近山谷和溪边。对仅存的老树应严加保护,并积极开展繁殖、引种研究,长沙已有栽培。

冷杉:学名为 *Abies beshanzuensis*,我国特有的古老残遗植物,也是我国东南沿海唯一残存至今的冷杉属植物。1987年,国际物种生存委员会将百山祖冷杉公布为世界最受严重威胁的12个濒危物种之一。

羊角槭:学名为 *Acer yangjuechi*,槭树科落叶乔木,现仅存4棵,濒危种,国家二级保护植物。植物种子不孕率高,天然更新能力很弱。与产于日本北海道的日本羊角槭具有一定的亲缘关系,是古老的残遗种,具有重要的科学价值。

天目铁木:学名为 *Ostrya rehderiana*,桦木科落叶乔木,天目铁木分布极窄,数量极少。我国特有物种,仅产于浙江西天目山,目前只残存5株,损伤严重。其中胸径达1米的大树主干顶稍已断,另高达18~21米的4株,其中下部侧枝几乎全部砍掉,生境受到破坏,更新能力很弱,幼苗极少。

华盖木:学名为 *Manglietiastrum sinicum*,木兰科常绿乔木,仅存6株,稀有物种。华盖木为单型属,只有1个,且成株过于稀少,虽开花结果正常,但每果成熟的种子很少,在原生母树周围一直未见幼苗,天然更新能力较低。国家一级保护植物。

滇桐:学名为 *Craigia yunnanensis*,现仅存6株,椴树科常绿乔木,濒危种。国家二级保护植物。中国西南特有种,也是滇桐属这一寡种属的主要树种之一,在区系地理研究和选育珍贵树种应用中均有重要价值。高6~20米,嫩枝无毛,顶芽有灰白色毛。

膝柄木:学名为 *Bhesa sinensis*,现仅存10株。卫矛科半常绿乔木,濒危种,国家一级保护植物。我国仅此一种。广西西南部发现的膝柄木是该属分布最北的种类。对研究我国种子植物区系地理及其热带亲缘具有重要的科学价值。

荷叶铁线蕨:又名荷叶金钱草,学名 *Adiantum reniforme*,铁线蕨科铁线蕨属草本植物。多年生草本蕨类。高5~20厘米。根状茎短而直立。叶椭圆肾形,宽2~6厘米。仅发现于四川万县和石柱县局部地区。已濒临灭绝。该草为中国特有,是铁线蕨科最原始的类型，具有重大研究价值。作为中药历史悠久，植株形态别致优美，观赏性强。

原始观音座莲：仅产于云南东南部局部地区，属濒危种。喜生于季节性雨林阴湿的环境，较高大，株高 80～120 厘米。系蕨类植物中较原始的类型，有一定的研究价值。它的姿态奇异，叶片翠绿，是优美的荫生观赏植物。目前人工繁殖较为困难。

对开蕨：对开蕨是生长在长白山森林中的一种草本植物，由于森林砍伐，生态环境破坏，对开蕨的生存受到严重威胁，现已被定为国家二级保护植物。本种的发现填补了对开蕨属在中国地理分布上的空白，具有一定的研究价值。其叶形奇特，颇为耐寒，雪中亦绿叶葱葱，是珍贵的观赏植物。

光叶蕨：学名为 *Cystoathyrium chinense*，多年生草木，高 40 厘米左右，根状茎粗短，横卧，仅先端及叶柄基部略被一二枚深棕色披针形小鳞片。1963 年发现，到 1984 年仅存极少数量，限于绝灭境地，喜潮湿多雾环境，蹄盖蕨科植物，濒危种，国家一级重点保护野生植物。

桫椤：学名为 *Alsophila spinulosa*，树形蕨类植物，茎直立，高 1～6 米，胸径 10～20 厘米，生长缓慢，生长周期长。生活环境要求温暖而湿润，由于森林植被缩小，气候趋于干燥，使其数量日益减少。加之茎干可入药和栽培附生兰类，已经成为渐危种，为较古老的种群，中生代曾在地球上广为分布，是研究物种形成和植物地理分布关系的理想对象，株形美观别致，可供观赏。

笔筒树：树形蕨类植物，过去知道仅分布于台湾，1982 年在厦门大学附近的山沟中发现此植物之后，在大陆亦有分布。笔筒树形美、高大挺拔，具有重要观赏价值的植物。笔筒树不仅属于地球远古时代残留的树蕨类植物，对古植物的研究有价值，而且亦是研究台湾与大陆植物地理关系的好材料。该植物已被列为国家二级保护对象。这是中国大陆的首次记录。

玉龙蕨：多年生草本，高 10～30 厘米，为我国特有，产于西藏、云南及四川三省毗邻的高山上，零星分布于冰川边缘及雪线附近。由于生存环境恶劣，且每年仅有短暂的暖季，所以七八月地表解冻后，在碎石间隙才见有零星散生的玉龙蕨茁壮成长，它是研究蕨类植物形态和功能统一性的良好材料。

狭叶瓶尔小草：多年生草本，植株高 20～70 厘米。本种分布广泛，但植株小而稀少，又为民间草药，多生于温泉附近，易受人破坏，目前已经陷于濒临灭绝的境地，为渐危种。喜生于气温低、湿度大的环境，并耐瘠薄，适应性强，石缝中也能生长，在东北可耐零下 40 ℃ 的低温。

宽叶水韭：多年生草本，植株高 15～30 厘米，在我国仅分布于云南、贵州及个别地区，为渐危种。本种为沉水植物，常生于山沟小溪中或水流较慢的浅沼泽地。生存环境气候为亚热带季风气候，冬无严寒、夏无酷暑。水韭属为水韭科唯一生存的孑遗属，对研究蕨类植物系统演化及东亚植物区系有一定的研究价值。

中华水韭：多年生沼泽草本，植株高 15～30 厘米。又名华水韭，分布于长江流域下游局部地区，主要生长在浅水沼泽、塘边和山沟淤泥土上。水韭属是水韭科中唯一生存的孑遗属，没有复杂的叶脉组织，在系统演化上有一定研究价值。

鹿角蕨：稀有种。系近年来在我国云南发现的新纪录植物，分布区极狭窄，为海拔

210～950 米热带季雨林中的附生植物。由于森林受到严重破坏，附生母树常遭刀斧之灾，生态系统失调，鹿角蕨也就难于生存。鹿角蕨以腐殖叶聚积落叶、尘土等物质作营养。孢子叶十分别致，形似梅花鹿角，观赏性强。

扇蕨：渐危种。分布于中国西南地区亚热带山地林下，随着森林的砍伐，分布区日益缩减。为多年生草本，植株高达 75 厘米。喜阴耐湿，生于常绿阔叶林及针阔混交林下或沟谷地段。孢子秋冬季成熟。是中国特产的珍奇蕨类之一，在蕨类分类研究方面有学术价值。

中国蕨：稀有种。本种仅分布于云南西部及四川北部少数地区，零星生长在裸露的石岩上或矮灌丛岩缝。极为少见。多年生草本，植株高 18～25 厘米；根状茎短而直立，密被鳞片；鳞片披针形，栗黑色，有棕色狭边，全缘。可能是中国蕨科最原始成员，是研究该科系统发育的良好材料。

海南粗榧：常绿乔木，树干通直，高 20～25 米，胸径可达 60～110 厘米；树皮通常浅褐色或褐色，稀红紫色，裂成片状脱落。树皮、树叶可入药。因天然授粉率低，结果少，又易为鸟食，故难获其种子。分布区主要位于热带与南亚热带，是三尖杉属植物分布最南的种类，有一定的科研价值和经济意义。

篦子三尖杉：濒危种。常绿小乔木或灌木，通常高达 4 米。分布于江西、广东、广西、湖南、湖北、贵州、四川和云南等亚热带低中山地。耐阴，喜温凉湿润的环境。多生于山谷、溪旁常绿阔叶林或常绿落叶阔叶混交林下。花期 3 至 4 月份，种子 9 至 10 月份成熟。为孑遗植物，叶形及排列极特殊，对研究古植物区系和三尖杉属系统有科学意义，叶、枝、根、种都有药用。

红桧：稀有种。仅分布于台湾地区中央山脉中部及北部山地。常绿大乔木，高可达 57 米，地上直径达 6.5 米，喜温和湿润的气候、根系发达，天然更新良好，花期 4 至 5 月份，球果 9 至 10 月份成熟，为我国特有珍贵树种，是东亚最大的树木，树龄可达 3 000 年。由于材质优良，屡遭采伐，分布区逐年缩小，数量日益减少。

巨柏：濒危种。常绿乔木，高达 25～45 米，胸径达 1～3 米。1974 年在西藏东部发现的一种特有植物，分布区狭窄。现有林木的年龄多在百年以上，其中有些是千年古树。它在山坡上天然更新困难，但沿雅鲁藏布江可见其幼苗。

台湾苏铁：渐危种。常绿棕榈植物。分布于台湾、海南。喜阳光和湿润、肥沃土壤，能耐短期干旱，抗火烧、喜温暖、畏冷湿、忌遮阴。为我国特有种，数量极少，生长缓慢，繁殖力又弱。加之森林的破坏、生境的改变和过量的挖掘，已处于濒临灭绝的境地。台湾苏铁是古老的残遗植物，对研究地史变迁和植物区系有一定的价值。

银杏：又名白果、公孙树，著名的“活化石”。中生代曾广泛分布于北半球。落叶大型乔木，高可达 40 米，胸径可达 4 米，雌雄异株。银杏生长较慢，寿命极长，我国有 3 000 年以上的古树。银杏是银杏科唯一生存的种类，具有重要的研究价值，对烟尘和二氧化碳有特殊的抵抗能力，为优良的抗污染树种。

银杉：20 世纪 50 年代在中国发现的松科单型属植物，常绿乔木，具展开的枝条，高达 24 米，胸径通常达 40 厘米；树干通直，树皮暗灰色，裂成不规则的薄片；位于海拔 940～1870 米地带的局部山区。5 月份开花授粉，翌年 6 月份受精；球果 10 月份成熟。银杉是古老的残遗植物,对研究植物和古地理有重要的科研价值。

油杉:渐危种。常绿乔木,高达 30 米,胸径达 1 米以上,我国特有树种,是古老残遗植物。油杉分布于福建、广东、广西南部沿海丘陵地带,是深根性喜光树种,土壤适应性广泛,耐干旱贫瘠。由于人为干扰,破坏严重,目前成片森林极少,多散生在阔叶林中。

海南油杉:濒危种。常绿乔木,高达 30 米,胸径 1～2 米,为我国特有树种。仅见于海南西部海拔 1150～1350 米狭窄地带,地区气候为热带季风区,喜阳光,林内天然更新不良。海南油杉为海南特有的珍稀树种。

太白红杉:渐危种。落叶乔木,高达 8～15 米,胸径可达 60 厘米。仅于秦岭中部高山地带有成片纯林或小块天然林,其余均星散分布在陕西部分海拔 2600～3600 米地区。喜光、耐旱、耐寒、耐瘠薄并抗风。因高寒地带,立地条件差,生长期短,所以生长缓慢。花期 5 至 6 月份,球果 9 月份成熟。为中国特有树种,是秦岭山区唯一生存的落叶松属植物。

白皮云杉:濒危种。常绿乔木,高达 25 米,胸径可达 50 厘米。本种为我国特有。仅产于四川康定,多散生在海拔 2600～3700 米地带,属阴性树种,浅根树种,易风倒风折,数量不多。因采伐范围不断扩大,林木数量日益减少,已陷于濒临绝灭的境地。

华南五针松:渐危种。常绿乔木,高达 30 余米,胸径 50～150 厘米,又名广东五针松,分布零星,数量少,主要见于南岭山地。该树种生态适应性较强,能适应多种土壤,在悬崖陡壁的严酷生境上较常见,可形成小片森林。为阳性树种,在较密的木林中,天然更新困难。花期 4～5 月份,球果翌年 10 月份成熟。

南方铁杉:常绿乔木,高 25～30 米,胸径 40～80 厘米。球果下垂,卵圆形,黄褐色。中国特有第三纪孑遗种。分布于华东、华南和西南地区,生于海拔 600～2100 米处的针阔混交林中,渐危种。此树种之珍贵在于它不仅能提供优质木材,也是地质年代第三纪以后残留的少数植物之一,属我国特有植物。

海南罗汉松:渐危种。海南罗汉松为海南特有种。常绿乔木,高达 16 米,胸径 60 厘米。树皮褐灰色或灰白色,鳞状开裂。零星分布于海南南部五指山、黎母岭、尖峰岭、吊罗山和尖岭等地。由于多年来开发利用,目前仅在南部尚未开发的天然林中有少量分布,资源甚少。

鸡毛松:濒危种。常绿乔木,高达 35 米,胸径达 200 厘米。主要分布于海南、广西及云南等地海拔 400～1100 米地带的山沟与溪涧,在海南组成以它为标志的山地雨林。3 至 4 月份开花,10 至 11 月份种子成熟。

秃杉:世界珍贵物种,第三纪古热带植物区孑遗植物。属常绿大乔木,树形高大挺拔,可高达 75 米,胸径达 360 厘米,主干通直圆满,材质优良,出材率高,用途广,是优良速生用材树种。仅存于我国,间断分布在云南、湖北、四川、贵州等地海拔 500～2600 米的山地沟谷林中。浅根性,侧根、须根发达,中性偏阳树种,花期 4 至 5 月份,球果 10 至 11 月份成熟。

蕉木:濒危种,蕉木属,番荔枝科,常绿乔木,高达 15 米,胸径 50 厘米。仅分布于海南和广西部分地区。常散生在低于海拔的沟谷两侧。生长地属山地热带雨林。喜阴湿,花期 4 至 12 月份,果实冬春两熟。中国独此一种,对研究热带植物有重要意义。

囊瓣木:稀有种,常绿乔木,高达 25 米,胸径 50 厘米,仅分布于海南部分低于海拔

500 米以下的山谷密林中。为番荔枝属植物分布于我国的唯一一个物种，仅生海南，有一定研究价值。喜潮湿荫蔽，多生于静风的缓坡与山谷，在林石间也可长大成材。花期通常 4 月份，果 8 到 9 月份成熟。

人参：渐危种，多年生草本，主根肉质圆柱形或纺锤形，须根细长，主要分布于吉林、黑龙江等地，多生于海拔 400～1000 米的针阔混交林或落叶阔叶林下，喜阴湿冷凉气候，耐寒性强。通常 3 年开花，5～6 年结果，花期 6 至 7 月份，果期 7 至 9 月份。

雪莲：多年生草本，高 15～35 厘米，分布于新疆天山、昆仑山、帕米尔及阿尔泰山海拔 2400～4000 米高山地带，生长缓慢，至少 4 到 5 年才能开花结果，因生长期短，故能在较短时间内迅速发芽、生长、开花和结果，花期 7 月份，果期 8 月份。

海南巴豆：渐危种。落叶或半落叶灌木，高 3～5 米。仅分布于海南部分地区海拔 600 米以下低山丘陵的荒坡及疏林中。耐旱耐贫瘠，喜阳光。天然更新好，花期 3、4 月份，果期 6、7 月份。该种分布仅局限于海南西部干热地带的落叶及半落叶季雨林区，常绿季雨林中少见，对研究这一地区的植物区系有一定价值。

海南大风子：渐危种。常绿乔木，高 15 米，胸径 50 厘米。分布于海南及广西部分地区海拔 500 米以下的低山丘陵。喜生于沟谷和岩石裸露的河岸阶地。天然结实能力差，更新不良。花期 4 至 5 月份，果期 8 至 10 月份。种子油富含副大风子酸和晁横酸等，可供消炎和治麻风病、牛皮癣、风湿病等症。木材结构密致，材质坚硬而重，耐磨、耐腐，为海南的优良名材。

山铜材：又名陈木、马蹄荷，属于金缕梅科，常绿乔木，高达 20 米，胸径 40 厘米。多生于海拔 600～700 米的沟谷季雨林中。生长健壮，枝叶茂密，但结实较少，林下幼苗幼树少见。花期 1 至 2 月份，果实 8 至 9 月份成熟。仅分布于海南南部山地的原始林中。材质硬重，结构细致，纹理直，有光泽，适作建筑、车辆、家具、农具等用材。

海菜花：渐危种。多年生水生草本，茎短缩，叶基生，沉水。分布于云南、贵州、广西和海南部分地区海拔 2700 米以下的湖泊、池塘、沟渠和深水田中。沉水植物，可生长在 4 米的深水中，要求水体干净，喜温暖。一般花期 5 至 10 月份，温暖地区全年有花。

见血封喉：又名箭毒木，桑科，见血封喉属植物。树高可达 40 米，春夏之际开花，秋季结出一个个小梨子一样的红色果实，成熟时变为紫黑色。这种果实味道极苦，含毒素，不能食用。印度、斯里兰卡、缅甸、越南、柬埔寨、马来西亚、印度尼西亚均有分布。树液剧毒，有强心作用。

琼棕：又名陈棕，濒危种。常绿丛生灌木至小乔木状，高 3～8 米，茎直立、粗壮，直径 4～8 厘米。仅分布于海南局部地区海拔 600～900 米山地雨林或沟谷雨林下阴湿环境中。为海南特有种，对研究棕榈科植物的系统发育和植物区系，有一定的科研价值，被列为国家二级保护植物。

海南海桑：濒危种。常绿乔木，高 4～8 米，基围达 2 米以上，分布区极狭小，目前仅有 5 株，树高 8 米的仅有 1 株，其基围 2.3 米，树冠扩展，其余株比较矮小，散生于林缘。在海南辩证齐县海边的红树林内。

海南梧桐：濒危种。落叶乔木，高 18 米，胸径 30～50 厘米，为海南特有种。零星分布于海南局部海拔 400～900 米季节性雨林中。耐荫蔽，在常有云雾的山谷阴湿地生长良好。

5.7.6 动物多样性

现在生活在地球上的动物,已知的大约有150万种。根据其是否有脊索,分为两大类,无脊椎动物(Invertebrates)和脊索动物(Chordata)。

5.7.6.1 无脊椎动物

无脊椎动物的身体内没有由脊椎骨组成的脊柱,主要类群有海绵动物、腔肠动物、扁形动物、线虫动物、环节动物、软体动物、节肢动物以及棘皮动物。动物界中大多数门类(约30个门)属于无脊椎动物,它们都没有脊索。

1. 海绵动物

海绵动物,也称为多孔动物,是最原始、最低等的多细胞动物,绝大多数生活在海洋中,所有的海绵动物都营固着生活。迄今为止,已知海绵动物有8000余种,其中150多种生活在淡水。

海绵动物的身体就像一个有许多小孔的囊状物,它们的体壁由三层细胞组成,其间为中胶层,外层为皮层,内层为胃层。皮层由单层扁平细胞组成,扁平细胞之间有一些孔细胞贯通体壁,带有能收缩的小孔。胃层由单层领细胞组成。中胶层含有变形细胞和骨针。没有神经细胞和其他细胞之间的协调机制,海绵动物可以视为一个原生动物的群体。

海绵(多孔)动物的细胞分化较多,但身体各种机能或多或少是由独立活动的细胞(领鞭毛细胞)完成。无消化腔、神经系统等表明细胞组织分化相当简单。雌雄同体(也有异体)。

海绵动物的胚胎发育等方面与其他多细胞动物显著不同。一般认为海绵动物是多细胞动物进化的一个侧支。

2. 腔肠动物

腔肠动物大多数为群体,生活在海洋中,少数生活在淡水中,为单体,如水螅。现存11 000余种。

腔肠动物出现了固定的辐射对称体质,有水螅型和水母型两种基本形态。水螅型适应固着生活,中胶层较薄,身体呈圆筒状,用身体下端的基盘固着,另一端是周围有触手的口。水母型适应漂浮生活,呈伞状,中胶层较厚。

如果将海绵动物看作是多细胞动物进化的一个侧支,腔肠动物就可能是多细胞动物中最为原始的一类。

腔肠动物的体壁由外胚层、内胚层以及两层细胞之间的中胶层构成。外胚层含4种细胞,上皮肌细胞是基部含有肌原纤维的上皮细胞,腺细胞可以分泌黏液并帮助动物捕食或附着,间细胞可分化成其他皮层细胞和性细胞等,刺细胞外端有刺针,内部有细胞核和刺丝囊,囊内有细长而中空的刺丝。当刺针受刺激时,刺丝向外翻出,可把毒液注入捕获物体内。内胚层中主要有内皮肌细胞和可以分泌消化酶的腺细胞。中胶层的神经细胞彼此相互联络成网状,称为网状神经系统。

水螅生活在缓流而富有水草的河渠中,以水蚤等小动物为食。水螅的体壁围绕形成的空腔叫作消化腔,消化腔与口相通。食物在水螅体内有两种消化方式:内胚层的许多细胞能够将消化液分泌到消化腔中,使食物在消化腔里进行细胞外消化;内胚层的一些细胞能够把食物微粒包进细胞里，进行细胞内消化。不能消化的食物残渣，由口排出体外。

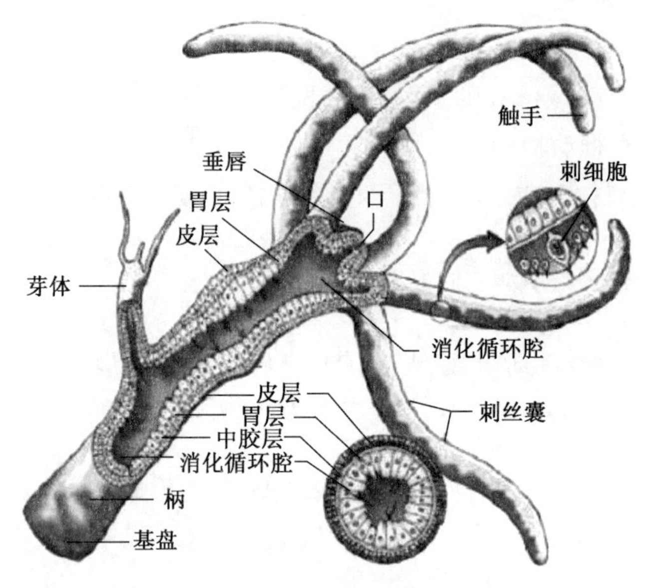

图 5－19　水螅的内部结构

水螅的生殖方式有出芽生殖和有性生殖两种。在营养条件良好、水温适宜时，水螅进行出芽生殖，先在母体的体壁上形成芽体，芽体长大后离开母体，形成独立的新个体。在食物较少、水温较低时，水螅进行有性生殖，在外胚层上形成卵巢和精巢，一个水螅的精子从精巢中出来，在水中游动到另一个水螅的卵巢里，与卵细胞结合形成受精卵。受精卵进行细胞分裂，发育成一个新的水螅。

海月水母的形状就像一把张开的小伞，体态轻盈美丽。其基本结构与水螅相似。只是口生在身体的下边，在海洋中营漂浮生活。珊瑚是由许多珊瑚虫群集而形成的群体。由于珊瑚虫在进行出芽生殖时，芽体不离开母体，就逐渐形成了这种相互连接、共同生活的群体。珊瑚虫的群体有的呈树枝状，有的呈鹿角状，也有的呈现圆块状。大多数珊瑚虫的外胚层能够分泌石灰质的骨骼，人们通常所说的珊瑚就是珊瑚虫群体的骨骼。珊瑚可以作为建筑材料，也可制成工艺品。珊瑚的石灰质骨骼大量堆积，可以形成珊瑚礁和珊瑚岛，如我国的西沙群岛和南沙群岛就是大型的珊瑚岛。

3. *扁形动物*

大多数扁形动物是寄生生活的种类，也有不少自由生活的种类。全世界约有 12 000 种，我国发现近 1000 种。常见的有涡虫、日本血吸虫和猪肉绦虫等。

扁形动物的身体形成了两侧对称的体质，自由生活的种类广泛分布在海洋和淡水中，其中少数在陆地上的潮湿土壤中生活。扁形动物具有外胚层、内胚层和中胚层三个胚层，在体壁和消化管之间没有体腔，身体也出现了器官系统。

扁形动物身体通常背腹扁平，外胚层形成的表皮和中胚层形成的肌肉共同形成了体壁。体壁包裹全身，既有保护身体的作用，又有运动的功能。扁形动物出现了消化系统，包括口、咽、肠，但无肛门。自由生活种类的消化管多有分支，很多寄生生活的消化管比较简单，内寄生的绦虫消化系统则完全退化消失。扁形动物的呼吸靠体表借扩散作用从水中获得氧，并将二氧化碳排至水中，内寄生生活的种类可以行厌氧呼吸。扁形动物出现了原始的排泄系统。扁形动物出现了原始的中枢神经系统，神经系统的前端形成了脑，从脑发出背、腹、侧3对神经索。扁形动物出现了眼点、接受化学刺激的耳突等多种感觉器官。

涡虫栖息在溪流中的石块下，以水生生物和小动物的尸体为食，涡虫的身体长1～1.5 cm。背面灰褐色，腹面颜色较浅，并密生纤毛。身体背腹扁平，形状像柳叶。涡虫身体的前端成三角形，两侧的耳突有感知味觉和嗅觉的作用。头部背面有两个黑色的眼点，能够辨别光线的强弱。涡虫的口在身体腹面后端近三分之一处，口与身体后端之间有一个生殖孔，但是没有肛门。涡虫的身体有明显的背、腹和前、后之分，是左右对称的动物。这种体质的动物与辐射对称相比，能够较快地运动、摄食和适应外界环境的变化。涡虫的肌肉层由中胚层形成，由于肌肉的收缩，涡虫能够做游泳状爬行，因此中胚层的出现增强了扁形动物的运动能力，使它们能够主动地、较快地摄取食物。涡虫有梯状的神经系统，能够对刺激进行定向传导。涡虫的再生能力很强，如果将涡虫的身体切为数小段，经过一段时间后，在适宜的条件下，每一小段都能生长发育成一个完整的涡虫。生物体的一部分受到损伤或切除后，能够重新生成的现象，叫作再生。涡虫身体前段的再生能力比后段强。

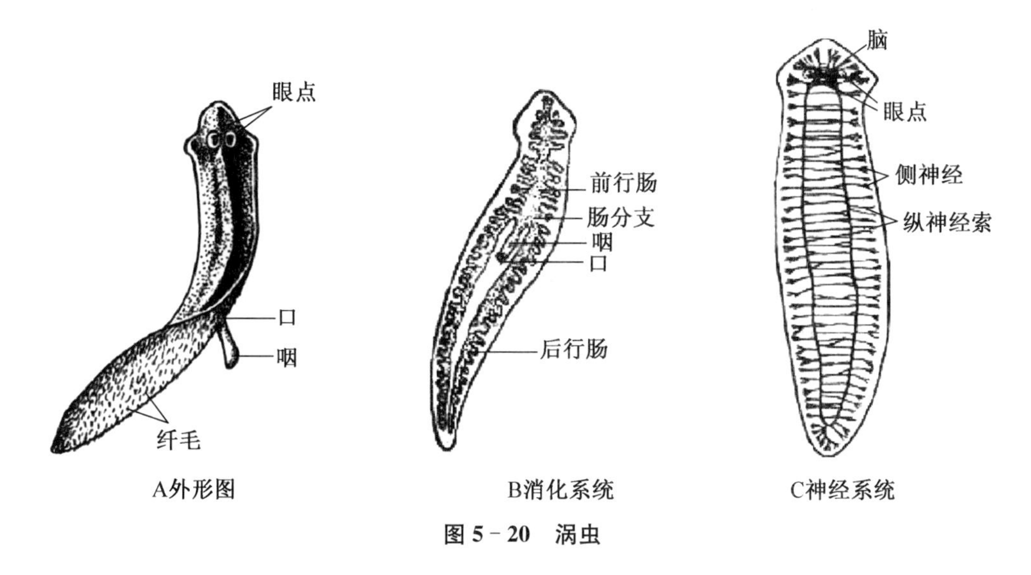

图5－20　涡虫

日本血吸虫长10～26 mm，雌雄异体，寄生在人、牛、狗、猫等的肠系膜的静脉血管中，是我国南方地区严重危害人畜健康的寄生虫。血吸虫病在我国的存在约有2100年，此病曾广泛流行于长江流域以南的广大地区。多少年来，这个“瘟神”致使血吸虫病流行地区千村荒芜，万户灭绝。血吸虫有复杂的生活史。雌雄成虫在人和动物体内交配，虫卵排出体外，孵化成毛蚴。毛蚴进入中间宿主钉螺体内，经过无性生殖产生大量的尾蚴。尾蚴进入水中遇到人畜便可穿过皮肤进入体内。血吸虫造成寄主肝脾肿大，肠壁受阻，便中带血，发烧，消瘦，呕吐腹泻，甚至出现严重腹水等症状。预防血吸虫病必须做好查螺灭螺工作。

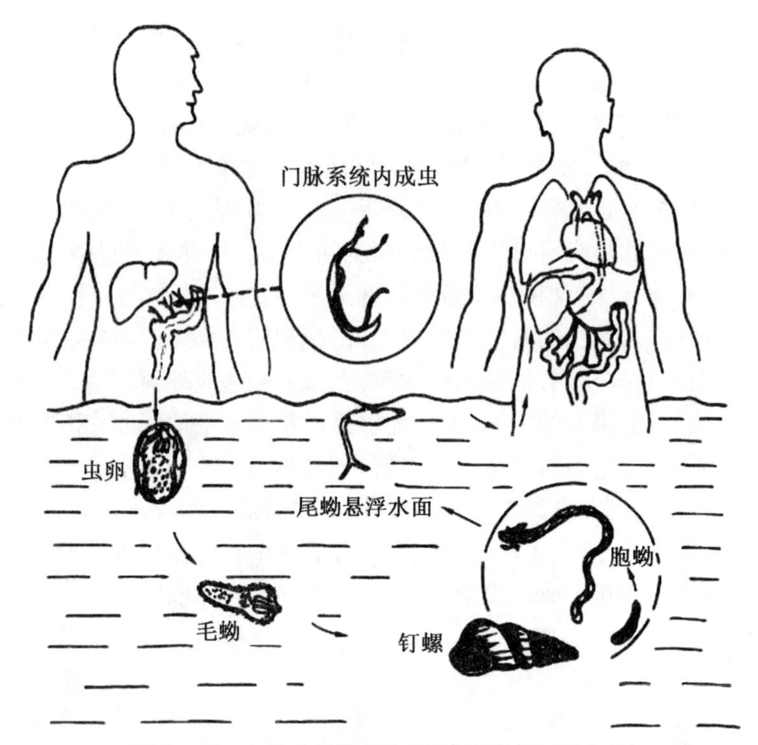

图 5－21　血吸虫的生活史(源自宋思扬,2004 年)

猪肉绦虫是扁形动物中营寄生生活的种类。幼虫寄生在猪的肌肉、舌、脑等部位。成虫寄生在人体的小肠内。含有猪肉绦虫幼虫的猪肉叫作"米猪肉"(也叫"豆猪肉")。人如果误食了没煮熟的"米猪肉",幼虫就会在人体小肠内逐渐发育成 2～4 m 长的白色带状的成虫,没有消化器官,可吸食已经消化的养料,会使人发生营养不良、贫血等症状。人如果误食了含有绦虫卵的食物,绦虫的幼虫会寄生在人体的肌肉、舌、脑、眼等部位,引起肌肉无力、抽搐、失明等症状,严重影响人体的健康。预防猪肉绦虫病的办法是搞好饮食卫生以及严格管理好粪便,避免人的粪便污染猪的饲料。

4. *线虫动物*

线虫动物大多数是寄生在人、家畜和农作物体内的寄生种类,也有少数自由生活的种类。蛔虫和蛲虫都是常见的线虫动物。

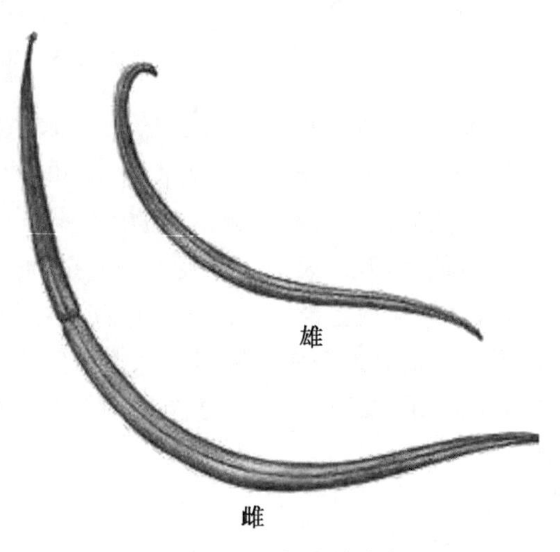

图 5－22　蛔虫的成虫

与扁形动物相比,线虫动物在肠道与体壁之间有了空腔,体壁有中胚层形成的肌肉层,运动能力得到明显加强;腔内充满体腔液,使得腔内的物质出现了简单的流动循环,可以更有效地输送营养物质和代谢产物。线虫动物有完整的消化管,消化管有口、有肛门,使动物的消化管进一步出现分工,消化后的食物残渣可以固定地由肛门排出体外。

蛔虫寄生在人体的小肠里，是最常见的人体寄生虫病。

蛔虫身体细长，成体略带粉红色或微黄色，体表有横纹，雄虫尾部常卷曲。虫卵随粪便排出，卵分受精卵和非受精卵两种。前者金黄色，内有球形卵细胞，两极有新月状空隙；后者窄长，内有一团大小不等的粗大折光颗粒。

蛔虫具有适应寄生生活的许多特点，体表有角质层，能够防止人体消化液的侵蚀，具有保护作用；消化管的结构简单，适于吸食人体小肠内半消化的食物；生殖器官发达，生殖力强，雌虫每天可以产卵约 20 万粒；受精卵对环境的适应力强。

只有受精卵才能卵裂、发育。在 21 ℃～30 ℃、潮湿、氧气充足、荫蔽的泥土中约 10 天左右发育成杆状蚴。脱一次皮变成具有感染性的虫卵，此时如被吞食，卵壳被消化，幼虫在肠内逸出。然后穿过肠壁，进入淋巴腺和肠系膜静脉，经肝、右心、肺，穿过毛细血管到达肺泡，再经气管、喉头的会厌、口腔、食道、胃，回到小肠，整个过程约 25～29 天，脱 3 次皮，再经 1 月余就发育为成虫。

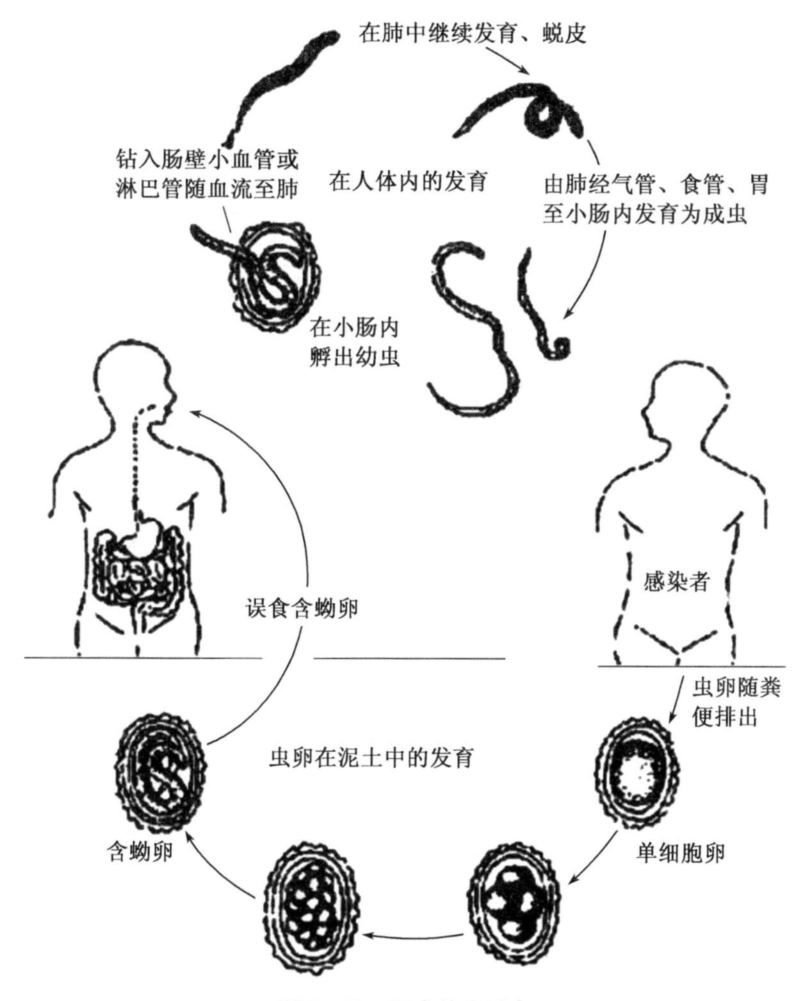

图 5 - 23　蛔虫的生活史

蛔虫病是一种非常容易感染的肠道寄生虫病。中小学生如果不注意饮食卫生，蛔虫病的发病率就会相当高。因此，应该做好预防工作。要养成良好的个人饮食卫生习惯。生吃的蔬菜、瓜、果要洗干净，不要喝不清洁的生水，饭前便后要洗手。其次，一定要管理好粪便，防止蛔虫卵的传播，减少人体患蛔虫病的机会。

5. *环节动物*

世界上目前已记录了9000多种环节动物，比较常见的有沙蚕、蚯蚓、蚂蟥等。环节动物大多数在海水、淡水和土壤中营自由生活，少数营寄生生活。

环节动物的身体是由许多相似的体节组成的，因此而得名。环节动物的身体除了头部以外各环节基本相同，一些内部器官也依体节重复排列，这种分节方式称为同律分节，同时出现了由体壁向外伸出扁平凸起的疣足环节动物广泛分布在海洋、淡水、土壤甚至陆地上，身体两侧对称，具有3个胚层，有发达的真体腔和闭管式的循环系统，身体腹部有链状神经系统。

蚯蚓生活在潮湿、疏松、富含有机质的土壤中。蚯蚓白天在土壤中穴居，以泥土中的有机质为食，夜晚爬出地面，取食地面上的落叶。

蚯蚓的身体呈长圆筒状，有许多体节组成。蚯蚓的整个身体好像是由内外两条管子套在一起似的，外面的管子由体壁包围而成，里面的管子是消化管。体壁和消化管之间的空腔为体腔，体腔被隔膜分成许多个小室，体腔内有体腔液。

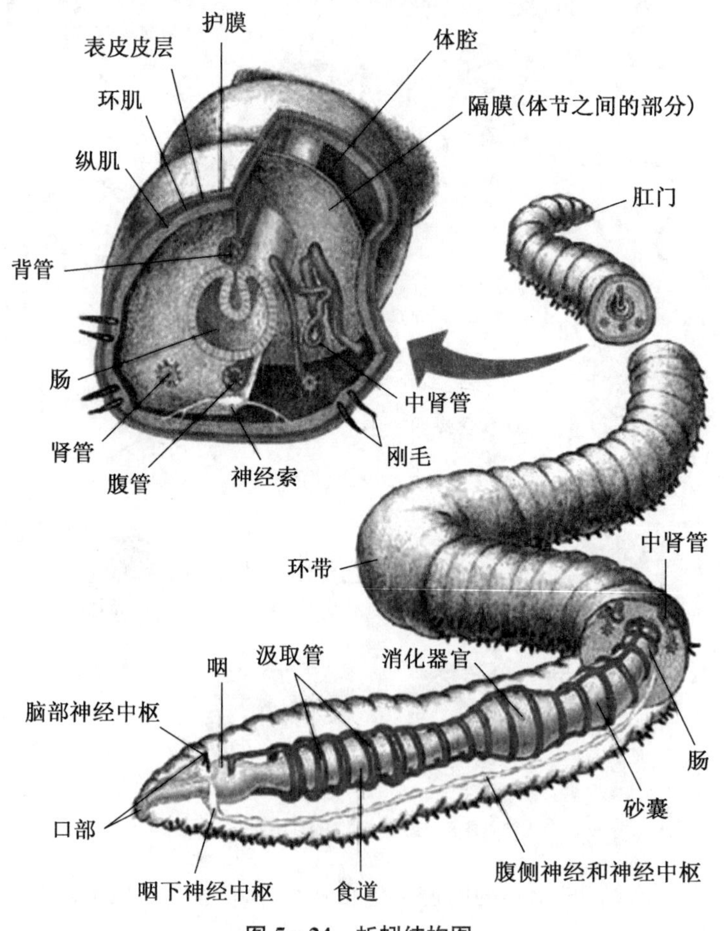

图5-24　蚯蚓结构图

水蛭多数生活在沼泽、沟渠和水田中。

水蛭的身体狭长扁平，有许多体节构成。水蛭身体的前后端各一个吸盘，前吸盘的中央有口，口内有三个颚。水蛭通常用吸盘吸附在人、家畜、小动物的身上，用颚咬破皮肤，然后吸吮血液。它吸血的量可超过其体重的3至4倍。人的皮肤被水蛭吸血后，伤口常会血流不止，这是因为水蛭的唾液中含有水蛭素。水蛭素是一种抗凝血剂，可阻止血液凝固。在医学上可以利用水蛭的这一特性来吸除人体的局部淤血或脓血。

6. 软体动物

世界上已记录的软体动物约11.5万种，还发现了大约3.5万种化石，是目前动物界中已知种类仅次于节肢动物的第二大类群。

软体动物具有3个胚层和真体腔，包括了所有的器官系统，而且相当发达。软体动物的身体是软的，但它们身体外面通常包着硬壳，有些种类的壳则转到体内。虽然软体动物的外形各不相同，但各种软体动物都具有相似的内部结构。身体分为头、足、内脏团和外套膜。

内脏团一般在足的背面，软体动物的消化、生殖等内脏器官都在内脏团里。外套膜是软体动物身体北侧皮肤延伸而形成的，一般包裹了内脏团、鳃甚至足。外套膜、鳃、足之间的空隙称为外套腔。外套膜外侧的表皮还可以分泌石灰质的物质，形成贝壳。

消化系统由口、口腔、胃、肠、肛门构成。肛门通常位于外套腔出水口附近。软体动物食性复杂，既有肉食性的，也有取食海藻、植物的种类，还有滤食和沉积取食的种类。

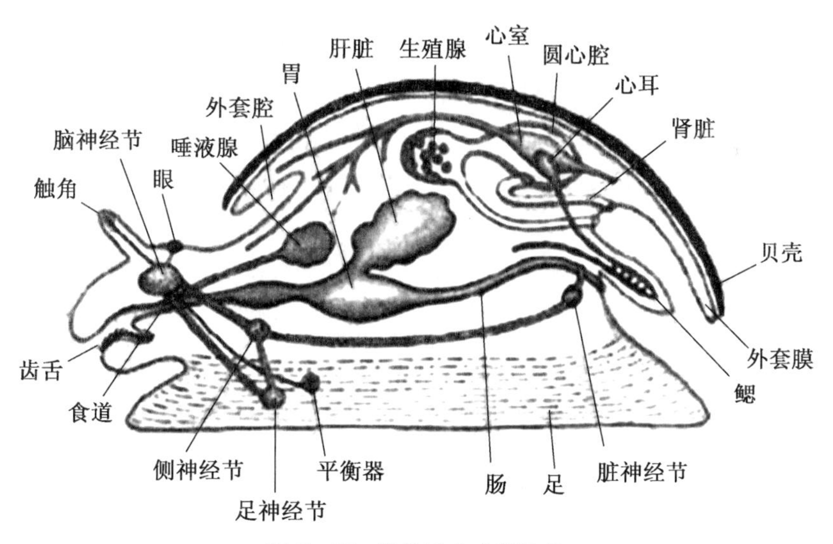

图5－25　软体动物内部结构

蜗牛在春季或夏季的雨后，常常出现在墙角、树干、草和菜叶上。蜗牛种类很多，通常栖息在温暖湿润的环境中，以植物的茎、叶作为食物，常取食农作物内茎、叶片和幼芽。在寒冷的冬季或炎热干燥的夏季，蜗牛能够分泌黏液，将壳口封闭，不吃不动，在枯叶或瓦砾堆中进行冬眠或夏眠。

蜗牛的身体有一个螺旋形的贝壳。壳内贴着一层外套膜。外套膜包裹着柔软的身体。身体可分为头、腹足和内脏团。蜗牛爬行时，头和腹足伸出贝壳外，不活动时则缩进贝壳内。

蜗牛的头部有两对伸缩自如的触角。前面一对较短，能够触探土壤和食物，有触觉的作用；后面一对较长，顶端有眼，能够辨别光线的明暗，并且有嗅觉的作用。

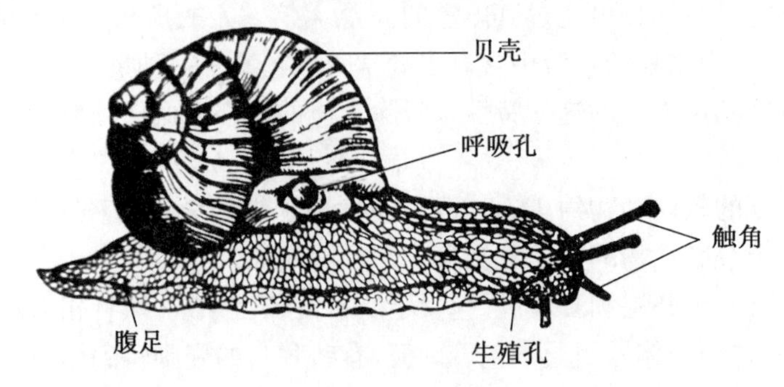

图 5-26　蜗牛

蜗牛的口在头部腹面，适于在爬行时取食。口里有颚片和齿舌。颚片有咀嚼食物的作用。齿舌上有许多倒生的角质小齿，外形似锉刀，可以伸出口外，刮食食物的茎和叶。蜗牛的腹足宽大，肌肉发达，因为位于身体的腹面，所以称为腹足。腹足是蜗牛的运动器官。蜗牛爬行时将腹足紧贴在附着物上，靠腹足的波状蠕动而缓慢滑行。腹足的腹部前端有一个腺体，叫作足腺，可分泌黏液，使腹足经常保持湿润，以免爬行时受到损伤。因此，在蜗牛爬过的地方，总是留下一条黏液的痕迹。

蜗牛爬行时，在贝壳口的右侧外套膜的边缘处会露出一个圆形的小孔，这个小孔能够不断开闭，叫作呼吸孔，这是蜗牛与外界进行气体交换的开口。蜗牛是雌雄同体、异体受精的动物。两只蜗牛之间可以互相受精。完成受精数日以后，受精卵就由位于头部前端右侧的生殖孔排出体外。受精卵产出后埋在土中，借土壤温暖而潮湿的条件自行孵化。

7. 节肢动物

节肢动物是动物界中种类最多、数量最大的一门。现存种类大约有 120 万种，占动物界已知数量的 84%。这些动物广泛分布在海洋、河流和陆地，与人类的关系十分密切。比较常见的有各类虾、蟹等水生的节肢动物，也有蜘蛛、蜈蚣、昆虫等陆生的节肢动物。

节肢动物身体分节，与环节动物的同律分节不同，是异律分节，即不同的体节在一定程度上愈合，形成头部、胸部、腹部等形态不同的体区，完成不同的生理功能。节肢动物有带关节的附肢，附肢形成了口器、触角以及各种类型的足。节肢动物的身体表面有几丁质的外骨骼，生长过程中有蜕皮现象。体腔是混合式，血液与体液混合在一起，循环系统是开放式。

节肢动物体表有坚硬的外骨骼，可有效防止体内水分的散失。由于上皮细胞分泌形成外骨骼后，外骨骼即不再增长，使得身体的生长受到限制，因此，节肢动物在发育过程中有蜕皮现象。节肢动物的肌肉附着在外骨骼的内表面或内突上，靠肌肉的收缩牵引骨板使身体运动。心脏位于节肢动物的消化管背面，属于开放式的循环系统。水生种类的节肢动物一般用鳃呼吸或用书鳃呼吸，陆生的种类则用书肺或气管进行呼吸。鳃是体壁向外的突起，书鳃是体壁向外整齐折叠。书肺是体壁内陷折叠如书页状，以保持书肺处在湿度饱和的小环境中，以便于空气中的氧进行气体交换。无论是书鳃或是书肺都是为了增大体表与水或空气接触的表面积。

气管是节肢动物特有的呼吸器官。气管是体壁内陷分支形成的，气管内壁有角质层成螺旋排列，以保持管壁的形态。气管在体内成管状分支，一直到微气管细胞核成丛的微气管。微气管的末端充满液体，深入到组织和细胞中，直接将氧输送到细胞。

节肢动物是世界上最大的一个动物门类，下面主要介绍昆虫纲、甲壳纲、蛛形纲和多足纲、三叶虫纲和肢口纲。

昆虫纲是节肢动物最大的纲，也是动物界中最大的纲，已知的种类约有100万种，几乎在地球表面的任何地方都有分布。多数昆虫是陆生的，如蝗虫、蜜蜂等；少数昆虫的幼虫是水生的，成虫是陆生的，如蜻蜓、蚊等。

昆虫身体的大小有差别，有小型、中型、大型之分。身体的形状也不相同，有的身体较长，如螳螂；有的呈椭圆形，如金龟子；有的展翅呈飞机形，如蜻蜓。

昆虫的身体分为头、胸、腹三部分。

头部的形状各不相同，有的近似圆球形，如蜻蜓的头部；有的近似三角形，如螳螂的头部。头部生长的触角各式各样。例如，蟋蟀、螳螂的触角呈细丝状，叫作丝状触角。蝴蝶的触角呈打垒球的棒状，叫作棒状触角。蜜蜂的触角呈人的膝关节状，叫作膝状触角。金龟子的触角呈鱼的鳃瓣状，叫作瓣状触角。触角能灵活摆动，有触觉和嗅觉作用。

昆虫头部下方的口器，由于各种昆虫的食性和取食方式不同，形态结构有了特化，形成了不同类型的口器。例如，蝗虫、蟋蟀、蜻蜓、螳螂、金龟子的咀嚼式口器，适于咀嚼动植物组织和其他固体物质。蜜蜂的嚼吸式口器，适于咀嚼花粉和吮吸花蜜。蝴蝶的虹吸式口器，其细长的吸管适于伸进花朵深处吸取花蜜。蝇的舐吸式口器，能够舔吸食物。蝉的刺吸式口器，适于刺入植物组织中吸取汁液。

大多数昆虫的胸部有翅，少数昆虫没有翅。不同种类昆虫的翅，在质地和硬度上有很大的变化。例如，蝗虫的前翅革质，覆盖在后翅的上面，叫作革翅或覆翅。蜜蜂的翅透明，薄膜状，叫作膜翅。金龟子的前翅硬化呈角质，坚硬而厚实，叫作鞘翅。蝶蛾类的翅为膜质，表面长满鳞片，叫作鳞翅。

昆虫的胸部都有前足、中足、后足各一对。昆虫的足大多数是用来行走的，但是，不少昆虫由于生活环境和生活习性不同，足发生了相应的特化。按照昆虫足的功能的不同，可以分成几种不同的类型。例如，蝗虫、蟋蟀的后足适于跳跃，叫作跳跃足。螳螂的前足适于捕捉食物，叫作捕捉足。金龟子的足适于行走，叫作步行足。

昆虫的腹部一般有气门多对，是气体出入的门户。不少雌性昆虫腹部的后端有产卵器。雄性昆虫的腹部后端也有外生殖器。

蝗虫，直翅目昆虫，数量极多，生命力顽强，能栖息在各种场所，有绿色、灰色、褐色或黑褐色，整个身体分为头、胸、腹三部分。蝗虫有两对翅，三对足，能走、能飞，还可以跳跃，是真正的陆生无脊椎动物。蝗虫生活在杂草茂密、地势低洼的地区，主要吃禾本科植物，如芦苇、玉米、稻、粟和高粱等，曾经在我国历史上造成严重危害。

蝗虫的头部是感觉和摄食中心，头部的主要结构有触角、眼和口器。

触角：1对，丝状、分节，是感觉器官，有触觉和嗅觉作用。

眼:蝗虫具有1对复眼和3只单眼。

复眼:位于头部上部,左右两侧各1只,较大,由很多小眼组成,是主要的视觉器官。

单眼:位于复眼和触角中间各1只,还有1只位于头部前方中央偏上,与另两只单眼呈倒等腰三角形。单眼仅能感光。

口器:是蝗虫的取食器官。蝗虫的口器由5部分组成,包括上唇、下唇各1片,上颚、下颚各2片,舌1片。上颚十分坚硬,适于咀嚼,是切断、嚼碎植物茎、叶的主要器官。

蝗虫的胸部是运动中心,分为前胸、中胸和后胸。在蝗虫的前、中、后胸各生有1对足,分别称为前足、中足、后足。足是分节的,后足发达,适于跳跃,叫跳跃足。

在蝗虫的中胸和后胸上各生有1对翅:前翅和后翅。前翅狭长、革质,覆盖于后翅上,起保护作用;后翅宽大、膜质、柔软,常折叠在前翅之下,飞行时展开,是适于飞翔的器官。

蝗虫的腹部由11个体节构成。蝗虫腹部第一节的两侧,各有1个半月形的薄膜,这是蝗虫的听觉器官。在蝗虫中胸、后胸和腹部第一节到第八节两侧相对应的位置上各有1个小孔,这小孔叫气门,共有10对。气门是气体出入蝗虫身体的门户,气体交换是通过气管与组织细胞完成的。

雄蝗的腹部有一对黄白色的精巢,一对细管状的输精管。雌蝗的腹部有一对有许多小管组成的卵巢,一对输卵管。

口腔位于消化道的前端,后接短管状的咽,咽后为食道,食道后是膨大的嗉囊,前胃接嗉囊之后,其管壁富有肌肉,外侧被胃盲囊的前半部包围;中肠(胃)的管状粗长,在与前肠的前胃交界处向前、后伸出指状胃盲囊6个;后肠分为回肠、结肠、直肠三部分,回肠与中肠相接,较粗短,结肠细而弯曲,直肠膨大,内壁增厚形成6个纵列的直肠垫(回收水分),末端开口于肛门。唾液腺1对,位于胸部(前胃)腹面两侧,白色呈葡萄状,有细管通至舌的基部。

脑为位于两复眼之间的淡黄色块状物,由两侧发出一对围咽神经,绕过食道连接于腹面的咽下神经节;腹神经链为接于咽下神经节后面的一对愈合的纵行神经,它在某些体节膨大成神经节,并发出神经到相应的器官。因此,蝗虫的各种活动灵敏而复杂。

蝗虫气管向内,在腹部有许多半透明的丝状细管,这就是气管。蝗虫为有气管呼吸系统,由气门进入的氧气通过气管呼吸系统,可以直接进入组织和细胞内。

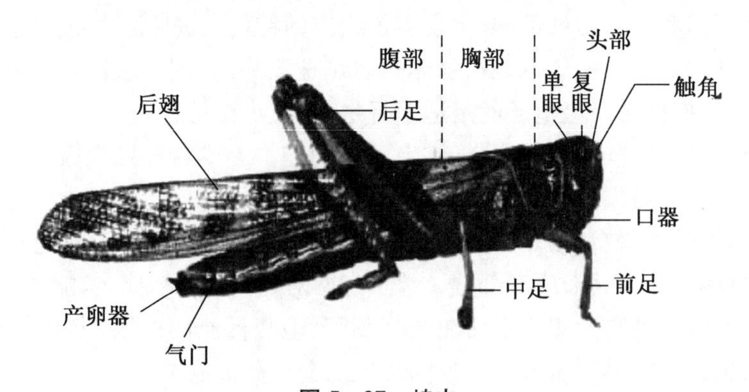

图5-27 蝗虫

虾和蟹的身体表面都批有甲胄状的硬壳，属于节肢动物甲壳纲。虾和蟹的大多数种类都生活在海水中，少数生活在淡水中。目前已知有35 000余种，常见的有对虾、沼虾、河蟹等。甲壳纲身体分为头胸部和腹部，头胸部有13对附肢，包括两对触角。

对虾生活在浅海海底，平时在海底爬行，有时也在海水中游泳，以海水中的浮游生物作为食物。

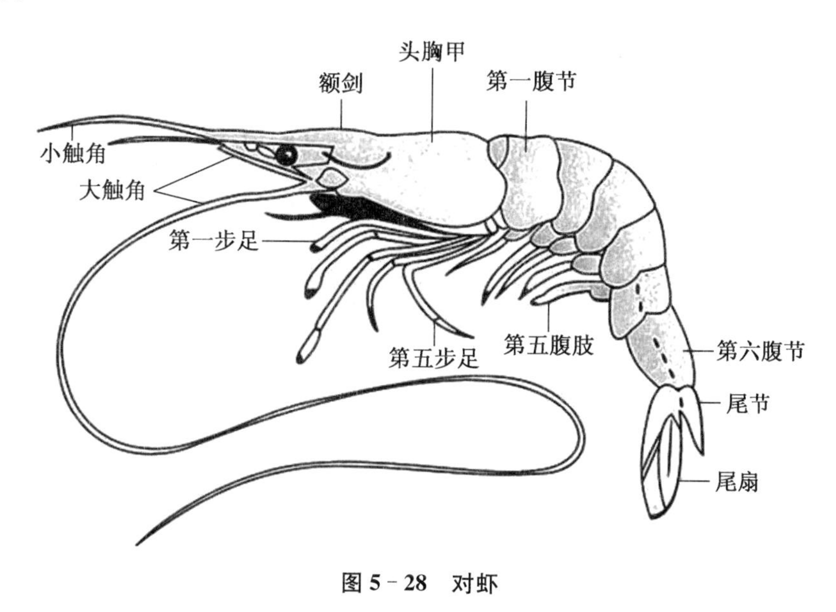

图5-28　对虾

对虾的身体较大，雌虾长18～24 cm，雄虾长13～17 cm。身体长而侧扁，分为头胸部和腹部，头胸部表面披有坚韧的头胸甲。头胸甲的前方伸出一个有锯齿的剑状突起，叫作额剑，它既能分水前进，又是防御和攻击的武器。额剑两旁生有一对带柄的复眼，复眼转动自如，因此，对虾视野很宽。对虾的头胸部有两对触角，一对较短，另一对较长，有触觉和嗅觉的作用。头胸甲的前下方有口器。掀开头胸甲，可以看到两侧有叶片状的鳃，为对虾的呼吸器官。

头胸部的腹面有5对细长、分节的步足。前3对步足的末端有小钳，用来捕捉食物，后2对步足的末节呈爪状，适于在海底爬行。

对虾的腹部有7个体节，腹部各节屈伸自如。在第一至五腹节下方着生有5对片状的游泳足，是对虾的游泳器官。腹部末端的尾节，有1对宽大的尾肢同尾节合成扇形，是对虾在水中上下浮沉和转变游泳方向的器官。

多足纲身体分为头和躯干部，躯干部基本每一体节一对足。目前已知多足纲动物10 500种，主要有蜈蚣、马陆等。

蜈蚣常生活在阴暗潮湿的地方，如石块、朽木、枯叶下。蜈蚣昼伏夜出，捕捉蚯蚓、昆虫等小动物作为食物。

蜈蚣的身体扁长，分为头部和躯干部。头部有1对触角，两组单眼。每组单眼有4个单眼组成，彼此靠近，很像复眼。蜈蚣的躯干部有很多体节，每个体节有1对分节的步足，其中第一对步足特化为毒颚，末对步足向后延伸，呈尾状。

马陆和蚰蜒的形态结构与蜈蚣相似。身体分为头部和躯干部，头部有 1 对触角，躯干部由很多体节组成，每个体节都有 1 对或 2 对步足。与蜈蚣相比，马陆和蚰蜒各有一些不同的形态特点：马陆的身体呈长圆筒形，第四节以后，每节都有 2 对步足；蚰蜒的身体较短，成对的步足特别细长。

蛛形纲身体分为头胸部和腹部，无触角，4 对步足。大约有 60 000 余种，如各种蜘蛛、蝎子、蜱螨等。它们大多数在陆地生活，少数种类在水中生活，或者营寄生生活。

园蛛是一种常见的蜘蛛，常常在庭院树木之间和屋角房檐下结网，用网兜捕捉昆虫作为食物。园蛛不是昆虫，有很多与昆虫不同的形态特征。园蛛没有翅和触角。身体分为头胸部和腹部，腹部不分节。园蛛的头胸部只有单眼，没有复眼，有 6 对附肢。第一对是螯肢，基部有毒腺，尖端有毒腺孔，与毒腺相通，毒腺分泌的毒液有麻痹昆虫的作用；第二对是触肢，触肢有捕食、触觉等作用；后四对步足，是园蛛的运动器官。园蛛腹部的末端有 3 对纺绩器，纺绩器与体内的丝腺相通。丝腺能分泌透明的液体，由纺绩器上的小孔流出来，遇到空气就凝结成蛛丝。由蛛丝结成的蛛网能把昆虫粘在网上。结网是园蛛的一种本能行为。

蝎也是常见的蛛形纲动物。一般栖息在山坡石块下，或墙隙、洞穴中，以蜘蛛、蟋蟀、蜈蚣等小动物作为食物。蝎的身体分为头胸部和腹部两部分。它的头胸部很短，有 6 对附肢，其中第一、二对有螯，后四对是步足。腹部较长，分节，前几节较宽，后几节较窄，叫作尾部。尾部末端有尾刺，内通毒腺，是蝎攻击和防卫的武器。

肢口纲生活在海洋中，目前仅存 5 种，称为鲎。在福建、广东等沿海有中国鲎分布。

三叶虫纲是节肢动物中最原始的种类，现已灭绝，三叶虫从寒武纪兴起，志留纪开始衰退，至二叠纪时绝迹，留有大量化石。

8. 棘皮动物

棘皮动物全部生活在海洋中，现存 6000 多种，而化石种类则多达 20 000 多种，常见的棘皮动物有海胆、海参、海星等。

与其他无脊椎动物不同，棘皮动物的早期胚胎发育与脊椎动物相似。棘皮动物成体五辐射对称。由于其幼体是两侧对称的，成体的五辐射对称是由于底栖和固着生活形成的次生性辐射对称，在发生上与腔肠动物等原始的辐射对称是不一样的。

棘皮动物的身体形态比较特殊。例如海盘车，身体由体盘和腕构成。棘皮动物的骨骼起源于中胚层，是由许多钙质的骨片组成。骨片形成了棘、刺等结构突出于体表，使体表粗糙不平。

海盘车是我国沿海最常见的一种棘皮动物，生活在沿海浅水中，营底栖生活。海盘车主要以牡蛎、蛤等软体动物为食。海盘车的形状像五角星。身体扁平，中央部分是体盘，由体盘分出 5 条放射状的腕，海盘车背面微隆，腹面平坦，体表有紫红色的花纹，颜色比较鲜艳。海盘车的再生能力很强，当它的身体被撕成几块又扔回大海后，每一块都能够在海水中再长成一个整体。

棘皮动物有部分真体腔形成的水管系统，相当于一个液压系统，控制管足的运动。棘皮动物的神经系统包括一个中央神经环及其通到 5 条腕的辐神经。

5.7.6.2 脊索动物

脊索动物是动物界中最高等的一个门，尽管它们的形态结构复杂，生活方式多样，然而都无一例外地具有三大主要特征：脊索、背神经管和咽鳃裂。

已知的脊索动物约有70 000余种，分别属于三个亚门：原索动物（尾索动物亚门、头索动物亚门）和脊椎动物（脊椎动物亚门）。

脊索位于身体背部，消化道上方，神经管下面，是一条支持身体纵轴、柔软具弹性的结缔组织组成的棒状结构，外被脊索鞘。脊索动物神经系统的中枢部分呈管状，位于身体的背中线上，脊索（或脊柱）就在它的下面，称为背神经管，在高等种类中分化为脑和脊髓两部分。咽鳃裂位于消化道前端的两侧壁上，左右成对的裂孔直接或间接与外界相通，这是咽鳃，它是一种呼吸器官。此外，尾在肛门之后、闭管式循环系统、心脏位于身体腹面，也是脊索动物的主要特征。

1. 原索动物

原索动物无真正的头和脑，所以又称为无头类，包括尾索动物亚门和头索动物亚门。

(一) 尾索动物

尾索动物约有2000种。个体长度一般不超过30 cm，具备脊索动物的三大特征，脊索和背神经管只存在于幼体，脊索仅存其尾部。幼体自由生活，经变态至成体后营固着生活。成体后部脊索退化，只保留鳃裂。成体包围在被囊中，一般为雌雄同体，异体受精。代表动物如海鞘，海鞘的发育过程中出现逆行变态。

(二) 头索动物

头索动物因脊索纵贯全身并伸到身体做前端而得名，分布在全世界的热带和亚热带的浅海中，常见的种类是文昌鱼，共约25种。文昌鱼脊索、背神经管和咽鳃裂这三个基本特征终生保留，脊索前端超出神经管之前。

文昌鱼没有成对的偶鳍。口部有一套特化的取食和滤食器官，呼吸在水流经咽部的鳃裂时进行。文昌鱼无心脏，循环系统属于闭管式。中空的神经管是文昌鱼的中枢神经系统，但是没有出现脑和脊髓的明显分化。头索动物仍然保留一些原始和特化的结构，如无头、无成对附肢、无心脏、无集中的肾、有特化的口器等。

2. 脊椎动物

脊索只在胚胎发育中出现，随即为脊柱所代替。依据外形及内部特征可分为6个纲：圆口纲、鱼纲、两栖纲、爬行纲、鸟纲、哺乳纲。

(一) 圆口纲

圆口纲是现存脊椎动物中最低等最原始的类群，因有一个圆形的口盘而得名。口吸盘内有发达的角质齿，吸附于寄主体表或钻入体内，营寄生或半寄生生活。圆口纲动物生活在海水或淡水中，外形像鱼，具有黏液腺发达的皮肤，但比鱼类原始。圆口纲动物有七鳃鳗和盲鳗两大类。

与鱼类相比，圆口纲动物没有出现主动捕食的可咬合的上下颌；无成对的附肢（偶鳍），只有奇鳍；而背神经管开始分化为脑和脊髓，脑又进一步分化为大脑、间脑、中脑、小脑和延髓5部分。心脏也已经出现分化，由一心房、一心室、一静脉窦组成。圆口纲动物还出现了不完整的头骨，头部有集中的嗅、视、听等感觉器官。

圆口纲动物的脊索终身存在，但已有雏形的脊椎骨，即在脊索背面每一个体节出现了两对小的软骨弧片，表明雏形脊椎骨的出现。

（二）鱼纲

全世界约有 22 000 多种现生鱼类，分布在世界各个水域。软骨鱼类有鲨、鳐、银鲛等，全世界约为 800 种。硬骨鱼类有肺鱼、中华鲟、鲤鱼等，占现生鱼类 90%以上的种类，广泛分布在淡水和海洋。

鲫鱼是我国常见的淡水鱼。鲫鱼的分布很广，常栖息在江河、湖泊和池塘里，以水生植物和动物为食。鲫鱼适于在温暖的水域中生活。

鲫鱼的身体成纺锤形，由头、躯干、尾三部分构成。头的最前端为口，无口须，有成对的鼻孔和眼。头后两侧有宽扁的鳃盖，由四块骨片合成，鳃即位于其内，鳃盖后缘有鳃盖膜，借此覆盖鳃孔。鳃盖后缘是头和躯干的分界线。鲫鱼全身被覆瓦状排列的圆鳞，两侧中间的一行鳞片均具有小孔，形成侧线，主要起感知水流方向、速度、障碍物等作用。躯干的胸腹部有胸鳍、腹鳍各一对，在身体的纵中线上，有背鳍、尾鳍、臀鳍等奇鳍。肛门是躯干与尾的分界线。尾部即由躯干基部与尾鳍构成，肛门后有尿殖孔，臀鳍一个，具硬棘，尾鳍一个。鱼以鳔或脂肪调节身体相对密度（比重）获得水中的浮力，靠躯干分节的肌节的波浪式收缩传递和尾部的摆动获得向前的推进力。

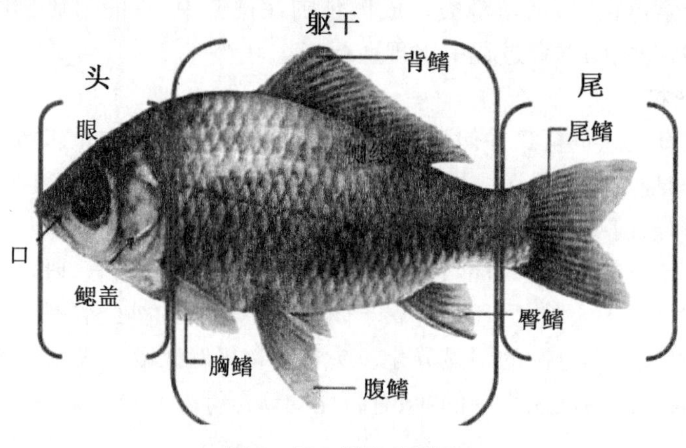

图 5－29　鲫鱼外形图

从鱼类开始，动物身体中出现了脊柱。在动物进化的过程中，脊柱的出现具有重要的意义。鲫鱼的脊柱是由许多块脊椎骨前后连接而成的，它在动物的身体里好像房屋的大梁，有强大的支持作用，具有保护脊髓和内脏的作用。

正常情况下，鲫鱼的鳔在脊柱腹面，分前后两室，之间有肾脏的一部分，深红色；鳔的腹侧为长条形生殖腺（精巢乳白色、卵巢浅黄色），性成熟的个体，生殖腺几乎充满整个腹腔；腹腔腹侧为盘曲的肠管，肠系膜上有肝胰脏，浅红色；肠管与肝胰脏之间有细长呈红褐色的脾脏。

鲫鱼消化系统包括由口腔、咽、食道和肠组成的消化道以及由肝胰脏、胆囊组成的消化腺。口腔由上、下颌围成，颌无齿。口腔背壁由厚的肌肉组成，表面有黏膜，腔底后半部有一不能活动的三角形舌。由口向后即为咽喉，咽后方是很短的食道。接食道后是肠，为体长的2至3倍，前粗后细，后接肛门。肝胰脏呈暗红色，堆积在肠表面，胰脏分散在肝脏中，不易区别。胆囊为一暗绿色椭圆形囊，嵌埋在肝胰脏内，由胆囊发出的胆管通入肠前部。在肠和鳔之间，是红褐色细长的脾脏。

鲫鱼的呼吸系统主要是鳃。鳃是鱼的呼吸器官，有丰富的毛细血管。鳃弓在鳃盖之内，咽的两侧，共5对。第1～4对鳃弓都有两列鳃片，称全鳃，第5对鳃弓上仅有一列鳃片，故称半鳃。鳃片是由鳃丝组成的片状物，鲜活时呈红色，每一鳃丝的两侧又有许多更小的鳃小片，其上分布着丰富的毛细血管。每一鳃弓的内凹面有两行三角形突起，左右互生，即为鳃耙。位于消化道背方，为银白色胶质囊的鱼鳔，分前后两室。其主要作用不是呼吸，而是承担调节密度的工作，使鱼能够在水中自由地沉浮。

鲫鱼的心脏由静脉窦、心房、心室组成；心室淡红色，呈倒锥体，前方有白色的圆锥形的动脉球，心房位于心室背侧，暗红色的薄囊状结构。动脉球向前发出的一条较粗大的血管为腹大动脉。血液循环路线只有一条，血液从心室压入动脉，再流进鳃里的毛细血管，在鳃里完成气体交换。气体交换之后的血液，氧气增多，颜色鲜红，为动脉血。动脉血汇合到背部大动脉，再分支流到各个器官的毛细血管里，通过毛细血管，血液把氧气和养料运输到体内各个器官；同时，各器官产生的二氧化碳和其他废物渗进血液里，这时血液的氧气减少，颜色变得暗红，成为静脉血。静脉血经静脉返回心脏，再由心房进入心室。因此，鱼类的血液循环属于单循环。由于鲫鱼的循环系统比较简单，心脏跳动得比较缓慢，血液输送氧气和体内氧化有机物的能量都比较低，产生的热量比较少。同时，身体表面缺乏专门的保温结构。因此，鲫鱼的体温随着外界温度的改变而改变，鲫鱼是变温动物。

泌尿生殖系统包括由肾脏、输尿管、膀胱组成的泌尿器官和由精巢、输精管或卵巢、输卵管组成的生殖器官。肾脏，一对，深红色，位于脊柱下方，紧贴腹腔的背壁，两个肾往往有一部分相连。左右肾脏各通出一条细的输尿管，两输尿管会合后稍膨大部分，即膀胱。精巢，一对，位于鳔的两侧，呈扁平的长囊状。性成熟时体积较大，并呈纯白色，未成熟的精巢较细，带淡红色。接精巢后，很短，左右两输精管汇合后通入泄殖窦。

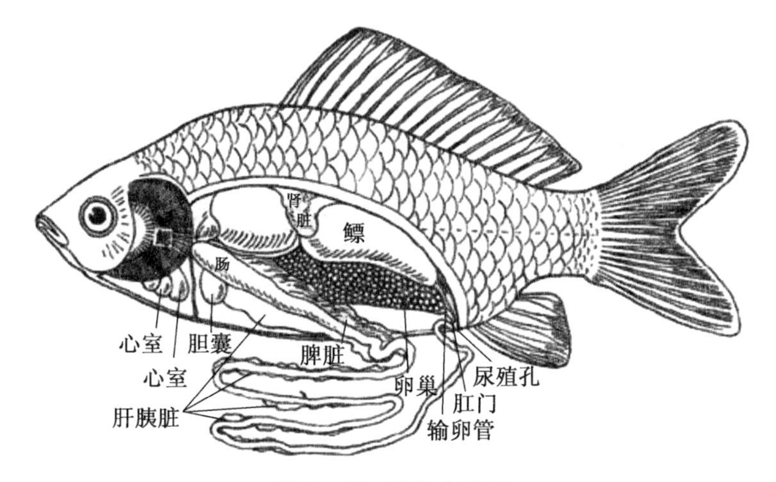

图5－30　鲫鱼内脏图

鲫鱼脑的结构比较原始、低等，脑的体积也比较小，大脑不发达，小脑相对发达。脑可分为明显的端脑、间脑、中脑、小脑和延脑五部分。端脑位于最前端，呈小球状体，其顶端伸出两条棒状的嗅柄，终止于椭圆形的嗅球。间脑发育成视丘，向前发出视神经，向腹面发出漏斗与脑垂体相连，背方为中脑所掩盖。中脑位于端脑之后，间脑之上，较大，其背部发育成两个突起，即为视叶。中脑之后为表面光滑的小脑。延脑有一部分被小脑遮盖，末端与脊髓连接。

青鱼身体呈长圆筒状，体色青黑，鳍灰黑色。青鱼大多在底层螺蛳较多的河流中生活，栖息在水的中下层，主要以螺蛳、蚌、蛤等软体动物为食。

草鱼的外形与青鱼相似，但体表为青黄色，鳍灰色。栖息在水的中下层和水草多的岸边，主要以水草、芦苇等为食。

鲢鱼也叫鲢子、白鲢，身体侧扁，鳞片细小，眼位置较低，体色为银灰色。鲢鱼生活在水的上层，以浮游植物为食。

鳙鱼又叫花鲢、胖头鱼，外形与鲢鱼相似，但头较大，约占体长的1/3，身体背面为暗黑色。鳙鱼生活在水的上层，主要以浮游动物为食。

（三）两栖纲

全世界现存的两栖类动物为4300种左右。两栖动物离不开潮湿的陆地和水域环境，因此，它们的分布范围不大，种类也不多。

两栖动物是脊椎动物从水生向陆生过渡，在动物演化历程中的一个重要类群。它们从外部形态到内部结构已经初步完成了由水栖向陆生的转变，各器官系统基本具备了陆生脊椎动物的结构，但是仍然不能完全脱离水环境而生存。

由于陆地环境和水环境之间在氧气含量、温差变化、浮力等方面的巨大差异，两栖动物在很多方面表现出既要适应水生生活，又要适应陆地生活。

皮肤较薄，有大量黏液腺保持体表湿润，但表皮有轻微角质化。这使得两栖类能在水环境中生活，同时又可以一定程度地适应潮湿的陆生环境，防止体内水分的散失。同时存在肺呼吸、鳃呼吸、皮肤呼吸等多种呼吸方式。幼体主要以鳃呼吸，成体主要以肺呼吸。心脏中心房出现了分隔，但是血液中的多氧血和缺氧血不能完全分开，血液循环为不完全双循环，新陈代谢率较低，体温随环境而变化。脊柱初步分化为颈椎、躯干椎、荐椎、尾椎4部分，并演化出典型的五趾（指）型四肢。这些有利于在地上运动。神经系统发育仍处于较低水平，有了适应陆生的各种感觉器官，但幼体仍然保留结构和功能与鱼类相似的侧线，有的种类甚至保留至成体。排泄器官对陆地适应不完善，对于大量渗入体内的水，肾脏中的肾小球有很强的泌尿功能，可将多余的水分排出。但是在陆地上时，肾小管重吸收水分的能力不强，所以不能长时间离开水。繁殖时受精卵的发育必须在水中进行，孵化出单循环、没有四肢、用鳃呼吸等与鱼类结构相似的幼体（如蝌蚪），并经过变态，才转变为不完全双循环、具有四肢、主要用肺呼吸的初步适应陆生的成体阶段。

常见的有青蛙和蟾蜍等。夏季，青蛙常栖息在稻田、池塘和沟渠的岸边，是既能在陆地上栖息，又能在水中游泳的动物。青蛙的背上是绿色的，很光滑、很软，还有花纹，腹部是白色的。可以使它隐藏在草丛中，捉害虫就容易些，也可以保护自己。皮肤还可以帮助呼吸。它的气囊只有雄蛙有。

青蛙身体可分为头、躯干和四肢3部分。青蛙头部扁平，略呈三角形，吻端稍尖。口宽大，横裂，由上下颌组成。青蛙用舌头捕食，舌头上有黏液。上颌背侧前端有1对外鼻孔，外鼻孔外缘具鼻瓣。眼大而突出，生于头的左右两侧，具上、下眼睑；下眼睑内侧有一半透明的瞬膜。两眼后各有一圆形鼓膜(蟾蜍的鼓膜较小。在眼和鼓膜的后上方有1对椭圆形隆起称耳后腺，即毒腺)。雄蛙口角内后方各有一浅褐色膜襞为声囊，鸣叫时鼓成泡状鼓膜之后为躯干部。蛙的躯干部短而宽，躯干后端两腿之间，偏背侧有一小孔，为泄殖腔孔。

青蛙前肢短小，由上臂、前臂、腕、掌、指5部组成。4指，指间无蹼。生殖季节雄蛙第一指基部内侧有一膨大突起，称婚瘤，为抱对之用。后肢长而发达，分为股、胫、跗、跖、趾5部。5趾，趾间有蹼。在第一趾内侧有一较硬的角质化的距。

青蛙的心脏有左心房、右心房和一个心室。当心室收缩时，心室中的血液被压入肺动脉和体动脉。同时，来自肺静脉的动脉血流入左心房，来自体静脉的静脉血流入右心房。青蛙体内有体循环和肺循环两条循环路线。由于青蛙的心脏只有一个心室，左心房里的动脉血和右心房的静脉血都流入心室，因此，心室中有一部分混合血。青蛙的血液循环是不完全的双循环。

由于青蛙的血液循环是不完全的双循环，因此输送氧气的能力比较弱，身体里产生的热量也比较少。同时，青蛙身体表面缺少羽毛、毛发等专门的保温结构，因此，青蛙也是变温动物。入冬之后，青蛙就钻入水边的泥土中进行冬眠。

青蛙的大脑比鱼类的发达。感觉器官也比较发达，例如，蛙眼对活动的物体非常敏锐，出现了感知声波的中耳等。因此，青蛙能够在比较复杂的陆地环境中捕食和逃避敌害。

青蛙虽然能在陆地上栖息，但它的生殖和发育却没有摆脱水的束缚。青蛙的产卵、排精、受精以及受精卵的孵化等都需要在水中进行。由受精卵刚孵化出来的蝌蚪，外部形态和内部结构都非常像鱼，例如用鳃呼吸，用尾游泳，心脏只有一心房一心室。经过一段时间，形态像鱼的蝌蚪长出四肢，尾和鳃逐渐消失，肺逐渐形成，心脏有了二心房一心室，也有了两条血液循环路线。这时，蝌蚪变成幼蛙，青蛙的发育是变态发育，是在水中完成的。

蟾蜍又叫癞蛤蟆。与青蛙相比，它的身体比较大，而且皮肤上有许多瘤状突起，能够分泌毒液。蟾蜍的眼睛后面有一对大型毒腺，毒腺分泌的毒液，可以制成中药蟾酥，有强心、利尿、解毒和消肿的作用。蟾蜍的跳跃能力远不如青蛙，但食量却比青蛙大许多。蟾蜍也是农业害虫的天敌，应该加以保护。

(四) 爬行纲

全世界现存的爬行动物约有6300种左右。

爬行动物真正适应了陆地生活。它们是在原始两栖类从水生到陆生的不断演化过程中，身体的形态结构进一步完善并复杂化形成的。由于爬行动物出现了羊膜卵这种繁殖方式，使爬行类在繁殖期完全摆脱了水的束缚。爬行动物在中生代适应了地球上多种生活环境，但是体温仍然随环境温度发生变化。

壁虎又叫守宫，俗称蝎虎子，体长约10 cm，是我国常见的一类小型爬行动物。壁虎常栖息在石缝、墙洞或屋檐下，是昼伏夜出的动物，白天躲藏在阴暗、僻静的角落里，黄昏以后开始出来活动。它们常攀缘在天花板、门窗的上面，捕食蚊、蝇、蛾等昆虫。壁虎捕食的动作非常敏捷，当小昆虫飞过时，它们就迅速地伸出宽而长的舌头，将小昆虫粘住，送入宽大的口中。一个晚上，一只壁虎可以吃掉几十只昆虫。

壁虎的体色通常是灰白色或暗灰色，上面有暗色带形斑纹。壁虎的皮肤与青蛙的不同，不仅表面干燥，上面还覆盖有颗粒状的细鳞，这样就减少了体内水分的蒸发，使壁虎适于在陆地上生活。

壁虎的身体分为头、颈、躯干、四肢和尾五部分。壁虎的身体虽然较小，头和眼占身体的比例却相当大，壁虎的颈部明显。因此，头部能灵活转动，适于在陆地上寻找食物和发现敌害。

壁虎背腹扁平，四肢短小，不能把身体从地面上完全支撑起来。因此，运动时腹部贴着地面，依靠四肢的活动和躯干部、尾部的弯曲摆动而向前爬行。壁虎的前后肢各有5个指或趾。指、趾的地面粗糙，由16～21排覆瓦状排列的瓣构成。瓣上密布着许多细而硬的刚毛，这些刚毛又分支呈更小的刚毛，每个最细小的刚毛末端都膨大成浅盘状。壁虎就是靠这千百万个浅盘与物体表面形成的真空环境使指、趾紧紧地贴附在物体上的。因此，壁虎就是在直立的墙壁或天花板上爬行，也不会掉下来。

壁虎的尾部细长。当它遇到敌害追击时，它的身体会剧烈地摆动而使尾部断落，刚断下的尾能在地上屈曲活动，吸引敌害的注意，而壁虎却趁机逃脱。经过一段时间后，短尾的壁虎还能再生出新的尾。因此，壁虎自动断尾是一种防御行为。

壁虎的内部结构比青蛙的复杂，主要表现在肺和心脏的结构上。与青蛙相比，壁虎肺里的隔膜多，肺泡数目也多，气体交换的能力较强，只靠肺的呼吸作用就能够满足身体对氧气的需要。因此，壁虎完全适应于在陆地上生活。

壁虎的心脏由左心房、右心房和一个心室组成。与青蛙相比，壁虎的心室里已经有了一个不完全的隔膜。这种不完全的隔膜减轻了动脉血和静脉血的混合程度，提高了血液输送氧气的能力。但是，动脉血和静脉血还不能完全分开，血液输送氧气的能力还较弱，身体里产生的热量还不够多，又没有保温的结构，因此，壁虎与青蛙一样，不能保持恒定的体温，仍然属于变温动物。

壁虎是雌雄异体的动物，它的生殖情况与青蛙不同。生殖的时候，雌雄个体通过交配，在雌壁虎体内完成受精作用，雌壁虎每次可产受精卵3～4粒。卵外包有卵壳，对卵有保护作用，里面含有较多的养料供卵发育用。雌壁虎将卵产在墙壁缝隙或其他隐蔽的地方，靠外界温度持续发育，待幼体发育完全后，就从壳里爬出来，在墙壁或屋檐下活动。因此，壁虎的生殖和发育完全摆脱了对水生环境的依赖，从而成为真正的陆生脊椎动物。

（五）鸟纲

全世界现存鸟类约9700种，并几乎每年仍然有新种被发现。

鸟类是全身长羽毛适于飞行的恒温脊椎动物。鸟类几乎所有的身体结构都在进化过程中变得更加适于飞行。鸟类的飞行器官是前肢演变成的翅膀。翅膀的形态与飞机的翼相似，符合空气动力学原理，飞行的动力来自胸部肌肉的强有力的收缩。鸟类的身体长成流线型可以减少飞行阻力，头部有角质喙而口中无牙齿，可以减轻头部重量有利于控制飞行姿势，全身骨骼都是蜂窝状结构以及雌鸟的生殖系统减少一个卵巢，可减轻全身重量。

家鸽善于飞翔，是群居性鸟类。家鸽的身体分为头、颈、躯干、尾和四肢五部分。家鸽的全身除喙和足以外，其他部分被覆盖着羽毛。

家鸽的头部呈球形。头部前端有角质的喙，口中没有牙齿。上喙的基部有两个鼻孔，头部两侧有一对眼，两眼的后下方各有一个耳孔。家鸽的嗅觉不发达，视觉和听觉都很发达。家鸽在外形上有很多适于飞翔生活的特点。例如，身体呈流线型；前肢变成翼，翼和尾上生有大型的正羽。家鸽的内部结构和生理功能也有许多与飞翔生活相适应的特点。例如，大肠很短，没有膀胱，不能贮存粪便和尿液等。

家鸽的骨骼轻而坚固。有的愈合，如腰椎；有的中空并充满空气，如长骨。这样，既可以减轻身体的重量，又能加强坚固性。胸骨有龙骨突，上面着生发达的胸肌，可以牵动两翼飞翔。

家鸽的肺部连通一些气囊。气囊伸展到内脏器官间或骨腔内，出入气囊的空气都要经过肺，因此，家鸽每呼吸一次，肺内可以进行两次气体交换（叫作双重呼吸），使体内的器官获得充足的氧气。此外，气囊还可以减少飞行时内脏器官之间的摩擦，并且能起到散热降温的作用。

家鸽的心脏由四个腔组成，分左心房、右心房、左心室和右心室。其中，左心室与右心室已经完全隔开，因此，家鸽的动脉血和静脉血是完全分开的。家鸽有体循环和肺循环两条循环路线，这样就可以使身体的各个器官都能获得充足的氧气，从而使家鸽保持旺盛的新陈代谢和恒定的体温。

家鸽有发达的大脑和小脑。发达的小脑对控制和调节飞翔有重要的作用。

鸟类的繁殖活动，一般包括求偶、筑巢、孵卵和育雏等。

鸟类在繁殖期间，交配、筑巢和育雏大都有一定的活动区域，这个区域叫作巢区。雄鸟来到繁殖地点后，首先占领巢区，然后开始求偶活动，雄鸟在求偶时，常常发出各种动听的鸣声，还用炫耀羽毛和特殊的动作，来吸引同种的雌鸟做配偶。大多数鸣禽只在繁殖期间结成配偶，也有些鸟类的配偶关系可以长期保持，如鹤类、天鹅等。

鸟类在占领巢区、选好配偶之后，开始筑巢。鸟类筑巢的地点和方式多种多样，这跟不同鸟类的生活环境和生活习性有关。很多鸟类在地面上筑巢，例如，三趾鹑在田埂边筑巢，褐马鸡在林中地面上筑巢。有些鸟类在水面上筑巢，例如，天鹅在水深一米左右的蒲草和芦苇丛中筑巢。有些鸟类利用天然的树洞或岩洞筑巢，如猫头鹰、啄木鸟和大山雀等。

有一些鸟巢，筑造得很巧妙，很精致，例如，缝叶莺能够用纤维把大的树叶沿着叶片边缘巧妙地缝合起来，做成袋装的巢，织布鸟能够用细枝和草茎编织成兜状的巢。有些鸟巢结构很简单，例如，三趾鹑在地面上营巢，在选好较隐蔽的巢址后，在地面上铺上些杂草、羽毛即可。有些鸟类自己不筑巢，例如杜鹃、王企鹅等。红隼有时也不筑巢，而是利用乌鸦等鸟类的旧巢孵卵和育雏。

鸟类的孵卵通常由雌鸟担任，雄鸟只在附近守卫，有时还给正在孵卵的雌鸟送食。有不少鸟类，雌雄共同孵卵，如麻雀、鸠、鸽、啄木鸟、鸵鸟等。也有少数鸟类只由雄鸟孵卵，如彩鹬。鸟类孵卵的时间有长有短，小型鸟类大约需要12～13天，有些大型猛禽的孵卵期长达两个月。

有些鸟的雏鸟，刚孵出来的时候，身上长满了绒羽，眼睛已经睁开，腿也硬挺，能够随亲鸟寻找食物，这样的鸟叫早成鸟，如鸡、鸭、鸵鸟等。有些鸟的雏鸟，刚孵出来的时候，身上没有丰满的绒羽，甚至还光着身体，眼睛没有睁开，腿也软弱，不能行走，必须在巢内由亲鸟哺育一段时间，才能独立觅食，这样的鸟叫晚成鸟，如家鸽、啄木鸟、黄鹂等。晚成鸟比早成鸟产的卵要少些。

许多鸟类有根据季节不同而变更栖居地区的习性，这就是鸟类的迁徙习性。根据迁徙习性的有无，可以将鸟类分为留鸟和候鸟两大类。有些鸟一年四季都在其生殖地域生活，不因季节而迁徙，这就是留鸟，如乌鸦、麻雀等。有些鸟常常是在一个地方产卵和育雏，而到另一个地方越冬，每年定时进行有规律的迁徙，这就是候鸟。候鸟又可分为夏候鸟和冬候鸟。有些鸟春夏季飞来，在这个地区筑巢、孵卵和育雏，秋季飞往南方温暖地带越冬，这种鸟对这一地区来说，叫作夏候鸟，例如夏季在我国境内繁殖的白鹭。有些鸟每年秋冬从北方飞到这个地区越冬，这种鸟对这一地区来说，叫作冬候鸟，如在我国境内越冬的雁鸭类。

（六）哺乳纲

现存的哺乳动物有 4600 多种。

哺乳动物全身被毛，除单孔类外都是胎生，有哺乳和养育后代的能力，具有汗腺。此外，哺乳动物还有发达的神经系统和各种感觉器官，很好的体温调节能力和适应能力，以及灵活快速的运动能力。身体结构和习性使哺乳类动物具有适应各种生态环境和气候类型的能力，哺乳动物之所以被认为是动物中最进化的、最高等的类群，是因为哺乳动物具有进步而完善的生物学特征。

除产卵的单孔类（鸭嘴兽）等少数动物外，其他哺乳动物受精卵在进入母体子宫后植入子宫壁，其绒毛膜、尿囊膜与母体子宫内膜结合形成胎盘。胎儿在母体内发育过程中所有营养和氧气以及排泄的废物都是通过胎盘来传递的。胎生对后代的发育和生长具有完善、有利的保护作用。从受精卵、胚胎、胎儿产出至幼仔自立的整个过程中均有母兽的良好保护，使后代的成活率大为提高。

哺乳动物的生活习性各不相同，形态结构也多种多样。家兔、猫、犬、牛和羊等都是常见的哺乳动物。家兔是野兔经过人们长期驯养而成的，是草食性的小家畜，常以菜叶、野草和萝卜等作为食物。

家兔的身体分为头、颈、躯干、四肢和尾五部分。体表被有柔软的体毛，对家兔有保温作用。家兔的嗅觉灵敏，听觉发达，长而大的耳廓能转向声源的方向，准确地收集声波。前肢短小，后肢强大，善于跳跃。家兔有灵敏发达的感官，迅速跳跃、奔跑的能力，使它能够随时觉察外界环境的情况，利于逃避敌害和摄取食物。

家兔的体腔被肌肉质的膈分隔成胸腔和腹腔两部分。膈是哺乳动物特有的结构，在动物的呼吸中起重要作用。膈的升降和肋骨位置的变化，能使胸腔的容积扩大或缩小，从而迫使肺扩张或收缩，进而完成呼吸过程。

家兔的消化系统发达，最显著的特点是牙齿分化，有适于切断食物的凿形门齿和适于研磨食物的方形臼齿。牙齿分化的意义很大，既大大提高了哺乳动物摄取食物的能力，又提高了对营养物质的吸收效率。

家兔的心脏与家鸽的一样，也是由左心房、右心房、左心室和右心室组成的，有肺循环和体循环两条血液循环路线。因此，家兔的动脉血和静脉血也是完全分开的，循环输送氧气的能力强。由于家兔循环系统输送氧气的能力强，体内产生的热量多，同时具有保温和调节体温的结构，如随着季节换毛、皮肤排汗等，因此，家兔的体温能够保持恒定。其他哺乳动物也是恒温动物。

家兔的大脑和小脑都很发达。由于大脑发达，形成了高级神经活动中枢，因此，家兔对外界的刺激能够做出迅速而准确的反应。

家兔的生殖特点是胎生和哺乳。胎生是指受精卵在母体子宫内发育成胚胎，胚胎通过胎盘从母体获得养料和氧气；同时，把新陈代谢所产生的废物和二氧化碳送进胎盘的血管里，由母体排出体外。胚胎逐渐发育成胎儿，胎儿从母体中生出。哺乳是指出生后的幼体依靠母体的乳汁而生活。胎生和哺乳为胚胎和幼体的发育提供了良好的条件，如充足的营养、恒温的环境、不容易受到伤害等，大大提高了后代的成活率。

哺乳动物跟人类的关系非常密切。根据哺乳动物的形态结构和生活习性特点，可将哺乳动物分为十多个目。

单孔目动物现存种类不多，分布在澳大利亚和新几内亚，如鸭嘴兽、何针鼹等。

鸭嘴兽生活在河边或湖边，在岸上挖穴筑巢，在水里捕食。它全身长满暗褐色的毛，母兽的腹部有乳腺，可以分泌乳汁，哺育幼兽。但鸭嘴兽的生殖方式不是胎生，而是卵生。鸭嘴兽身体的后端只有一个孔，卵、尿、粪都由这个孔排出体外。雌鸭嘴兽产卵以后，要像鸟一样在巢里孵卵。另外，雌鸭嘴兽没有乳头，体温不像其他哺乳动物那样恒定，这些都说明鸭嘴兽是最低等的哺乳动物。

有袋目动物的种类较多，主要分布在澳大利亚和新几内亚，其次是在南美洲和中美洲，如袋鼠和负鼠等。

袋鼠是澳大利亚特有的动物，生活在杂草丛生和灌木成林的原野，以植物为食。袋鼠的生殖方式是胎生，但是，由于母兽体内没有胎盘，幼兽生出来时，发育很不完全，只有人的一个手指那么大。母兽腹部有一个育儿袋，幼兽一生下来就爬进育儿袋中，用口衔住乳头，吸取乳汁，这样经过大约 8 个月，幼兽发育长大，才能跳出育儿袋，跟随母兽觅食。

5.7.6.3　珍稀动物

蜂猴：别名风猴、懒猴，学名为 *Nycticebus coucang*，属懒猴科，属国家一级保护动物，在我国主要分布于云南和广西南部。

蜂猴体型较小而行动迟缓，是较低等的猴类，体长 32～35 厘米，两只小耳朵隐藏在毛茸茸的圆脑袋中；眼圆而大。蜂猴栖息于热带雨林及亚热带季雨林中，完全在树上生活，极少下地，常独自行动，行动特别缓慢，只有受到攻击时，才有所加快，故又名“懒猴”，白天蜷缩成球状隐蔽在大树洞中或在树枝上歇息。夜晚出来觅食，以植物的果实为食，也捕食昆虫、小鸟及鸟卵，一年四季均能交配，怀孕期 5 到 6 个月，多在冬季产仔，每胎 1 仔。

倭蜂猴：别名风猴、小懒猴，属于懒猴科，学名为 *Bycticebus pygmaeus*。属于国家一级保护动物，只产于中国的云南南部。倭蜂猴属于极为稀有而尚未深入进行研究的低等猴类。其分布范围十分狭窄，受人为活动干扰相当严重。

倭蜂猴与蜂猴十分相似而体型更小，只有蜂猴的一半大，其身长 21～22.5 厘米，尾长 1.2 厘米，体重 325～425 克。头圆，眼圆而大，无颊囊，口、鼻、唇白色。体毛细绒状，多为

橙色至赤褐色。从背部中央至头顶有一深色纹，腹部、四肢有银灰色光泽。栖息环境、食性与蜂猴相似。倭蜂猴在中国的科学记录是 1986 年，当时从云南获得的几只活体曾被认为是蜂猴幼体，但其中一只却产下 1 仔。

短尾猴：别名红面猴，属于猴科，学名 *Macaca arctoides*，属于国家二级保护动物，在我国主要分布于西南及广东、广西。

体型比猕猴大，体长 50～56 厘米。成体颜面鲜红色，老年紫红色，幼体肉红色。耳较小、尾短光秃无毛，体背毛色棕褐，披毛较长，腹面较浅；头顶毛较长，由中央向两侧披开。短尾猴栖息于亚热带常绿阔叶林中，生活在树上，也常聚集在地面活动。食性较杂，既取食野果、树叶、竹笋，也捕食蟹、蛙等小动物。短尾猴的数量稀少，目前人工饲养比较困难。

熊猴：学名 *Macaca assamensis*，别名蓉猴、山地猕猴、阿萨姆猴，属于猴科。属于国家一级保护动物。在我国主要分布于云南、广西、西藏、贵州等地。

熊猴个体略大于猕猴，雄性体重 8～15 千克，体长 55～65 厘米；雌性较小，体重 5～9 千克，体长 42～62 厘米，其憨态可掬、体胖如熊、性情粗暴，故名熊猴。与一般灵长类不同，熊猴的皮下脂肪较多，抗寒能力比其他猴类要强。栖息于热带、亚热带高山森林，为昼行性动物。杂食，多以 10～15 只结群。啼声犹如犬吠且略带哑声。行动不似猕猴活跃，但遇险远遁的速度十分迅捷。

台湾猴：别名黑肢猴、岩栖猕猴，属于猴科，学名为 *Macaca cyclopis*。属于国家一级保护动物。在我国主要分布于台湾地区的南部和中部，台湾猴为中国特有种。

台湾猴体型与猕猴相似，雄性体长 44～54 厘米，雌性体长 36～45 厘米，雄性成体明显大于雌性个体，尾长为体长的三分之二。栖息于岩壁和山林之中，为半地栖动物，取食各种野果、树叶、昆虫，有时也取食农家的谷物和瓜果。多结成一雄多雌的家族群，以一体魄强壮的成年雄性作为首领。每胎产 1 仔。寿命可达 20 岁。

猕猴：别名黄猴、恒河猴、广西猴，属于猴科，学名为 *Macaca mulatta*。属于国家二级保护动物。在我国主要分布于西南、华南、华中、华东、华北及西北的部分地区，地域范围十分广泛，西到青海南部，北至河北省，南达海南，都能见到它们的踪迹。猕猴适应性强，容易驯养繁殖，生理上与人类比较近，是生物学、心理学、医学等多种学科研究工作中比较理想的实验动物。

猕猴是我国常见的一种猴类，体长 43～55 厘米，尾长 15～24 厘米，营半树栖生活，多栖息在石山峭壁、溪旁沟谷和江河岸边的密林中或疏林岩山上，群居，一般 30～50 只为一群，大群可达 200 只左右，善于攀缘跳跃，会游泳和模仿人的动作，有喜怒哀乐的表现。取食植物的花、果、枝、叶及树皮，偶尔也吃鸟卵和小型无脊椎动物。在农作物成熟季节，有时到田里采食玉米和花生等。4～5 岁性成熟，每年产 1 胎，每胎 1 仔。

豚尾猴：别名平顶猴，属于猴科，学名为 *Macaca nemestrina*。属于国家一级保护动物。在我国主要分布于云南西南部和西藏的东南部。

豚尾猴体长 54～62 厘米，尾长不及身长的四分之一。通体浅黄褐色，头顶毛短，辐射排列成一褐色平顶区，似帽状；尾上的毛大部分短而稀，形似猪毛。栖息于热带、亚热带森林中或海拔较低的针叶林内，营树栖生活，喜群居，以植物果实为食，也捕食昆虫和小鸟。

藏酋猴：别名四川短尾猴、大青猴，属于猴科，学名为 *Macaca thibetana*。属于国家二级保护动物。分布于我国中部地区，东至浙江、福建，西到四川，北达秦岭南部，南界为南岭。藏酋猴是中国特有种，由于开垦及阔叶林遭到破坏，生存范围已很狭窄。

藏酋猴体型粗壮，是中国猕猴属中最大的一种，头大、颜面皮肤肉色或灰黑色，成年雌猴面部皮肤肉红色，成年雄猴两颊及下颏有似络腮胡样的长毛。栖息于山地阔叶林区有岩石的生境中，群集生活，由十几只或20～30只组成，每群有2～3只雄猴为首领，遇敌时首领在队尾护卫。喜在地面活动，在崖壁缝隙、陡崖或大树上过夜。以多种植物的叶、芽、果及竹笋为食，亦食鸟及鸟卵、昆虫等动物。6岁性成熟，发情期多在秋季，春末夏初产仔，每胎1仔。

长尾叶猴：别名长尾猴，属于猴科，学名为 *Presbytis entellus*。属于国家一级保护动物。长尾叶猴分布区域狭窄，在我国仅分布在西藏南部。

长尾叶猴体长约70厘米，体重约20千克，尾长超过体长，颊毛和眉毛发达，体毛灰黄褐色，脸黑色，额、颊、颏、喉为白色。栖息在海拔3000米以下的热带雨林、亚热带常绿阔叶林或针阔混交林中，营树上生活，在地面上也能行走，出没于河谷两旁林间石崖上，常集群活动，一般数十只为一群，多晨昏觅食，以树叶和野菜为食。

黑叶猴：别名乌猴，属于猴科，学名为 *Presbytis francoisi*。属于国家一级保护动物。黑叶猴是珍贵稀有灵长类动物之一，仅产于我国广西、贵州，分布区域狭窄，数量很少。

黑叶猴体形纤瘦，四肢细长，头小尾巴长，体长50～60厘米，尾长79～90厘米。头部有黑色直立的毛冠；生活于热带、亚热带丛林中，树栖，喜群居，每群有一首领带领猴群活动。黑叶猴跳跃能力很强，一次可跳出10多米，很少下地喝水，多饮露水和叶子上的积水，以嫩叶芽、花、果为食。

白头叶猴：别名花叶猴，属于猴科，学名为 *Presbytis leucocephalus*。被公认为世界上最稀有的猴类。属于国家一级保护动物。外形酷似黑叶猴的白头叶猴是我国特有种，产于广西。白头叶猴分布狭窄、数量极少，现仅存百只。

其头部连同颈部和上肩均为白色，像戴一顶白色风帽，手、足背面亦杂有白色，尾上半部分黑色，下半部分为白色。生活于热带、亚热带丛林中，善于攀缘，不仅能在树上荡，也会攀登悬崖，常聚集成家族小群生活，有一定的活动范围和路线，并有相对固定的栖息地，一般栖息在峭壁的岩洞和石缝内，以嫩叶、芽、花、果为食。

灰叶猴：别名菲氏叶猴、法氏叶猴，属于猴科，学名为 *Presbytis phayrei*。属于国家一级保护动物，在我国主要分布于云南西南部。

身被银灰色毛的灰叶猴，眼、嘴周围的皮肤由于缺乏色素而显得苍白。其体长55～71厘米，尾长60～80厘米，四肢细长，臀胝部不发达。头顶的毛浅银灰色，有时较长呈冠状。腹面淡灰色或浅白色，幼体金黄色。眉额之间有较长的黑毛向前伸出，似黑色长眉。栖息于热带、亚热带密林中，喜群栖，每群10余只至20～30只，善于攀缘，极少下地，活动时有一定路线，受惊时多按顺序逃窜。杂食，以嫩叶、花、果为食，也食鸟卵和捕食小鸟。

川金丝猴：属于哺乳纲灵长目猴科，属国家一级保护动物，是世界珍稀物种，仅分布在中国四川、甘肃、陕西及湖北神农架东山区。

嘴部突出，鼻孔斜向上翘，故也称仰鼻猴。脸部天蓝色，雄猴颈背至尾基部在浅灰褐色被毛中夹有金黄色长毛，全身毛色艳丽。雌性无金色长毛。栖息在海拔2000～3000米之间的针阔混交林带，群居。以野果、嫩枝芽、树叶等为食。

黔金丝猴：别名灰金丝猴、白肩仰鼻猴、牛尾猴，属于猴科，学名为 *Rhinopithecus brelichi*。属于国家一级保护动物。产于贵州梵净山。黔金丝猴分布十分狭窄，总数仅几百只，现已建立梵净山自然保护区。

体形似金丝猴，鼻孔上仰，吻鼻部略向下凹，不像金丝猴那样肿胀，有人认为是金丝猴的一个亚种。栖息于海拔 1700 米以上的山地阔叶林中，主要在树上活动，结群生活，有季节性分群与合群现象，以多种植物的叶、芽、花、果及树皮为食。

滇金丝猴：别名黑金丝猴、黑仰鼻猴、雪猴，属于猴科，学名为 *Rhinopithecus bieti*。属于国家一级保护动物。产于我国云南西北部、西藏西南部。滇金丝猴是中国的特有物种，其分布区狭小。

滇金丝猴头顶有尖形黑色冠毛，雌性个体较雄性个体小，眼圈和鼻吻部青灰色或肉粉色，鼻端深蓝色，毛色比较单调，背、体侧、四肢外则和尾均为棕灰、灰黑色。毛长达 23 厘米；喉、颈、上肢内侧、臀部为白色，腹部橘黄色。栖息于海拔 3000 米以上的高山针叶林带，是猴类中栖息地海拔最高的种类。喜结群生活，有垂直迁移的习性，冬季下到海拔较低处活动。取食云杉、冷杉等针叶树的嫩芽及松萝、竹笋等。在中午气温高时是休息状态。

白颊长臂猿：别名黑猴，属于猩猩科，学名为 *Nomascus leucogenys*。属于国家一级保护动物。产于我国云南南部，由于开垦种橡胶树，大面积热带雨林遭到破坏，白颊长臂猿的分布范围急剧缩小，数量也十分稀少，亟待加强保护。

白颊长臂猿的体形细长，肩宽臂小，体长 40～65 厘米，无尾，直立时两手可着地。与黑长臂猿的最大区别是雄猿两颊具明显的白色块斑，体毛仍为黑色。头顶具尖形冠毛。雌性幼体为黑色，成年后为灰黄色或金黄色，头顶也有黑色毛冠。

栖息于海拔 1500 米以下的热带雨林，由一对成年猿和 2～3 只不同年龄的子女组成小群，树栖生活。取食野果、树芽、嫩叶及花，特别喜食野果，并食昆虫，喜欢鸣叫，早晨太阳初升则成年猿首先鸣叫，最后全体共鸣，声音悦耳，数里之内可闻。

白掌长臂猿：属于猩猩科，学名为 *Hylobates lar*。属于国家一级保护动物。产于我国云南西南部。白掌长臂猿现存数量很少，为了保护这一濒临灭绝的稀有动物，在南滚河建立子自然保护区。

我国已知的白掌长臂猿体长 42～64 厘米，后肢长 10～15 厘米，体重约 5～7 千克，无尾。有黑褐色或棕黄色两种色型，雌雄两性都有，身被蓬松的毛，其手脚为白色，脸部周围有一白色毛环。栖息于热带雨林中，树栖性，喜在树上攀爬跳跃，也能在地上双足行走，营家庭式生活，以内枝芽、树叶、果实、昆虫、鸟卵为食，妊娠期为 7 个月，每胎产 1 仔。

白眉长臂猿：别名猿、通臂猿，属于猩猩科，学名为 *Hylobates hoolock*。属于国家一级保护动物。产于云南、西藏。其分布区域狭窄，数量稀少，现已濒临灭绝。在白眉长臂猿栖息的高黎贡山，国家已建立自然保护区，白眉长臂猿与其他长臂猿一样，是灵长类学家、心理学家的重要研究生物。

体型稍大的白眉长臂猿，雄性黑褐色，雌性浅黄褐色。其最显著的特征是两眉白色，头颈部的毛向后生长，像是长臂猿中的老寿星。栖息于热带原始森林中，几乎常年生活在树上，靠两条长臂和钩形的长手，把自己悬挂在树枝上，像荡秋千似的前进，动作迅速准确，偶尔也到地上行走，走路时，身体半直立，两臂有时弯在身子两侧，有时举过头顶，走起路来一摇一摆，滑稽可笑，营家庭式生活，通常 3～5 只为一群。其叫声洪亮，数里外可闻；从不搭窝，睡眠和休息都在树上，杂食性，吃树叶、果实、昆虫、鸟和鸟卵。

豺：别名豺狗、红狼，属于犬科，学名为 *Cuon alpinus*。属于国家二级保护动物。除台湾、海南外广泛分布。

外形与狗、狼相近，体型比狼小，体长 100 厘米左右，体重约 10 千克，体毛红棕色或灰棕色，杂有少量黑褐色毛尖的体毛，腹色较浅，四肢较短，耳短，颈部圆钝，尾较长，额部隆起，鼻长，吻部短而宽。全身被毛较短，尾毛略长，尾粗大，尾端黑色。豺为典型的山地动物，栖息于山地草原，亚高山草甸及山地疏林中，多结群游猎生活、生性警觉、嗅觉很发达，晨昏活动频繁。十分凶残，喜追逐，发现猎物后聚集在一起进行围猎，主要捕食狍、鹿、羊等中型有蹄动物，秋季交配，冬季产仔，怀孕期约 60 天，每胎 3～4 仔。天敌是豹。

穿山甲：别名鲮鲤、石鲮鱼，属于鳞鲤科，学名为 *Manis pentadactyla*。属于国家二级保护动物，在我国主要分布于长江以南各省。

穿山甲，顾名思义，一是有挖穴打洞的本领，二是身被褐色角质鳞片，犹如盔甲的动物。除头部、腹部和四肢内侧有粗而硬的疏毛外，鳞甲间也有长而硬的稀毛。穿山甲多在山麓地带的草丛中或丘陵杂灌丛潮湿的地方挖穴而居。昼伏夜出，遇敌时则蜷缩成球状。舌细长，带有黏性唾液，觅食时，以灵敏的嗅觉寻找蚁穴，用强健的前爪掘开蚁穴，将鼻吻深入洞里，用长舌舔食之。外出时，幼兽伏于母兽背尾部，以蚂蚁和白蚁为食，也食昆虫的幼虫。发情期为 1～5 月份，12 月至翌年的 1 月产仔，每年一胎，每胎 1～2 仔。

小熊猫：学名 *Ailurus fulgens*。属于哺乳纲食肉目浣熊科小熊猫属。属国家二级保护动物。在中国主要分布于云南、四川、西藏等地。

外型肥胖似家猫，成体体重可达 8 公斤，体毛红褐色；四肢粗短，毛黑褐色；尾长而粗并具有环纹。多三五成群活动，早晚出外觅食。喜食冷箭竹、大箭竹，多觅食树叶、果实及小动物。

大熊猫：属于哺乳纲食肉目大熊猫科大熊猫属。属于国家一级保护动物，是世界级珍贵物种。只产于中国的四川、甘肃、陕西。

体型似黑熊，头圆而大，尾极短。躯干和尾白色，两耳、眼及四肢全黑色，常在竹林内卧睡，平时单独活动，行动缓慢，性情温顺，听、视觉较差，自卫能力较弱。栖息在海拔 1400～3500 米的高山竹林内，主要以竹笋、竹叶及内竹为食，也喜欢吃野果或一些动物性食物。

紫貂：别名貂、貂鼠、黑貂、赤貂、大叶子，属于鼬科，学名为 *Martes zibellina*。属于国家一级保护动物。在我国主要分布于黑龙江、吉林、辽宁及新疆。

紫貂体区细长，四肢短健，体型似黄鼬而稍大，体长 40 厘米左右，尾长 12 厘米左右，体重 0.5～1.0 千克。紫貂生活在气候寒冷的针阔叶混交林和亚寒带针叶林。多在树洞中或石堆上筑巢。除交配期外，多独居；其视、听敏锐，行动快捷，一受惊扰，瞬间便消失在树林中。多在夜间到地面或雪下取食，食物短缺时，白天也出来觅食，以小型鼠类、鸟类、松子、野果、鸟卵等为食，活动范围在 5～10 平方公里之内。每年 4～5 月份为发情期，妊娠期 9～10 个月，每胎 2～4 仔，3 岁以后达到性成熟，主要天敌是黄喉貂和猛禽。紫貂的冬毛皮以绒毛细密丰厚，昼夜均能活动觅食，但以夜间居多。

水獭：学名为 *Lutra lutra*。属于国家二级保护动物。在我国除干旱地区外多数省区都有分布。

水獭体长约 60～80 厘米，体重可达 5 千克。栖息于林木茂盛的洞、溪、湖沼及岸边，营半水栖生活。在水边的灌丛、树根下，石缝或杂草丛中，有数个出口。多在夜间活动，善游泳，嗅觉发达，动作迅捷。主要捕食鱼、蛙、蟹、水鸟和鼠类。每年繁殖 1～2 胎，在夏季或秋季产仔。每胎 1～3 胎。水獭皮板厚而缜密，柔软华丽，毛皮珍贵，因而遭到无节制的捕猎。加大开发建设使水域污染，使得其数量已很稀少，亟待加强保护。

貂熊：别名狼獾、飞熊、月熊，属于鼬科，学名为 *Gulo gulo*。属于国家一级保护动物。在我国分布于黑龙江与内蒙古的大兴安岭、新疆部分地区。貂熊数量很少，现已处于濒危状况，应加以严格保护。

貂熊外形介于熊与貂之间，体长 80～100 厘米，体重 8～14 千克，尾长 18 厘米左右，身体两侧有一浅棕色横带，从肩部开始至尾基汇合，状似“月牙”，故有“月熊”之称。貂熊为寒温带动物，除繁殖期外，多单独活动，活动范围广，溪流、河谷、林带以上的冻土及裸岩都有它们的足迹。无固定巢穴，洞穴多有两个出口，便于遇险逃遁。属夜行性动物。貂熊生性机警，行动隐蔽，善游泳、攀爬，可在密林中自由跳蹿，故又名之为“飞熊”。由于其性凶猛而灵活，胆大狡猾，爪牙尖锐，在自然界中少有天敌，肛门附近有发达的臭腺，具有一定的防御功能，利用尿液保存食物是其适应环境的独特方式之一。

斑林狸：别名斑灵狸、虎灵描、彪，属于灵猫科，学名为 *Prionodon pardicolor*。属于国家二级保护动物，在我国分布于云南、四川、贵州、广东、广西。

斑林狸体型较小，体长 37～38 厘米，体重 400～600 克。为典型喜湿热的林栖兽类，多于夜间在林缘、灌木和高草丛下单独活动。善爬树，在地面、树上均可捕食。食物为鼠类、鸟、蛙和昆虫，有时也到村寨盗食家禽。每年 4～5 月份产仔，目前数量已十分稀少。斑林狸皮板厚而绒密，柔软华丽，毛皮珍贵，因而遭到无节制的捕猎，加上开发建设使水域污染，数量已很稀少，亟待加强保护。

大灵猫：别名九节狸、灵狸、麝香猫，属于灵猫科，学名为 *Viverra zibetha*。属于国家一级保护动物。在我国广布于南方各省区。大灵猫的经济价值很高，毛皮可制裘；分泌的灵猫香是香料工业的重要原料，对抑制鼠害、虫害也有重要作用。

大灵猫体重 6～10 千克，体长 60～80 厘米，比家猫大得多，其分泌物就是著名的灵猫香。大灵猫生性孤独，夜行，生活于热带、亚热带林缘灌丛。食物包括小型兽类、鸟类、两栖爬行类、甲壳类、昆虫和植物的种子、果实等。遇敌时，可释放极臭的物质，用于防身，在活动区内有固定的排便处，可根据排泄物推断其活动强度。

小灵猫：别名七节狸、笔猫、乌脚狸、香猫，属灵猫科，学名为 *Viverricula indica*。属于国家二级保护动物。在我国分布于长江流域以南及海南、台湾、西藏。

小灵猫外形与大灵猫相似但较小，体重 2～4 千克，体长 46～61 厘米，比家猫略大，四肢细短，会阴部也有囊状香囊腺，雄性的较大。肛门腺体比大灵猫还发达，可喷射臭液御敌。栖息于多林的山地，比大灵猫更加适应凉爽的气候。一般在石堆、墓穴、树洞中筑巢，有2～3个出口。以夜行性为主，虽极善攀缘，但多在地面以巢穴为中心活动。喜欢独居，相遇时经常相互嘶咬。小灵猫的食性与大灵猫一样，也很杂。该物种有占区行为，但无固定的排泄场所。每年多在5～6月份产仔，每胎4～5仔，2岁达到性成熟。

熊狸：别名熊灵猫，属于灵猫科，学名为 *Arctictis binturong*。属于国家一级保护动物。在我国分布于云南南部。

貌似小黑熊的熊狸，长着一条与身长差不多长(70～80厘米)的粗壮尾巴。熊狸栖息于热带雨林或季雨林中，尖锐的爪及能抓能缠的尾巴使其在高大树上攀爬自如，成为典型的树栖动物。熊狸晨昏活动较频繁，主要以果实、鸟卵、小鸟及小型兽类为食。常年可繁殖，每年2～3月份交配，5月中旬产仔，每胎2～3仔，寿命10～15年。

猞猁：别名猞猁狲、马猞猁，属于猫科，学名为 *Felis lynx*。属于国家二级保护动物。在我国分布于东北、西北、华北及西南。

猞猁体型似猫而远大于猫，体重18～32千克，体长90～130厘米。猞猁生活在森林灌丛地带，密林及山岩上较常见，喜独居，善于攀爬及游泳，耐饥性强，可在一处静卧几日，不畏严寒，喜欢捕杀狍子等中大型兽类。晨昏活动频繁，活动范围视食物资源丰富度而定，有占区行为和固定的排泄地点。每胎2～4仔，寿命可达12～15年。

兔狲：别名玛瑙、羊猞猁，学名为 *Felis manul*。属于国家二级保护动物。在我国分布于东北、西北及四川。主食啮齿类动物，对消灭鼠类、防止传染病，减低鼠害影响均具有重要作用，毛皮厚密贵重。

兔狲体型与家猫类似，体重2～3千克，主要生活在荒漠、戈壁及草原地区，林中、丘陵及山地也有分布，常独居于石缝中、石块下或占领旱獭的巢穴。夜行性，但晨昏活动频繁，以旱獭、野禽及鼠类为食。视、听觉较敏锐，避敌时行动迅速，叫声与家猫相似，但较粗野。每年多在2月份交配，4～5月份繁殖，每胎3～4仔，有时多达6仔，与环境的食物资源情况有关系。

金猫：别名原猫、红椿豹、芝麻豹、狸豹、乌云豹，属于猫科，学名为 *Catopuma temminckii*。属于国家二级保护动物。在中国分布于陕西及长江以南各省区，目前野外种群数目小，国家已采取措施进行保护。

金猫比云豹略小，体长约30～100厘米，尾长超过体长的一半。耳朵略小直立，眼大而圆，四肢粗壮，体强健有力，体毛多变，有几个因毛皮颜色而得的别名：全身乌黑的称“乌云豹”；体色棕红的称“红椿豹”；而狸豹以暗棕黄色为主；其他色型统称为“芝麻豹”。金猫主要生活在热带、亚热带山地森林。属于夜行性动物，白天多在树洞休息，独居；善攀缘；但多在地面活动，活动区域较固定，随季节变化而垂直迁移，食性较广，小型雀类、鼠类、野禽都是其捕食对象，每胎2仔，多产于树洞中。

云豹：别名龟纹豹、荷叶豹、柳叶豹、樟豹，属于猫科，学名为 *Neofelis nebulosa*。属于国家一级保护动物。在我国分布于长江以南各省及陕西、甘肃、台湾。

云豹比金猫略大，体重15～20千克。体长1米左右，比豹要小。体侧有云形暗灰色斑纹，宛如云朵，故名“云豹”。云豹属夜行性动物，清晨与傍晚最为活跃，栖息在山地常绿阔叶林内，毛色均与周围环境形成最好的保护及遮蔽效果，爬树本领高，比在地面活动灵巧，尾巴成了有效的平衡器官，在树上活动和睡觉，每胎2～4仔。

豹:别名金钱豹、豹子、文豹,属于猫科,学名为 *Panthera pardus*。属于国家一级保护动物。在我国分布于广东东山地森林地区。

豹体型与虎相似,但较小,为大中型食肉兽类,体重约 50 千克左右。体长在 1 米以上、尾长超过体长之长。豹栖息环境多种多样,从低山、丘陵至高山森林、灌丛均有分布,具有隐蔽性强的固定巢穴。豹的体能极强,视觉和嗅觉灵敏异常,性情机警,既会游泳,又善于爬树,称为食性广泛、胆大凶猛的食肉类。繁殖时竞争行为激烈,3～4 月份发情交配,6～7 月份产仔,每胎 2～3 仔。幼豹于当年秋季离开母豹,独立生活。

虎:属于哺乳纲食肉目猫科豹亚科豹属,属于国家一级保护动物。我国有几个亚种,分别分布于黑龙江、吉林、华南部分地区及云南。

虎体大头圆,四肢粗大,体格强健,通体毛色橘黄,有横列的黑色条纹;腹白;尾部黑纹横列,尾尖黑色。生活在山地森林,多在夜间单独活动,行动敏捷,以部分草食动物为食。

雪豹:属于哺乳纲食肉目猫科豹亚科豹属。属国家一级保护动物。在我国分布于青藏高原、新疆、甘肃、内蒙古等地。

雪豹全身毛色灰白,通体布满黑色斑点,尾毛长且蓬松,是豹中最美丽的一种。栖息地海拔在 2000～6000 米以上,常活动于裸岩,性凶猛,机敏,行动灵巧,以岩羊、盘羊等为主食,也捕食野兔、旱獭及雉类等小动物。

斑海豹:别名海豹、港海豹,属于海豹科,学名为 *Phaca largha*。属于国家一级保护动物。主要分布于渤海、黄海,东海也有发现。

斑海豹体粗圆呈纺锤形,体重 20～30 千克,生活在寒温带海洋中,除产仔、休息和换毛季节需到冰上、沙滩或岩礁上之外,其余时间都在海中游泳、取食或嬉戏。斑海豹在冰上产仔,当冰溶化后幼兽才开始在水中生活。繁殖期不集群,仔兽出生后,组成家庭群。哺乳期过后,家庭群结束。少数繁殖期推后的个体则不得不在沿岸的沙滩上产仔。斑海豹食物以鱼类为主,也食甲壳类及头足类动物。

儒艮:别名人鱼,属于儒艮科。属于国家一级保护动物。在我国分布于广东、广西、海南和台湾南部沿海。儒艮是由陆生草食动物演化而来的海生动物,曾遭到严重捕杀,受到严重破坏,亟待加强保护。

儒艮的身体成纺锤形,长约 3 米,体重 300～500 千克。儒艮为海洋草食性兽类,其分布与水温、海流以及作为主要食物的海草分布有密切关系。多在距海岸 20 米左右的海草丛中出没,有时随潮水进入河口,取食后又随退潮回到海中,很少游向外海。以 2～3 头的家族群活动,在隐蔽条件良好的海草区底部生活,定期浮出水面呼吸,常被认作"美人鱼"浮出水面,给人们留下了很多美丽的传说。

白鳍豚:别名白鳍、江马,属于鲸目喙豚科,学名为 *Lipotes vexillifer*。属于国家一级保护动物。在我国分布于长江中下游湖北、江苏段的干流之中。白鳍豚种群数量很小,为我国特有珍稀水生兽类。

白鳍豚是一种类似海豚而生活于江湖中的淡水哺乳动物。白鳍豚生活于长江中下游附近沙滩、边滩并有大、小支流与干流相连的地段。喜欢群居,尤其在春天交配季节,集群行为就更明显,每群一般 2～6 头。其活动范围广,但对水文条件要求较高,经常在一个国家区域停留一段时间,待水文条件发生改变后,又迁入另一水域,以鱼类为食,白鳍豚两年繁殖一次,每胎1仔,出生时体长80厘米左右。

江豚:别名江猪、海猪,属于鼠豚科,学名为*Neophocaena phoconoides*。属于国家二级保护动物。分布于渤海、黄海、东海、南海入海口及长江中下游。

江豚形似海豚而小,体长150厘米左右,体重100~200千克,多聚集在咸淡水交汇的水域内,也可游至长江中游,适应环境的能力较强。常单独活动,有时也结成2~3只的小群。江豚一般在春季繁殖,分娩持续时间较长,4~5月份为产仔期,初生仔身长约70厘米,每胎1仔。江豚食性广,以鱼类为主,也食虾类和头足类动物。

鼷鹿:别名小鼷鹿,属于鼷鹿科,学名为*Tragulus javanicus*。属于国家一级保护动物。在我国分布于云南南部,鼷鹿是保留着许多原始特征的鹿类动物,在进化生物学中很有价值。

鼷鹿是偶蹄类中最小的动物,大小似兔,体长47厘米左右,体重约2千克左右。两性均无角,雄性有发达的獠牙,生活在热带次生林、灌丛、草坡,常在河谷灌丛和深草丛中活动,有时也进入农田,性情孤独,在草、灌木丛中十分灵敏,善于隐蔽,一般不远离栖息地,主要在晨昏活动,以植物嫩叶、茎和浆果为食,全年繁殖,每胎1仔,偶尔也产2仔,幼仔出生半小时就能活动。

林麝:别名香獐、林獐、麝鹿、麝,属于麝科,学名为*Moschus berezovskii*。国家二级保护动物。在我国分布于西北、华北及西南部分省区。

林麝是鹿属中体型最小的一种,体长70厘米左右,肩高47厘米,体重7千克左右,雌雄均无角。生活在针叶林、针阔混交林区,性情胆怯,过独居生活,嗅觉灵敏,行动轻快敏捷。随气候和饲料的变化垂直迁移。食物多以灌木树叶为主。发情期交配多在11~12月份,在此期间,雌雄合群,雄性间发生激烈的争偶斗殴。孕期6个月,每胎1~3仔。国内已有养殖,雄麝所产麝香是名贵的中药材和高级香料。

马麝:别名香獐、马獐、麝,属于麝科,学名为*Moschus sifanicus*。属于国家二级保护动物。在我国分布于甘肃、宁夏、青海、四川和西藏。

马麝是体型最大的一种麝,体长80~90厘米,肩高55厘米,体重10~15千克。栖息在高山草甸、裸岩山地等地,善于奔跑在悬崖峭壁上,活动、排便及栖息地都有固定的路线及场所。有“舍命不舍山”之说。国内有养殖,寿命12~15年。雄麝分泌的麝香是名贵的中药材和高级香料。

河麝:别名獐、牙獐,属于麝科,学名为*Hydropotes inerals*。属于国家二级保护动物。在我国分布于江苏、浙江、湖北和湖南。河麝是麝科动物中繁殖力最高、生长速度最快的种类,很有驯养前途,国内已有少量养殖。

河麝外形比林麝稍大,体长90~100厘米,肩高55厘米,体重约15千克,雌雄无角,雄性獠牙发达。冬季栖息于浅山丘陵地带,夏季迁至多苇草的湿地,感觉灵敏,常潜伏在草丛中,会游水,独居或成对生活,以各种青草、树皮、树叶为食,每胎1~3仔,多者6仔。

黑麂:别名红头青麂、乌金麂、蓬头麂,属于鹿科,学名为*Muntiacus crinifrons*。属于国家一级保护动物。在我国分布于安徽、浙江、江西和福建。黑麂是我国特产动物,有较高的研究、经济价值。

黑麂是麂类中体型较大的种类,栖息在山地丛林中。雄性有角,头顶部和两角之间有一簇长达 5～7 厘米的棕色冠毛。胆小怯懦，畏惧感强，大多数独居生活，有游走觅食的习性，在一定的范围内来回觅食，直到吃饱为止；以乔、灌木嫩枝叶、花果或草本植物为食。繁殖期不固定，孕期约 6 个月，每胎 1 仔。

白唇鹿：别名岩鹿、白鼻鹿、黄鹿，属于鹿科，学名为 *Cervus albirostris*。国家一级保护动物。在我国分布于青海、甘肃及四川西部、西藏东部。

白唇鹿的体型大小与水鹿、马鹿相似，唇的周围和下颌为白色，故称“白唇鹿”，为我国特有种。成年雄鹿角的直线长可达 1 米，有 4～6 个分叉，雌性无角。栖息在海拔 3500～5000 米的高寒灌丛及草原上，白天常隐于灌木丛中，也攀登裸岩峭壁，善于爬山奔跑，喜欢集群生活。主要采食禾本科、蓼科、莎草科植物，也吃树叶，有食盐的习性。发情交配多在 9～11 月份，雄性间有激烈的争偶格斗，每胎 1 仔。幼鹿身上有白斑，鹿茸产量较高，是名贵中药材。

坡鹿：别名海南坡鹿、泽鹿，属于鹿科，学名为 *Cervus eldii*。属于国家一级保护动物。在我国分布于海南，分布范围狭窄，数量很少，营养价值很高。

体型与梅花鹿相似而稍小，但颈、躯体和四肢更为细长，显得格外矫健。雄鹿具角。栖息在海拔 200 米以下的低丘、平原地区。性喜群居，但长茸雄鹿多单独行动。坡鹿喜集聚于小河谷活动。警觉性高，没吃几口便抬头张望。稍有动静便疾走狂奔，几米宽的沟壑一跃而过。取食草和嫩树枝叶，也喜欢到火烧迹地舔食草木灰。发情交配多在 4～5 月份。在发情期，雄性之间为独霸雌鹿群而发生激烈格斗。每胎 1 仔。

梅花鹿：别名花鹿、鹿，属于鹿科，学名为 *Cervus nippon*。属于国家一级保护动物。在我国分布于东北、安徽、江西和四川。梅花鹿具有极高的经济价值，历史上捕捉猎杀过度，野生数量极少，现人工养殖种群已达数十万只。

梅花鹿是一种中型鹿，体长 140～170 厘米，肩高 85～100 厘米，成年体重 100～150 千克，雌鹿较小，雄鹿有角，一般似叉。生活于森林边缘或山地草原地区。季节不同，栖息地也有所改变，雄鹿平时独居，发情交配时归群。晨昏活动，以树叶为食，好舔食盐碱，雄鹿间争雌很激烈，各自占有一定的地盘范围，每胎 1 仔。

豚鹿：别名芦蒿鹿，属于鹿科，学名为 *Cervus porcinus*。属于国家一级保护动物。在我国分布于云南南部。我国的野生种群已濒临灭绝。

矮小粗壮的豚鹿，体长 100～115 厘米，肩高 60～70 厘米，尾长约 17 厘米，体重 35～50 千克，雄性有三叉型角；臀部钝圆且较低，看似猪臀部，故名豚鹿。栖息于沿河两岸的湿地。昼伏夜出，既善穿越灌草丛，也能跳跃障碍。多单独活动，在发情交配期临时结成小群。喜欢吃烧荒后再生的嫩草，也吃芦苇叶和其他水生的植物，偶尔偷食大豆、玉米苗和瓜类等作物。每胎 1 仔，幼仔身上有白斑点。

水鹿：属于鹿科，学名为 *Cervus unicolor*。属于国家二级保护动物，在我国分布于中南和西南地区。

水鹿躯体粗壮，体长 140～260 厘米，肩高 120～140 厘米，体重 100～200 千克，角的主干只一次分叉，全角共三叉。颈腹部有手掌大的一块倒生逆行毛；毛呈偏圆波浪形弯曲。生活于热带和亚热带林区、草原以及高原地区，常聚小群活动，夜行性。白天隐于林间休息，黄昏开始活动，喜欢在水边觅食，也常到水中浸泡，善游泳，所以叫“水鹿”。感觉灵敏，性机警，善奔跑。以草、树叶、嫩枝、果实等为食。繁殖季节不固定，每胎1仔，幼仔身上有白斑。

麋鹿：别名四不像，属于鹿科，学名为 *Elaphurus davidianus*。世界珍稀动物，属于国家一级保护动物。在我国原产于辽宁、华北、黄河和长江中下游。

18世纪我国野生麋鹿群已经灭绝，仅在北京南苑养着专供皇家狩猎的鹿群，后被八国联军洗劫一空，盗运国外。1985年以来，我国分批从国外引回80多只，饲养在北京南苑和江苏。

麋鹿体长约200厘米，体重约100(雌)～200(雄)千克，因其头似马、角似鹿、尾似驴、蹄似牛而俗称四不像。仅雄鹿有角，颈和背比较粗壮，四肢粗大，主蹄宽大能分开，趾间有皮腱膜，侧蹄发达，适宜在沼泽地行走。由化石资料显示，麋鹿原产于我国东部湿润的平原、盆地，北起辽宁，南到海南，西至山西、湖南，东抵东海都有分布，为草食性动物，取食多种禾草、苔草及鲜嫩树叶。喜群居，发情期一雄多雌，每胎产1仔。

藏羚：别名藏羚羊、长角羊、羚羊，属于牛科，学名为 *Pantholops hodgsoni*。属于国家一级保护动物。在我国分布于四川、青海、新疆和西藏。

藏羚为我国特有动物，体长135厘米，肩高80厘米左右，体重达45～60千克。栖息在海拔4000～5300米的高原地带。特别喜欢在有水源的草原上活动。营群居生活，平时雌雄分群活动，一般2～6只或10余只结成小群或数百只以上的大群，晨昏活动，性怯懦机警，听觉和视觉发达，常出没在人迹罕至的地方，极难靠近，有长距离季节迁移现象。食物以禾本科和莎草科植物为主。发情期为冬末春初，雄性间有激烈的争雌现象，1只雄羊可带领几只雌羊组成一个家庭，6～8月份产仔，每胎1仔。

高鼻羚羊：别名赛加羚羊、大鼻羚羊，属于牛科，学名为 *Saiga tatarica*。属于国家一级保护动物。原产新疆准葛儿盆地。我国野生种群已经灭绝，现已引种回国。人们通常所说的名贵药用“羚羊角”就是出自高鼻羚羊。

高鼻羚羊体长100～150厘米，肩高63～83厘米，雄性成年体重37～60千克，雌性29～37千克。雄性具角，长28～37厘米、基部约3/4具环棱，呈琥珀色。因鼻部特别隆大而膨起，向下弯，鼻孔长在最尖端，因而得名“高鼻羚羊”。生活于荒漠、半荒漠地带。结成小群生活。有时也有成百上千只的大群迁移。冬季多在白天活动，夏季主要在晨昏活动。有季节性迁移现象，冬季向南移到向阳的温暖山坡地带。跑得很快，且有耐力。食物以草和灌丛为主。于秋末冬初发情交配。雄性间有激烈的争雌现象，但时间不长。孕期6个多月，每胎1～2仔。

扭角羚：别名羚牛、金毛扭角羚、牛羚，属于牛科，学名为 *Budorcas taxicolor*。属于国家一级保护动物。在我国分布于陕西、甘肃、四川、云南及西藏。

扭角羚体型粗壮，体长200厘米左右，肩高150厘米左右，体重250千克左右。雌雄均具角，角形弯曲特殊，呈扭曲状，故而称“扭角羚”。我国分布的四个亚种毛色均不同，秦岭亚种为白色或金黄色；不丹亚种则为浅棕色，且有一明显的黑色背中线，初生牛犊为咖啡色。栖息于海拔1500～4000米的山地森林中。营群居生活，少者3～5只，多者数十只或上百只。群中都有“哨牛”，职责是站在高处警戒。扭角羚看上去又粗又笨，但反应很敏锐，攀爬能力较强。以各种树枝、树叶、竹叶、青草等为食，随着季节和食物基地的变化而迁移。繁殖期 6～8 月份，孕期 8 个月左右，每胎 1 仔。

鬣羚：别名苏门羚、明鬃羊、山驴子，属于牛科，学名为 *Capricornis sumatraensis*。属于国家二级保护动物。在我国分布于西北、西南、华东、华南和华中地区。

鬣羚外形似羊，体重 60～90 千克，雌雄均有短而光滑的黑角，耳似驴耳，狭长而尖，自角的基部至颈背有长十几厘米的白色鬣毛，甚为明显，尾巴较短，四肢短粗，适于在山崖乱石间奔跑跳跃，全身被毛稀松而粗硬，通体略称黑褐色，但上下唇及耳内污白色。生活于高山岩壁或森林峭壁，单独生活或小群生活，多在早晨和黄昏活动，行动敏捷，在乱石间奔跑很迅速。取食草、嫩枝和树叶，喜食菌类，秋季发情交配，孕期 7～8 个月，每胎 1 仔，偶产 2 仔。

赤斑羚：别名红青羊、红山羊、红斑羚，属于牛科，学名为 *Naemorhedus cranbrooki*。属于国家一级保护动物。在我国分布于云南西部及西藏东南部，我国是 1979 年发现赤斑羚的，数量极少。

赤斑羚体长 95～105 厘米，肩高 60～70 厘米，雌雄均具一对黑色角，典型的林栖动物，多生活在海拔 1500～4000 米林内较空旷处或林缘多巨岩陡坡的地方。活动范围较固定。性机警，步履轻盈，受惊后迅速窜入附近躲避。多成对或集群生活，早晨和午后觅食，主要以植物的嫩芽、绿叶为食。冬季为繁殖期，6～8 月份产仔，每胎 1～2 仔。

斑羚：别名青羊、山羊，属于牛科，学名为 *Naemorhedus goral*。属于国家一级保护动物。在我国分布于东北、华北、西南、华南等地。

斑羚大小如山羊，但无胡须。体长 110～130 厘米，肩高 70 厘米左右，体重约 40～50 千克。雌雄均具有黑色短直的角，长 15～20 厘米。生活于山地森林中，单独或成小群生活。多在早晨和黄昏活动，极善于在悬崖峭壁上跳跃、攀登，视觉和听觉也很敏锐。以各种青草和灌木的嫩枝叶、果实等食。秋末冬初发情交配，孕期 6 个月左右，每胎 1 仔，偶产 2 仔。

喜马拉雅塔尔羊：别名长毛羊、塔尔羊，属于牛科，学名为 *Hemitragus jemlahicus*。属于国家一级保护动物。在我国分布于西藏喜马拉雅山南坡。在我国属边缘分布，数量极少，我国是在 1974 年发现的。

喜马拉雅塔尔羊体型粗壮，体长 120～140 厘米，肩高 84～101 厘米。雄性体重可达 90 千克，整个头形狭长，雌雄具黑褐色的角，但雄羊角比雌羊角粗大，正面观二角呈倒"人"字形。主要栖息于海拔 3000～4000 米的喜马拉雅山南坡。常活动于崎岖的裸岩山地及林缘，适应严寒多雨的气候，晚上在高山灌丛带或多岩石地区隐藏。多为几十只集群。活动范围较固定，性机警，难以接近，以草本植物为食，也吃灌木的嫩叶，一般冬末春初交配，每胎 1 仔，偶产 2 仔。

北山羊：别名亚洲羚羊、悬羊，属于牛科，学名为 *Capra ibex*。属于国家一级保护动物。在我国分布于新疆、甘肃、内蒙古、青海。

北山羊形似家山羊而体型较大，体长 115～170 厘米，肩高约 100 厘米，体重约 50 千克左右。雌雄体都有角，但雄羊角特别长，达 140 厘米，呈弧形向后弯曲。夏天栖息于高山草甸及裸岩区，冬春迁至海拔较低的地区活动。多在晨昏活动。采食各种野草，常十余只集群活动，有时可达数十只。性机警，视、听、嗅觉都很灵敏。11～12 月份发情交配，次年 5～6 月份产仔，每胎 1～2 仔。

岩羊：别名崖羊、石羊，属于牛科，学名为 *Pseudois nayaur*。属于国家二级保护动物。在我国分布于西南、西北及内蒙古。

岩羊形态介于绵羊与山羊之间，体长 110～120 厘米，肩高 60～80 厘米，体重 45 千克左右，公羊角特别大，长约 60 厘米，母羊角很短，长约 13 厘米。典型的裸岩区栖息动物，生活在海拔 3100～6000 米的高山裸岩和草甸地带，结群生活，有负责放哨的个体在群外站岗，一有动静，它就发出警报，全群即迅速上峭壁，善攀登跳跃，以草类、树叶、嫩枝等为食，冬季发情交配，每胎 1 仔。

盘羊：别名大头羊、大角羊，属于牛科，学名为 *Ovis ammon*。国家二级保护动物。在我国分布于新疆、青海、甘肃、西藏、四川、内蒙古。体形最大的野生羊类，盘羊角是世界狩猎爱好者收藏的珍品。

盘羊身躯粗壮，体长 150～180 厘米，肩高 50～70 厘米，体重 110 千克左右。雄性角特别大，呈螺旋状扭曲一圈多，角外侧有明显而狭窄的环棱，角基粗，周长约 16 厘米，角最长可达 133 厘米。雌性角短而细，弯曲度也不大，角长不超过 50 厘米。栖息于海拔 3000～6000 米的高山裸岩地带，经常出没在半开阔的峡谷和山麓间，很少在雪线以下活动。通常集成小群，有时集合成较大的群体，主要在晨昏活动，冬季也常常在白天觅食，包括草、树叶和嫩枝。善于爬山，比较耐寒，在秋末和初冬发情交配，孕期 6 个月，每胎 1～2 仔。

海南兔：属于兔科，学名为 *Lepus hainanus*。国家二级保护动物。在我国分布于海南西部。海南兔为当地有产业价值的毛皮兽，由于滨海地区大面积垦殖，栖息环境缩小，数量锐减。

海南兔是我国野兔中体型最小、毛色最艳丽的一种，体长不到 40 厘米，体重 1.5 千克。其外部形态与草兔大体相似，尾毛上黑下白；颏、腹和四肢后面的毛均为白色；耳后有明显的白色边缘，脚掌为暗棕色毛。生活在海南西部丘陵陡坡地上的旱生性草原，喜藏于灌丛和芭茅丛。在地势较平坦、气候较凉爽、草本丛生地段较多，以夜间生活为主，晨昏最为频繁。

雪兔：别名白兔、变色兔，属于兔科，学名为 *Lepus timidus*。属于国家二级保护动物。在我国分布于黑龙江、内蒙古及新疆北部。冬毛柔软且质量好，可以人工驯养。

雪兔躯体略大于草兔，体长 45～62 厘米，栖息于寒温带针叶林和苔原地区。行动机警，听觉和嗅觉发达。白天隐藏于洞穴中，夜间出来觅食。一般活动范围比较固定，雌雄兔成对活动。降雪时，常做成深达 1 米以上的洞穴，雪地上形成纵横交错的跑道。食物包括各种草、树叶、嫩枝及树皮等。每年产仔 2～3 窝，孕期约 50 天，每胎一般 3～5 仔。初生的幼兔能睁眼，可以活动，全身被毛。

塔里木兔：属于兔科，学名为 *Lepus yrkandensis*。属于国家二级保护动物。中国的特产物种，产于新疆南部塔里木盆地。

塔里木兔体型较小，体长 35～43 厘米，尾长 5～10 厘米，体重不到 2 千克。由于长期适应干旱自然环境，其形态高度特化：毛色浅淡，北部沙黄褐色，尾部无黑色，整体毛色与栖息环境非常接近；听觉器官高度发达，耳长达 10 厘米，超过其他兔类。利用长耳壳可接收到较远距离的微弱声响，及时发现并逃脱天敌。栖息于盆地中各种不同的荒漠环境和绿洲，白天活动，晚间常在灌木丛下挖潜藏身，以灌木的树皮和嫩枝为食，也取食芦苇嫩茎，每年于5月和8月繁殖两次，每窝产仔2～5只。

鼋(yuan)：别名银鱼，属于鳖科，学名为 *Pelochelys bibrool*。国家一级保护动物，在我国分布于云南、海南、广东、广西、福建、浙江、江苏。

鳖科动物中最大的一种，背甲长33～47厘米，宽30～41厘米，栖息于江河、湖泊中，善于钻泥沙，以水生动物为食。我国古代即开始饲养，常在庭院放养一两只，由于鼋的背甲骨板可以入药，且肉味鲜美，因此遭到了大量捕杀，现在野存的数量已经不多。

山瑞：别名山瑞鳖、团鳖、瑞鳖，属于鳖科，学名为 *Palea steindachneri*。国家二级保护动物。在我国分布于云南、贵州、广东、广西、海南。

山瑞背甲长7～16厘米，宽6～14厘米，一般形态与鳖极为相似，主要区别在于颈基部两侧及背甲前缘有粗大疣粒。生活在山地的河流和池塘中，以水栖小动物为食。食用价值较高，甲也可入药。现在数量已很稀少，与普通鳖极易混淆，误捕误杀较严重。

鳄蜥：别名睡蛇、雷公蛇、瑶山鳄蜥，属于鳄蜥科，学名为 *Shinisaurus crocodilurus*。国家一级保护动物，产于广西大瑶山，瑶山鳄蜥为我国特产动物。

鳄蜥全长15～23厘米，尾长超过体长。身体类似蜥蜴，呈圆柱形，尾侧扁，类似鳄，故名“鳄蜥”。生活在山间溪流的积水流中，晨昏活动。白天在细枝上熟睡，受惊后当即跃入水中，每年6～8月份繁殖，卵胎生，11月至次年3月冬眠，食物以昆虫为主，吃蝌蛙、蚪、小鱼、蠕虫等。

蟒：别名南蛇、蚺蛇、琴蛇，属蟒科，学名为 *Python molurus*。国家一级保护动物，在我国分布于云南、贵州、福建、广东、广西、海南。目前野外的数量已经很少。

蟒是中国最大的蛇类，体长6～7米，头颈分区明显。栖息于热带和亚热带丛林中，善攀缘，亦可栖于水中，夜间活动。以各种脊椎动物为食，有时也可吞食几十千克重的小牛，捕食较大的猎物时，通常是把猎物缠紧待窒息死亡后吞食，每年4～6月份产卵，每窝10～100枚卵，雌莽盘伏于卵上孵育。

扬子鳄：别名中华鳄、土龙、猪婆龙，属于鼍科，学名为 *Alligator sinensis*。国家一级保护动物，在我国分布于安徽、浙江和江苏的交界处。

扬子鳄成体可长达2米左右，尾长与身长相近。在江湖和水塘边掘穴而栖，性情凶猛，以各种兽类、鸟类、爬行类、两栖类和甲壳类动物为食。扬子鳄是我国特有的孑遗物种，它在生理上具有很多残遗特征，分布的不连续性也说明了这一点。

大鲵：别名娃娃鱼，属于鳃鲵科，学名为 *Andrias davidianus*。国家二级保护动物。在我国分布于华北、华中、华南和西南各省。

大鲵为我国特有物种，因其叫声也类似婴儿啼哭，故俗称“娃娃鱼”。是现存有尾目中最大的一种，最长可超过1米。生活在山区的清澈溪流中，一般聚居在山溪的石缝间，洞穴位于水面以下，每年7～8月份产卵，每尾产卵300枚以上。雄鲵将卵带绕在背上，2～3周后孵化。大鲵的心脏结构特殊，已经出现了一些爬行类的特征，具有重要的研究价值。由于肉味鲜美，被视为珍品，遭到捕杀，资源已受到破坏。

红脚鲣鸟：别名鲣鸟，属于鲣鸟科，学名为 *Sula sula*。国家二级保护动物。在我国分布于西沙群岛。

游禽，全长75厘米左右，通体大部呈白色。营海洋群集生活。翅尖长，善飞行。繁殖期从3月份至初秋。营巢于石滩或岛屿上的矮灌丛和乔木上，偶尔在地面筑巢。每窝产卵1～2枚，椭圆形，表面粗糙，色青白，育雏期间，亲鸟反刍胃内食物哺育雏鸟。

褐鲣鸟：别名鲣鸟，属于鲣鸟科，学名为 *Sula leucogaster*。国家二级保护动物。在我国分布于西沙群岛。

游禽。全长约70厘米。上体棕褐色，翅和尾羽的羽轴色更浓，各羽具白或棕白色羽端。前颈和胸部与上体色同，下体余部纯白色。嘴及围眼裸皮黄绿色。脚淡黄。冬候鸟，营海洋群集生活，善游泳，以鱼为食。繁殖习性似红脚鲣鸟。

东方白鹳：别名老鹳，属于鹳科，学名为 *Lxobrychus minutus*。国家一级保护动物。在我国东北中、北部繁殖，越冬于长江下游及以南地区。

大型涉禽。全长约120厘米。在沼泽、湿地、塘边涉水觅食，主要吃鱼、昆虫等。性宁静而机警，飞行或步行时举止缓慢，休息时常常是单足站立。3月份开始繁殖、筑巢于高大乔木或建筑物上，每窝产卵3～5枚，白色，雌雄轮流孵卵，孵化期约30天。我国约有2500～30000只。

黑鹳：别名乌鹳，属于鹳科，学名为 *Ciconia nigra*。国家一级保护动物。在我国河北、新疆及甘肃北部繁殖，于长江流域及以南地区越冬。

大型涉禽。全长约110厘米。嘴长而粗壮。上体、翅、尾、胸部羽毛黑色，泛有紫绿色光泽。眼周裸皮红色。胸以下的下体白色。嘴和脚红色。栖息于河流沿岸、沼泽山区溪流附近。涉水取食鱼、蛙、蛇和甲壳动物。4月份开始繁殖，在岩崖缝隙中或大树上筑巢，每窝产卵3～6枚，乳白色，有少量浅橙黄色隐斑块。孵卵期31～34天。65～70日龄的幼鸟有飞翔能力。

朱鹮：别名朱鹭，属于鹮科，学名为 *Nipponia nippon*。国家一级保护动物。在我国分布于陕西省洋县秦岭南麓。

全长79厘米左右，体重约1.8千克。栖息于海拔1200～1400米的疏林地带。在附近溪流、沼泽及稻田内涉水，涉水觅食小鱼、蟹、虾等水生动物，也吃昆虫。在高大的树木上休息及夜宿。留鸟，秋冬季节成小群向低山及平原作小范围游荡。雌雄羽色相近，体羽白色，羽基微染粉红色。后枕部有长的柳叶形羽冠，额至面颊部皮肤裸露，呈鲜红色。朱鹮是稀世珍禽，20世纪前在中国东部、日本、俄罗斯、朝鲜等地曾有较广泛的分布，由于环境恶化等因素导致种群数量急剧下降，至20世纪70年代野外已无踪影。朱鹮在日本、俄罗斯、朝鲜三个国家已经被宣告灭绝。中国是世界上唯一有野生朱鹮分布的国家。

百鹮：属于鹮科，学名为 *Threskiornis aethiopicus*。属于国家二级保护动物。在我国东北北部繁殖，去广东、福建越冬。

大型涉禽。全长约70厘米，全身羽毛白色，头与上颈皮肤裸露，成黑色，背及颈的下部有灰色(冬季无)，嘴长而向下弯，黑色，脚黑色。栖息于河、湖岸边及沼泽湿地，涉水觅食小鱼等水生生物，繁殖期两性共同在近水岸边大树上筑巢，每窝产卵2～4枚，淡蓝色，有少许斑点或无斑点。

白琵鹭：别名琵鹭、琵琶嘴鹭，属于鹮科，学名为 *Platalea leucorodia*。国家二级保护动物。在我国东北、华北、西北一带繁殖，去长江下游和华南一带越冬。

大型涉禽。全长85厘米左右。全身羽毛白色,眼圈、颈、上喉裸皮黄色,嘴长直,扁阔似琵琶,故而得名。胸及头部冠橙黄色(冬季纯白)。颈、腿均长,腿下部裸露呈黑色。栖息于沼泽、河滩等处,涉水啄食小型动物,也吃植物,筑巢于近水高树上或芦苇丛中,每窝产卵3～4枚,白色无斑点或有稀疏斑点。雌雄轮流孵卵约25天,雏鸟约40天能飞。

黑脸琵鹭:别名黑面琵鹭,属于鹮科,学名为*Platalea minor*。属于国家二级保护动物。产于我国东北至华南沿海,如长江流域、海南岛、台湾、香港。

大型涉禽。全长约80厘米,体羽白色。后枕部有长羽簇构成的羽冠;额至面部皮肤裸露,黑色。嘴黑色,长约20 cm,先端扁平呈匙状。腿长约12 cm,腿与脚趾均黑。雌雄羽色相似,冬羽与夏羽有别;冬羽纯白,羽冠较短;夏羽羽冠及胸羽染黄色。栖息于湖泊、沼泽及沿海滩涂等处。涉水觅食小鱼、虾、蟹及螺类等动物。黑脸琵鹭主要分布于中国、俄罗斯、朝鲜及日本。

红胸黑雁:属于鸭科,学名为*Branta ruficollis*。属于国家二级保护动物。产于我国湖南洞庭湖及广西南宁等地。

全长55厘米左右。体羽有金属光泽。头、后颈黑褐色;两侧眼和嘴之间有一椭圆形白斑;脸后侧有大块红色斑,外围具宽白色纹;前颈和前胸为棕红色,外围以白色纹与脸后白纹相连。翅黑色,折翅时有两道细横纹,背、尾羽黑褐色,嘴、脚均为黑褐色。为典型的冷水性海洋鸟,耐严寒,喜栖于海湾、海港及河口等地。以植物嫩茎叶、种子等为食。

大天鹅:别名鹄(谷)、咳声天鹅,属于鸭科,学名为*Cygnus cygnus*。属于国家二级保护动物。在我国新疆、内蒙古、黑龙江一带繁殖,越冬于长江流域及以南地区。

大型游禽。全长约140厘米,全身羽毛纯白色。颈部修长而弯曲,眼至嘴基部浅黄色、上嘴黄色可达鼻孔,嘴尖及下嘴黑色,脚黑色。栖息于多芦苇的大型湖泊、池塘和沼泽地带。以水生植物为食,也吃水生昆虫和软体动物,5～6月间繁殖,筑巢于干燥地面或浅滩的芦苇间,每窝产卵4～6枚,白色或象牙色,孵卵期35～40天。

小天鹅:别名啸声天鹅、短嘴天鹅,属于鸭科,学名为*Cygnus colunbianus*。国家二级保护动物。在我国东北、内蒙古、新疆北部及华北一带繁殖,南方越冬,偶见于台湾。

大型游禽。全长约110厘米,体羽洁白,头部稍带棕黄色。颈部和嘴均比大天鹅稍短,嘴基黄色区比大天鹅小,嘴大部为灰黑色,脚黑色。生活在多芦苇的湖泊、水库和池塘中,主要以水生植物的根茎和种子为食,也吃少量水生昆虫、螺等。生活习性似大天鹅,每年3月成对北迁,筑巢于河堤的芦苇丛中,每窝产卵5～7枚,白色,孵卵由雌鸟担任,孵卵期29～30天,50～79日龄雏鸟获得飞翔能力。

鸳鸯:别名官鸭,属于鸭科,学名为*Aix galericulata*。国家二级保护动物。在我国东北北部、内蒙古繁殖,东南各省及福建、广东越冬,少数在台湾、云南、贵州等地是留鸟。福建省屏南县有一条11公里长的白岩溪,溪水深秀,两岸山林恬静,每年有上千只鸳鸯在此越冬,又称鸳鸯溪,是中国第一个鸳鸯自然保护区。

鸳鸯最有趣的特性是"止则相耦,飞则成双"。千百年来,鸳鸯一直是夫妻和睦相处、相亲相爱的美好象征,也是中国文艺作品中坚贞不移的纯洁爱情的化身,备受赞颂。不过根据科学研究,鸳鸯并不是终生不二配的。

金雕:别名鹫雕、金鹫、黑翅雕、洁白雕等,属于鹰科,学名为*Aquila chrysaetos*。国家一级保护动物。遍布我国东北及中西部山区,留鸟;偶见于安徽潮州、江苏镇江、浙江温州等地。

大型猛禽。全长约86厘米,体羽主要为栗褐色,幼年时,头部及颈部羽毛呈黄棕色;除初级飞羽最外侧的三枚外,所有飞翔的基部均缀有白色斑块;尾羽灰白色。成年后,翅和尾部羽毛均不带白色;头顶羽毛加深,呈现金褐色,嘴黑褐色,趾、爪黄色。多栖息于高山草原和针叶林地区,平原少见。性凶猛而力强,捕食鸡、鸽、野兔,甚至幼麝等。繁殖期在2～3月间,多营巢于难以攀登的悬崖峭壁的大树上,每窝产卵1～2枚,青白色,带有大小不等的深赤褐色斑纹。孵卵期44～45天,育雏时雌雄共同参与,雏鸟77～80天离巢。

虎头海雕:别名虎头雕,属于鹰科,学名为 *Haliaeetus pelagicus*。国家一级保护动物。在我国分布于黑龙江、辽宁、河北、陕西、台湾。

大型猛禽。全长约100厘米,体羽大部分为黑褐色,具灰褐色斑纹。额、肩、腰、尾上及尾下覆羽、腿覆羽及尾羽白色。幼鸟这些白色羽毛大多具有暗褐色斑纹。嘴、脚深黄色。栖息于金海的河沼地区高树上,主食鱼类,也食水禽、啮齿动物和腐尸,在崖壁或大树上以枯枝筑巢,每窝产卵2枚,白色。

练※习※题

1. 下列哪种生物不是羊膜动物(　　)。
   A. 壁虎　　B. 褐马鸡　　C. 青蛙　　D. 狮子
2. 下列不属于原生生物界的为(　　)。
   A. 粘菌　　B. 草履虫　　C. 衣藻　　D. 蓝藻
3. 下列属于裸子植物的是(　　)。
   A. 石松　　B. 卷柏　　C. 冷杉　　D. 角苔
4. 下列哪种动物属于环节动物门(　　)。
   A. 沙蚕　　B. 水螅　　C. 血吸虫　　D. 线虫
5. 下列属于原生生物界的为(　　)。
   A. 水螅　　B. 草履虫　　C. 蘑菇　　D. 蓝藻
6. 下列属于裸子植物的是(　　)。
   A. 石松　　B. 卷柏　　C. 银杏　　D. 苔藓
7. 两栖动物体温不恒定与下列哪个特征有关(　　)。
   A. 肺呼吸　　B. 鳃呼吸　　C. 皮肤呼吸　　D. 两心房一心室
8. 下列哪种植物的受精过程不能脱离了水的限制(　　)。
   A. 银杏　　B. 卷柏　　C. 巨柏　　D. 翠柏
9. 【判断】棘皮动物是动物界最大的一门,约120万种,占动物总种数的84%。(　　)
10. 【判断】最原始、最低等的多细胞动物,它们的体壁由两层细胞组成(皮层和胃层),其间为中胶层,是海绵动物。(　　)
11. 以蝗虫为代表,说说昆虫纲的主要特征。
12. 简述鱼类适于水中生活的结构。

13. 下列产于我国西沙群岛的是(　　)。

A. 东方白鹳　　B. 朱鹮　　C. 红脚鲣鸟　　D. 大天鹅

14. 我国特有物种,因其叫声也类似婴儿啼哭,故俗称“娃娃鱼”,是现存有尾目中最大的一种,是(　　)。

A. 扬子鳄　　B. 小鲵　　C. 大鲵　　D. 巨蜥

15. 仅发现于四川万县和石柱县的中国特有的铁线蕨科最原始的类型,它是(　　)。

A. 鹿角蕨　　B. 对开蕨　　C. 玉龙蕨　　D. 荷叶铁线蕨

16. 偶蹄类中最小的动物,大小似兔,产于云南南部,保留着许多原始特征的鹿类动物,在进化生物学中很有价值,是(　　)。

A. 鼷鹿　　B. 林麝　　C. 黑鹿　　D. 麋鹿

17. 我国野兔中体型最小、毛色最艳丽的一种是(　　)。

A. 雪兔　　B. 塔里木兔　　C. 海南兔　　D. 台湾兔

18. 1986 年,从云南获得的极为稀有而尚未深入进行研究的低等猴类是(　　)。

A. 猕猴　　B. 蜂猴　　C. 倭蜂猴　　D. 马猴

19. 在中生代时期曾广泛分布于北半球的大型落叶乔木,现被称为“活化石”的是(　　)。

A. 苏铁　　B. 银杏　　C. 银杉　　D. 油杉

20. 常绿大乔木,高可达 57 m,我国特有珍贵树种,东亚最大的树木是(　　)。

A. 红桧　　B. 海南油杉　　C. 海南大风子　　D. 海南梧桐

21. 我国独有的现仅存 2 株的世界珍稀植物,是豆科中较原始的种类,它是(　　)。

A. 普陀鹅耳枥　　B. 绒毛皂荚　　C. 冷杉　　D. 羊角槭

22. 在海南海边的红树林内,高 4～8 m,基围达 2 m 以上,仅有 5 株的常绿乔木是(　　)。

A. 海南海桑　　B. 琼棕　　C. 海南大风子　　D. 海南梧桐

23. 有一种头似马、角似鹿、尾似驴、蹄似牛,俗称“四不像”的珍奇动物,其野生种群已于 18 世纪在我国灭绝。1985 年我国分批引进 80 多只,并建立自然保护区,进行在自然界恢复野生种群的研究,这种动物是(　　)。

A. 羚羊　　B. 野鹿　　C. 麋鹿　　D. 马鹿

24. 【判断】银杉是我国特有的古老残遗植物,也是我国东南沿海唯一残存至今的冷杉属植物。　　(　　)

25. 【判断】华南虎是现存最大的猫科动物,前额上的数条黑色条纹,中间常被串通,机似“王”字,故有“丛林之王”之美称。　　(　　)

第6章 生物与环境

每种生物都生活在一定的环境中，生物与环境有着非常密切的关系。研究生物与环境间相互关系的科学，称之为生态学。

生态学的研究，将使人们从世界范围、从整个生物圈角度来考虑环境问题，进一步认识人与生物圈的关系，设法恢复和保持生物圈的动态平衡，为合理开发自然、建设国土提供指导。

6.1 生物与环境

6.1.1 环境对生物的影响

环境是指某一生物体以外的空间及直接、间接影响该生物体生存的一切事物的总和。即某一特定生物体或生物群体生活空间的外界自然条件的总和，包括自然环境与人工环境。自然环境是指太阳与地球构成了生物生存的宇宙环境与地球环境，二者奠定了生态学上的宏观概念。

大气的对流层厚度约为10 km，占全部大气质量的70%～80%。对流层中，空气组成的主要成分保持不变。3～4 km以上高度内，CO_2要比下层少。O_2总含量近10^8 kg。全球估计有15亿km^3的水。其中海水占97%，淡水3%。生物可利用的淡水资源只有淡水总储量的0.34%，约占地球总储水量的7/100 000。岩石圈是指地球表面3040 km厚的地壳层。它是组成生物体的各种化学元素的仓库。

广义的人工环境包括所有的栽培植物、引种驯化以及所有农作物需要的环境。狭义的人工环境指的是人工控制下的植物环境。

环境中对生物的生长、发育、生殖、行为和分别有着直接影响的环境要素称为生态因子，是生物生存不可缺少的环境条件。生态因子是环境因子的一部分。生态因子根据性质归纳为五类：气候因子、土壤因子、地形因子、生物因子、人为因子。

生物对每一种生态因子都有其耐受的上限和下限，即生物对每一种生态因子都有其耐受范围。过多或不足都可能使生命活动受到抑制，甚至死亡。

1. 非生物因素

没有光照，绿色植物就不能进行光合作用，也就不能生存下去，因此光决定植物的分布和生理。在陆地上，有些植物只有在强光下才能生长得好，如松柏、杉、柳、槐等。在小麦灌浆时期，如遇阴雨连绵的天气，就会造成小麦的减产。有些植物只有在密林下层的阴暗处才能生长得好，如人参、三七等。海洋里，随着深度的增加，光线逐渐减弱，所分布的植物类型也有差异，在浅水层一般绿藻较多，稍深处有很多褐藻，在深一些的水层中则生长了一些红藻。阳光到达的极限是海平面以下200米处。因此，在200米以下的水域里，植物就难以生存了。

光对动物的影响也很明显。例如，日照时间的长短能影响动物的生殖活动，有的动物需要在长日照的条件下进行繁殖活动，如貂；有的动物需要在短日照的条件下进行繁殖，如鹿和山羊等。

生物体的新陈代谢需要在适宜的温度范围内进行，因此温度是一种重要的生态因素。

温度对植物的分布有着重要影响。例如，在寒冷地带的森林中，针叶林较多；在温暖地带的森林中，阔叶林较多。苹果、梨等果树不宜在热带地区栽种，香蕉、菠萝不宜在寒冷地区栽种，这些都是受到温度的限制。

温度能影响动物的形态。有人发现，同一个种类的哺乳动物，在寒冷地区生活的个体，尾、耳廓、鼻端等都比较短小，这样可以减少身体的表面积，从而尽量减少热量的散失。如生活在北极的极地狐与生活在非洲沙漠的沙漠狐相比，耳廓要小得多。

一切生物的生活都离不开水。生物体内大部分都是水。

对于植物来说，水是植物进行光合作用的重要原料。水在植物体内起着运输的作用，它能把有机物、无机盐和氧等物质运输到植物体的各个部位，还可以调节植物体的温度。据统计，一株玉米每天大约需要消耗2 kg的水。

对于动物来说，缺水比缺食物的后果更为严重。绝大多数动物在没有食物的情况下，要比在没有水时生存的时间长。

在一定地区，一年中的降水总量和雨季的分布，是决定陆生生物分布的重要因素。例如，在干旱的沙漠地区，只有少数耐干旱的动植物能够生存；而在雨量充沛的热带雨林地区，却是森林茂密，动植物种类繁多。

2. 生物因素

自然界中的每一个生物都受到周围很多其他生物的影响。在这些生物中，既有同种的，也有不同种的。因此，生物因素可以分为种内关系和种间关系。

生物在种内关系上，既有种内互助，也有种内斗争。种内互助的现象是常见的。例如，蚂蚁、蜜蜂等营群体生活的昆虫，它们往往是千百只个体生活在一起，在群体内部分工合作，有的负责采食，有的负责防卫，有的专门生育后代。人们常常能够见到，许多蚂蚁一起向一只大型的昆虫进攻，并且把它搬运到巢穴中。

同种生物个体之间，由于争夺食物、空间或配偶等，有时也会发生斗争。例如，在某些水体中，如除了鲈鱼以外，没有其他鱼类，那么鲈鱼的成鱼就会以本种的幼鱼作为食物。雄鸟在占领巢区后，如果发现同种的其他雄鸟进入自己的巢区，就会奋力攻击，将来者赶走。羚羊、海豹等动物在繁殖期，常常发生为争夺配偶而进行的雄性个体间的争斗。

种间关系是指不同物种生物之间的关系，包括互利共生、寄生、竞争、捕食等。

两种生物共同生活在一起，相互依赖，彼此有利，这种关系叫作互利共生。例如，豆科植物与根瘤菌之间有着密切的互利共生关系。植物体供给根瘤菌有机养料,根瘤菌则将空气中的氮转变为含氮的养料,供植物体利用。

生物界寄生的现象非常普遍。例如,蛔虫、绦虫和血吸虫等寄生在其他动物的体内,虱子和跳蚤寄生在其他动物的体表,菟丝子寄生在豆科植物上,噬菌体寄生在细菌内部,等等。

两种生物生活在一起,相互争夺资源和空间,这种现象叫作竞争。例如,农田中的小麦与某种杂草争夺阳光、水分和养料,小家鼠与褐家鼠争夺食物,等等。

捕食关系指的是一种生物以另一种生物作为食物的现象。例如,草食动物的兔以某些植物为食物,肉食动物中的狼又以兔为食物,等等。

总之,生物的生存受到很多生态因素的影响,这些生态因素共同构成了生物的生存环境。生物只有适应环境才能生存。

6.1.2 生物对环境的影响

生物的进化受到许多生态因素的影响,生物在长期的进化过程中形成了对环境的适应性;生物在适应环境的同时,也对环境有一定的影响。

生物对环境的适应普遍存在。现在生存的每一种生物,都具有与环境相适应的形态结构和生理特征。

植物的根、茎、叶、花、果实和种子等器官都有明显的适应性特征。例如,虫媒花一般都是颜色鲜艳,气味芳香,适于昆虫传粉;风媒花的花粉粒小而数量多,容易随风飘散,适于风媒传粉。借风来传播果实或种子的植物,如蒲公英、柳等,果实或种子上生有毛茸茸的白色纤维,这样可以随风飞扬。靠动物传播果实的植物,如窃衣、鬼针草、苍耳等,在果实的表面上有刺毛或倒钩,容易附着在动物身上,被动物带到其他地方去。

动物在形态、结构、生理和行为等方面也有许多适应性特征。例如,鱼的身体呈流线型,用鳃呼吸,用鳍游泳,这些都是与水生环境相适应的。蜥蜴和家兔等陆生动物用鳃呼吸,用鳍游泳,这些都是与陆生环境相适应的。猛兽和猛禽(如虎、豹、鹰等)都具有锐利的牙齿(或喙)和尖锐的爪,有利于捕食其他动物;被捕食的动物又能够以各种适应方式来防御敌害。例如,鹿、兔、羚羊等动物奔跑速度很快,豪猪、刺猬身上长满尖刺,黄鼬在遇到敌害时能释放臭气,等等。

很多生物在外形上都具有明显的适应环境的特征,在这些方面有很多生动有趣的现象,如保护色、警戒色、拟态等。

动物适应栖息环境而具有的与环境色彩相似的体色,叫作保护色。具有保护色的动物不容易被其他动物发现,这对它躲避敌害或捕获猎物都是有利的。昆虫的体色往往与它们所处环境中的枯叶、绿叶、树皮、土壤等物体的色彩非常相似。生活在草地、池塘中的青蛙都是绿色的,活动在山涧溪流石块上的棘胸蛙却是深褐色的,而树蛙则是随着它所栖息的不同树种而具有不同的体色。生活在北极地区的北极狐和白熊,毛是纯白色的,与冰天雪地的环境色彩协调一致,这有利于它们捕获食物。

有些动物在不同的季节具有不同的保护色。例如,生活在寒带的雷鸟,在白雪皑皑的冬天,体表的羽毛是纯白色的,一到夏天就换上棕褐色的羽毛,与夏季苔原的斑驳色彩很相近。有些蝗虫在夏天草木繁盛时体色是绿色的，到了秋天则变为黄褐色。

某些有恶臭或毒刺的动物所具有的鲜艳色彩和斑纹，叫作警戒色。例如，黄蜂腹部黑黄相间的条纹就是一种警戒色。据有人研究，鸟类被黄蜂蜇一次，就会记忆几个月，当它们再见到黄蜂时就会很快避开。有些蛾类幼虫具有鲜艳的色彩和斑纹，身上长着毒毛，如果被鸟类吞食，这些毒毛就会刺伤鸟的口腔黏膜，吃过这种苦头的鸟再见到这些幼虫就不敢吃了。再比如蝮蛇体表的斑纹，瓢虫体表的斑点等等，都是警戒色。警戒色的特点是色彩鲜艳，容易识别，能够对敌害起到预先示警的作用，因而有利于动物的自我保护。

某些生物在进化过程中形成的外表性状或色泽斑，与其他生物或非生物异常相似的状态，叫作拟态。例如，竹节虫的性状像竹枝，尺蠖的性状像树枝，枯叶蝶停息在树枝上的模样像枯叶(翅的背面颜色鲜艳，在停息的时候，两翅合拢，翅的腹面向上，现出枯叶的模样)。有的螳螂成虫的翅展开时像鲜艳的花朵，若虫的足像美丽的花瓣，可以诱使采食花粉的昆虫飞近，从而将这些昆虫捕食。蜂兰的唇形花瓣常常与雌黄蜂的外表相近，可以吸引雄黄蜂前来交尾。雄黄蜂从一朵蜂兰花飞向另一朵蜂兰花，就会帮助蜂兰传粉。

保护色、警戒色和拟态等，都是生物在进化过程中，通过长期的自然选择而逐渐形成的适应性特征。

生物对环境的适应只是在一定程度上的适应，并不是绝对的、完全地适应，更不是永久性的适应。例如，毛虫的体表毛茸茸的，色彩鲜艳。毛虫的这种警戒色可以使许多种食虫鸟望而生畏，但是，这并不是对所有的食虫鸟都有效。一只杜鹃一天就可以吃上数百条毛虫。环境条件的不断变化对生物的适应性也有影响。比如，池塘里的生物对于水是适应的，如果由于气候的变化或地势的改变，池塘逐渐干涸了，生活在那里的大部分生物就会死亡。

6.1.3 生物与环境的相互关系

维持生物的生命活动所需要的物质和能量，都需要从环境中取得。环境对生物有着多方面的影响。生物只有适应环境才能生存下去。生物在适应的同时也能影响环境。例如，森林的蒸腾作用，可以增加空气的湿度，进而影响降雨量；柳杉等植物可以吸收有毒气体，从而能够净化空气；鼠对农作物、森林和草原都有破坏作用；蚯蚓在土壤中活动，可以使土壤疏松，提高土壤的空气量和吸水能力，它的排出物可以增加土壤的肥力。由此可见，生物与环境之间是相互影响的，它们是一个不可分割的统一整体。

练※习※题

1. 青岛是美丽的海滨城市，有丰富的藻类植物资源，海湾浅水处长绿藻，稍深处长褐藻，再深处长红藻。海洋植物的这种分层主要受哪种因素影响？(　　)

   A. 阳光　　B. 温度　　C. 气体　　D. 盐度

2. 苹果、梨等果树不能在热带地区栽种，主要是受下列哪种因素限制(　　)。

   A. 温度　　B. 湿度　　C. 阳光　　D. 水分

3. “千里之堤，溃于蚁穴”可作为下列哪项的实例(　　)。

   A. 生物对环境的影响

B. 生物对环境的适应

C. 生物因素对生物的影响

D. 非生物因素对生物的影响

4. 环境中对生物的生长、发育、生殖、行为有着直接影响的环境要素，称为________________。

6.2　种群与群落

6.2.1　种群

种群是指同一物种在一定空间和一定时间的个体的集合体，种群个体之间可进行互配生殖。种群是构成物种的基本单位，是物种繁殖和进化的单位，也是构成群落的基本单位(组成成分)。例如，一片森林中的全部马尾松就是一个种群，它是由不同树龄的马尾松组成的；一个池塘中的全部鲫鱼也是一个种群，它是由鲫鱼的鱼苗、幼鱼和成体组成的。

种群并不是许多个体的简单相加，而是一个有机单元，它具有种群密度、年龄组成、性别比例、出生率和死亡率等特征，这些是单独的生物所不具备的特征。

种群密度是指单位空间内某种群的个体数量。例如，在一块草地中每平方米的面积内某种草本植物的数量；每平方千米农田面积内黑线姬鼠的数量等。

不同物种的种群密度在同样的环境条件下差异很大。例如，在我国某地的野驴，每100平方千米还不足两头，在相同的面积内，灰仓鼠则有数十万只。

同一物种的种群密度也是经常变化的。例如，在一片农田中的东亚飞蝗，夏天的种群密度较高，秋末天气较冷时则降低。

种群的年龄组成是指一个种群中各年龄期的个体数目的比例。

种群的年龄组成大致可分为三种类型。

(1) 增长型：种群中幼年的个体非常多，年老的个体非常少。这样的种群正处于发展时期，种群密度会越来越大。

(2) 稳定型：种群中各年龄期的个体数目比例适中，这样的种群正处于稳定时期，种群密度在一段时间内会保持稳定。

(3) 衰退期：种群中幼年的个体较少，而老年的个体较多，这样的种群正处于衰退时期，种群密度会越来越小。

种群的性别比例是指种群中雌雄个体数目的比例。不同物种的种群，具有不同的性别比例，大致可分为三种类型。

(1) 雌雄相当，多见于高等动物，如黑猩猩、猩猩等。

(2) 雌多于雄，多见于人工控制的种群，如鸡、鸭、羊等。有些野生动物在繁殖期也是雌多于雄，如海豹。

(3) 雄多于雌，多见于营社会性生活的昆虫，如家白蚁。

性别比例在一定程度上影响着种群密度。例如，利用人工合成的性引诱剂诱杀害虫的雄性个体，破坏了害虫种群正常的性别比例，就会使很多雌性个体不能完成交配，从而使害虫的种群密度明显降低。

出生率是指种群中单位数量的个体在单位时间内新产生的个体数目。例如，某个和平鸟种群的出生率为每只雌鸟每年生出 7.8 只雏鸟。死亡率是指种群中单位数量的个体在单位时间内死亡的个体数目。例如，某个达氏盘羊种群的死亡率为每 1000 头活到 6 岁的个体，在 6～7 岁这一年龄间隔期的死亡数目是 69.9 头。出生率和死亡率也是决定种群大小和种群密度的重要因素。

研究生物的种群在害虫的防治、野生动植物资源的利用和保护等方面有着重要意义。例如，我国科学家通过对蝗虫种群大约 1000 年的数量变化和有关资料的研究，弄清了蝗虫在我国大发生的原因，为防治蝗灾提供了科学依据。

6.2.2 群落

群落是占有一定空间和时间的多种生物种群的集合体和功能单位。例如，在一片草原上，既有牧草、杂草等植物，也有昆虫、鸟、鼠等动物，还有细菌、真菌等微生物，所有这些生物共同生活在一起，彼此之间紧密联系，这样就组成了一个群落。

在生物群落中，各个生物种群分别占据了不同的空间，使群落具有一定的空间结构。生物群落的结构包括垂直结构和水平结构等方面。

在垂直方向上，生物群落具有明显的分层现象。例如，在森林中，高大的乔木占据森林的上层，再往下依次是灌木层和草本层。动物在群落中的垂直分布也有类似的分层现象。例如，在对淡水鱼类进行混合放养的湖泊或池塘中，鲢鱼在水的上层活动，吃绿藻等浮游植物。鳙鱼栖息在水的中上层，吃原生动物、水蚤等浮游动物。草鱼栖息在水的中下层，以水草为食。青鱼栖息在水域的底层，吃螺蛳、蚬、蚌等软体动物。鲤鱼和鲫鱼也生活在水域的底层，是杂食性的鱼。

在水平方向上，由于地形的起伏、光照的明暗、湿度的大小等因素的不一样，因此使不同地段往往分布着不同的种群，种群的密度也有差别，形成斑块状和镶嵌状等。例如，在森林中，在乔木的基部和其他被树冠遮住的地方，光线较暗，适于苔藓和其他喜阴植物生存，而在树冠的间隙或其他光照较充足的地方，则有较多的灌木和草丛。

综上所述，在一定区域内的生物，同种的个体形成种群，不同的种群形成群落。种群的种群密度等特征和群落的结构，都与环境中的各种生态因素有着密切的关系。

练习题

1. 【判断】种群的出生率和死亡率是决定种群动态的两个参数。（　　）
2. 【判断】一个池塘里所有的鲫鱼是一个群落。（　　）
3. 【判断】呼伦贝尔大草原的生物组成一个群落。（　　）
4. 什么是种群？
5. 什么是群落？

6.3 生态系统

生态系统是指在一定时间和空间内，各种生物之间以及生物与无机环境之间，通过能量流动和物质循环相互作用、相互依存的一个生态集合体。生态系统的范围有大有小。地球上最大的生态系统是生物圈，包括地球上的全部生物（包括人）和它的无机环境。在生物圈这个最大的生态系统中，还可以分出很多个生态系统。例如，一片森林、一块草地、一个池塘、一块农田、一条河流等，都可以各自成为一个生态系统。总之，生态系统就是在一定的空间和时间内，在各种生物之间以及生物与环境之间，通过能量流动和物质循环而相互作用的一个自然系统。

6.3.1 生态系统的结构

生态系统具有一定的结构，即生态系统的成分和食物链、食物网。

生态系统一般包括以下四种成分：非生物的物质和能量、生产者、消费者、分解者。

非生物的物质和能量包括阳光、热能、空气、水分和无机盐等。太阳是来自地球以外的能源。

生产者主要是指绿色植物。它们能够利用阳光，通过光合作用，把无机物制造成有机物，把光能转变成储存在有机物中的化学能，所以把它们叫作生产者。生产者属于自养生物，是生态系统的主要成分。

消费者是指各种动物。它们的生存都必须直接或间接地依赖于绿色植物制造出来的有机物，所以把它们叫作消费者。消费者属于异养生物。动物中直接以植物为食的草食动物，如兔、马、牛、羊和草鱼等，叫作初级消费者；以草食动物为食的肉食动物，如黄鼬、猫头鹰、狐等，叫作次级消费者；以小型肉食动物为食的大型肉食动物，如虎、豹、狼、狮等，叫作三级消费者，等等。

分解者是指细菌、真菌等微生物。它们能够把动植物的遗体、排泄物和残落物等所含有的复杂的有机物，分解成简单的无机物，归还到无机环境中，再重新被绿色植物利用来制造有机物，所以把它们叫作分解者。

生产者能够制造有机物，为消费者提供食物和栖息场所；消费者对于植物的传粉、受精、种子传播等方面有着重要作用；分解者能够将动植物的遗体分解成无机物。如果没有分解者，动植物的遗体残骸就会堆积如山，生态系统就会崩溃。由此可见，生产者、消费者和分解者是紧密联系、缺一不可的。

在生态系统中，各种生物之间由于食物关系而形成的一种联系，叫作食物链。例如，作为生产者的草本植物是初级消费者兔的食物，兔又是次级消费者狐的食物，这就是一条比较简单的食物链。这条食物链从草类到狐共有三个环节，也就是三个营养级，生产者草类是第一营养级，初级消费者兔是第二营养级，次级消费者狐是第三营养级。各种动物所处的营养级的级别，并不是一成不变的。例如，猫头鹰捕食初级消费者鼠类的时候，它属于第三营养级，可是捕捉次级消费者黄鼬的时候，它就属于第四营养级。

在生态系统中，生物的种类越复杂，个体数量越庞大，其中的食物链就越多，彼此间的联系也就越复杂。因为一种绿色植物可能是多种草食动物的食物，而一种草食动物既可能吃多种植物，也可能成为多种肉食动物的捕食对象，从而使各条食物链彼此交错，形成网状。在一个生态系统中，由许多食物链彼此相互交错联结的复杂的营养关系，叫作食物网。

食物链和食物网是生态系统的营养结构，生态系统的物质循环和能量流动就是沿着这种渠道进行的。

6.3.2 生态系统的功能

生态系统作为一个统一的整体，不仅具有一定的结构，而且具有一定的功能。生态系统的主要功能就是进行能量流动和物质循环。

一切生物的生命活动都需要能量。也就是说，如果没有能量的供给，生态系统就无法维持下去。

生态系统中能量的最终来源是太阳能。生产者通过光合作用将光能转化为化学能，并且将化学能贮存在有机物中。生产者固定的能量并不能全部被初级消费者所利用，原因之一就是其中一部分能量用于生产者自身的新陈代谢等生命活动，也就是通过呼吸作用被消耗掉了；原因之二就是总有一部分植物未被动物采食。同样，初级消费者所获得的能量也不会全部被次级消费者所利用，依次类推，能量在沿食物链逐级流动的过程中会越来越少。

在生态系统中，组成生物体的C、H、O、N等基本化学元素，不断进行着从无机环境到生物群落，又从生物群落回到无机环境的循环过程，这就是生态系统的物质循环。在物质循环的过程中，无机环境的物质可以被生物群落反复利用；能量流动则不同，能量在流经生态系统各个营养级的时候，是逐级递减的，并且运动是单向的，不是循环的。

生态系统中的能量流动和物质循环是同时进行的，二者相互依存、不可分割。能量的固定、转移和释放，离不开物质的合成和分解等过程。物质作为能量的载体，使能量沿着食物链(网)而流动；能量作为动力，使物质能够不断地在生物群落和无机环境之间循环往返。生态系统的各种组成成分，非生物的物质和能量、生产者、消费者和分解者，正是通过能量流动和物质循环，才能够紧密地联系在一起，形成一个统一的整体。

6.3.3 红树林生态系统

红树林(Mangrove)指生长在热带、亚热带低能海岸潮间带上部，受周期性潮水浸淹，以红树植物为主体的常绿灌木或乔木组成的潮滩湿地木本生物群落。组成的物种包括草本、藤本红树。它生长于陆地与海洋交界带的滩涂浅滩，是陆地向海洋过渡的特殊生态系。

1. 红树林植物家族

红树林的家族主要由三类植物组成，即红树植物、半红树植物和伴生植物。红树植物是指生长在热带海洋潮间带的木本植物，如红树、秋茄树等。红树植物在分类上不是一个专门的植物，而是不同类别植物的集合体。半红树植物是指既能在潮间带成为红树林群落的优势种，又能在内陆生长的木本植物，例如黄瑾、海杧果等。伴生植物是指伴随红树林生长的草本、蔓藤及灌木，通常生长在红树林的边缘，例如马鞍藤、冬青菊、苦林盘等。

红树林的植被主要表现出以下特征：(1) 主要由红树科的常绿植物组成，其次为马鞭草科、爵床科等植物的种类；(2) 外貌终年常绿，林相整齐、结构简单，多为低矮性群落；(3) 有成带现象。红树林是群生的，同一种红树聚集在一起形成优势群落，互相依附，互相簇拥着，共同抵抗风浪的冲击。

2. “红树”的由来

为什么称为“红树”？红树林为绿色，红树科植物含有大量丹宁，其木材大都呈“红色”，树皮可提取丹宁作为红色染料。红树林的生长形态为密生丛林状，所以红树林 Mangrove 是由西班牙文的红色(Mangle)与英文的树丛(Grove)组合而成。

3. 红树林的生境

所有的海岸都长红树林吗？红树林的生长受地形、土壤、气候、温度及洋流和潮汐的影响。

(1) 地形

红树林通常分布于隐蔽的平缓海岸，风浪小、弧形而弯曲的港湾和岛屿众多的海港是红树林的理想生境。河流的出海口地势平坦，形成泥质或沙质的滩地，泥质的滩地能支持红树林的树身，适合红树林生长，而沙滩环境无法看到红树林植物。

(2) 土壤

红树林土壤具有高水分、高盐分，含硫量高，富含有机物，极度缺氧、pH 低等特点。河流从上游带来的丰富有机物、腐殖质在河口附近堆积，造成红树林的泥质土保水力强，透气性差，高密度的细菌繁殖消耗大量的氧气，更加造成土壤缺氧，再加上周期性潮水浸淹，导致土壤层盐度高，会严重阻碍植物根部对水分和养分的吸收。

(3) 气候和温度

热带气候适合红树植物生长，分布区的年平均最低温度一般大于 20 ℃，表层海水温度一般高于 16 ℃。随着温度的下降，红树植物种类减少，林相高度变矮。温度过低会导致红树植物落叶、生长停滞甚至死亡。

(4) 洋流和潮汐

周期性被海水浸淹是红树林生境的最主要特征，红树林呈现与海岸平行的系列带状分布，便是不同红树植物对盐分和潮汐适应能力不同的结果。潮汐不会对红树植物造成危害，事实上，红树林所受的潮汐冲击力通常比风浪还要小。潮汐和洋流还能将红树植物的幼苗散步到很远的地方。

4. 红树植物的适应特征

红树林为什么可以在海上生长？由于环境特殊，红树植物有着与环境相适应的生态学特性，主要表现在：

(1) 发达的根系

红树林植物具有密集的支持根、特殊的板根和呼吸根。这些根系形态各异，纵横交错，互相绞合，承担着不同的命运。支持根和板根有利于抗风浪而屹立不倒，呼吸根利于通气和贮存空气。这些特殊的根系又能积聚泥沙，抬高滩涂，从而为后代子孙创造宜居的环境。

(2) 胎生与半胎生——种子在母体植株上发芽

红树林植物是母性十足的母亲树，种子成熟后，不会马上离开母树，而是在果实中发育、萌芽并长成胚轴，胚轴逐渐伸长悬挂于果实的下端，发育成熟后，才会脱离果实而坠入淤泥，一般 12 小时内胚轴就会生根，迅速固定并发育成长。而那些坠入海水中的胚轴，会先随海潮漂流，一旦退潮，胚轴就会自然栽插于淤泥中而成长。

(3) 叶片的特殊结构

红树林植物叶片厚、革质化；叶背有短而紧贴的茸毛和储水组织，表面光亮。叶细胞有很高的渗透压和泌盐能力。

5. 红树林的物种多样性

(1) 植物

红树林的家族主要由三类植物组成，即红树植物、半红树植物和伴生植物。

(2) 动物

茂密的红树林是动物较好的隐蔽场所，并为动物提供了丰富的食物。因此，动物多样性极为丰富。贝类、昆虫、螃蟹、鱼类种类多，生物量大；两栖类、爬行类较常见。

(3) 底栖生物

茂密的红树林植物每年向林地及附近海域输送大量的枯枝落叶，经微生物分解，成为鱼虾蟹贝等底栖生物的营养物质和能量来源。同时，由江河水携带来的营养物质和泥沙也在红树林滩涂淤积，成为底栖生物的理想家园。

(4) 外来入侵生物

随着人类经济活动的日益频繁和对生态系统干扰程度的加剧，生物扩散传播的速度和范围远远超出历史上的任何时候，致使一部分物种在其新的分布地迅速滋长，占据生态位，排挤本地物种，降低本地物种多样性，成为入侵物种。

入侵物种对我国红树林生态系统造成一定的危害。1993 年，国家“八五”期间将海桑和无瓣海桑从海南引种到深圳湾并取得成功。随着海桑和无瓣海桑对深圳湾环境的适应，2006 年夏季以后，在保护区观鸟屋两侧均发现大量幼苗的扩散和爆发，导致天然林和海桑林下的生物多样性有所降低。目前海桑和无瓣海桑已成为当地的优势种，但是对本地红树种的生长造成一定的威胁。

6. 红树林生态系统的生态价值

红树林生态系统的结构包括红树林、滩涂、基围鱼塘三部分，一般由藻类、红树植物、半红树植物、伴生植物、动物、微生物等生物因子及阳光、水分、土壤等非生物因子组成。分解者种类和数量较少，以厌氧微生物为主。消费者主要是水鸟、鱼类，底栖无脊椎动物、昆虫、两栖动物、爬行动物亦较常见，哺乳动物种类和数量较少。

红树林是热带海洋重要的生态系统，是良好的海岸防护林带，还是海洋生物繁衍栖息的理想场所，具有重要的生态价值。

① 生物的理想家园

红树林是生物理想的家园，具有丰富的生物多样性，是物种的基因库。由于红树林具有热带、亚热带河口地区湿地生态系统的典型特征以及特殊的咸淡水交叠的生态环境，为众多的鱼、虾、蟹、水禽和候鸟提供了栖息和觅食的场所。红树林蕴藏着丰富的生物资源和物种多样性。

② 天然的防护林带

红树林植物的根系非常发达，盘根错节屹立于滩涂之中。红树林对海浪和潮汐的冲击有很强的适应能力，可以护堤固滩、防风浪冲击、保护农田、降低盐害侵袭，对保护海岸起着重要作用，为内陆的天然屏障，有"海岸卫士"之称。一般来说，50 米宽的红树林可将 3～5 米的海浪消减到 0.5 米以内。

③ 净化海水

红树林为海底森林，可吸收 CO_2、SO_2 等有毒气体，释放氧气，维持大气碳氧平衡；净化海水，吸收污染物，降低海水富营养化程度，防止赤潮发生。另外，红树林能将海岸带来的有毒物质吸收、转化，为林内生物提供清洁优质食物。

红树林植物能通过多种方式把大量重金属污染物稳定于沉积物中，从而对海湾河口生态系统的重金属污染有净化作用。某些红树植物幼苗的根部有大量吸收某种放射性物质的功能。据报道，木榄、老鼠簕、秋茄和桐花树幼苗的根，能大量富集 ^{90}Sr，且桐花树幼苗所吸收的 ^{90}Sr 有 97.7%集中在根部。秋茄幼苗的根能大量吸收汞。

④ 促进造陆

红树林湿地促淤保滩的功能已经被大量的研究所证实。红树林通过根系网罗碎屑的方式促进土壤沉积物的形成。红树林滩地淤积速度是附近裸滩的 2～3 倍，可促使沉积物中粒径小于 0.01 mm 的黏粒含量增加，并以其枯枝落叶直接参与沉积。因此，红树林可加速滩地淤高并向海中伸展，使海滩不断扩大和抬升，从而起到巩固堤岸的作用。有的红树植物能产生胎生幼苗，它们从母树上脱落下来，在红树林带的前缘定植生长、成熟，胎生苗再定植，逐渐扩大林区面积，红树植物的根系不断向海延伸，淤积不断增加，土壤逐渐形成，使沼泽不断升高，于是林区的土壤逐渐变干，土质变淡，最终成为陆地。红树林所具备的这一使沧海变陆地的生态功能，使人类从难以抵御全球温室效应带来的海平面上升和海水浸吞陆地的困惑中看到了希望。

⑤ 科研、教育、生态旅游

红树林是最具特色的湿地生态系统，兼具陆地生态和海洋生态特性。其特殊的环境和生物特色使得红树林成为自然的生态研究中心，对科普教育、发展生态旅游具有积极作用。

7. 红树林现状

我国红树林的现状和保护不容乐观，从 20 世纪 60 年代起，红树林面积不断减少，仅剩 1.5 万公顷，大部分遭到破坏，结构受损、功能退化。

从南向北种类逐渐减少，尤其高大乔木到北部绝迹。林相高度也是由南向北退降。

红树林受破坏有自然因素和人为因素两个方面的原因，人为因素是主要因素。

海岸土地的大规模开发利用。例如海南省海岸线涉及海口、文昌、三亚、乐东等 12 个市县，其中自然岸线长度约1226.5公里，海岸带土地总面积是32 985.67公顷。东部海岸以房地产、酒店、旅游景点、游艇码头和高尔夫球场为主，西部海岸除房地产、酒店和旅游景点外，主要是开发区、工业企业和大型港口。

大规模发展滩涂渔业养殖，圈海建养殖地。滩涂养殖侵占了红树林自然延展的区域，限制红树林的发展。由于滩涂所有权属村集体所有，在没有与林业、环保部门很好地协调的情况下，村集体把滩涂承包或租赁，从而造成与红树林保护规划的冲突，束缚了红树林的恢复和发展的空间。

工业污染、垃圾污染。随着沿海工业的快速发展和沿海城镇人口的激增，大量工业、生活废水以及养殖农药等排放注入海域，近海湿地污染严重。这些污水经过一段时间后就直接排出去，导致海域水质恶化，这些现象在浙南渔民滩涂养殖中也存在，加上红树林种植于滩涂养殖区附近，排出含农药的水首当其冲对秋茄幼苗不利，造成幼苗死亡，使成活率降低。红树林所处的潮间带大都位于近岸海区，随着涨落潮，滩涂红树林区淤积着大量的塑料包装袋、一次性快餐盒、泡沫塑料制品、废旧玻璃瓶等生活垃圾所带来的“白色”或“黑色”污染，在水流的作用下，造成对苗木严重的机械伤害，或者挂在苗木上，随着潮水的涨退和大浪的冲击，使种植在滩涂上的苗木拔起或将苗木压倒，影响红树林的自然更新和人工造林的成活率。

红树林地区的村民采海、伐木取材。在经济利益的驱使下，村民对红树林内生物过度采挖、抓捕的危害日趋加重。斐济、泰国、马来西亚、印度尼西亚、菲律宾、越南、委内瑞拉都以烧制红树林木炭作为重要产业出口日本，而且烧制木炭形成的气体收集后所获得的褐色胶液也出口日本。在海南、广东和广西、福建，老鼠簕被用于消肿、止痛，治疗淋巴结肿大、肝脾肿瘤、乙型肝炎、男性不育、神经痛等。越南华侨用老鼠簕来泡茶和熬水冲洗身体。

8. 红树林保护措施

目前，人们已经意识到红树林的重要作用，对红树林的保护工作已经开展。

（1）科学管理

在保护红树林滩涂的前提下，遵循传统的土地利用原则，尊重当地文化，保护原有的地形地貌、海域、栖息地，维护物种和生态系统的多样性，实现当地民众与自然和谐相处并从中受益。

（2）建立红树林自然保护区

加强红树林保护与管理的重要措施之一是建立各级自然保护区。2020年6月8日是第十二个“世界海洋日”。面对红树林退化和面积减少的威胁，必须采取措施留住“海上森林”。目前建有不同级别的红树林自然保护区近30个，全国红树林保护区面积占全国红树林总面积的72.71%，远远超过全世界25%的平均水平。

截至2019年我国共有国家级红树林自然保护区6个，分别是福建漳江口红树林自然保护区、广东湛江红树林自然保护区、广东内伶仃岛—福田自然保护区、广西山口红树林自然保护区、广西北仑河口自然保护区、海南东寨港自然保护区。

海南东寨港自然保护区位于海口市美兰区演丰镇，地处海南省东北部，属湿地类型的自然保护区。东寨港红树林是我国目前面积最大的一片沿海滩涂森林，绵延海岸线总长

28公里，是中国最美的海南八大海岸线之一。因陆陷成海，形如漏斗，海岸线曲折多湾，泻湖滩面缓平，红树林就分布在整个海岸浅滩上。保护区内的红树林被誉为“海上森林公园”，且具有世界地质奇观的“海底村庄”。

(3) 人工造林

人工造林是保护和恢复红树林最快捷的手段，而且成效显著，但是，大规模种植红树林植物对于维护海岸生态系统未必都是正面的，须论证后进行。

(4) 宣传教育

过去，人们大肆破坏红树林生态系统，掠夺红树林资源的主要原因是当地村民错误的思维方式和较落后的生活模式以及无限制的利益驱动，为了保护红树林：① 进行利益疏导，将以破坏红树林获得利益的模式，转化为以保护红树林获得利益的模式；② 通过各种手段进行宣传和引导，改变村民的传统思想和生活习惯，使人们认识到自然生态环境对人们生存和发展的重要性。

练习题

1. 生态系统中能量和物质的流通(　　)。
   A. 都是单向性的
   B. 都可以循环利用
   C. 是不同的，能量可循环利用，物质是单向性的
   D. 是不同的，能量是单向性的，物质可循环利用
2. 生态系统中能量的根本来源是________。
3. 生活在同一生态系统的两种生物，竞争最为激烈的是(　　)。
   A. 野猪和野兔　　B. 斑马和长颈鹿
   C. 河马和鳄　　D. 梅花鹿和白唇鹿
4. 植食动物是(　　)。
   A. 生产者　　B. 初级消费者
   C. 次级消费者　　D. 分解者
5. 简述红树林的家族组成。
6. 简述红树林的植被特征。
7. 请解释什么是红树林？
8. 请解释红树林为什么可以在海上生长？

6.4 生态平衡

在生态系统中，生物有死有生，有迁入和迁出。因此，各种生物的数量是不断变化的，也就是说，生态系统的结构和功能处于动态变化的过程中。生态系统的能量流动和物质

循环能够较长时间地保持着一种动态的平衡，这种平衡状态就是生态平衡。

生态系统之所以能够保持动态平衡，是因为生态系统具有自我调节的能力。

生态系统的破坏往往会带来严重的后果。大气中 CO_2 捕捉热量的方法与温室类似，大气中的 CO_2 能够阻止地面向空间辐射热量，导致大气层增温，形成了温室效应。

由于人类大量使用煤、石油等化石燃料，燃烧后产生的硫氧化物（SO_x）或氮氧化物（NO_x）在大气中经过复杂的化学反应，形成硫酸或硝酸气悬胶，或为云、雨雪、雾捕捉吸收，降到地面成为酸雨。

酸雨会使存在于土壤、岩石中的金属元素溶解，流入河川或湖泊，使得鱼类大量死亡，并使水生植物及引水灌溉的农作物累积有毒金属，将会经过食物链进入人体，影响人类的健康。

酸雨会影响农林作物叶部的新陈代谢，同时土壤中的金属元素因被酸雨溶出，造成矿物质大量流失，植物无法获得充足的养分而枯萎、死亡。湖泊酸化后，可能使生态系统改变，甚至湖中生物死亡，生态机能因而无法进行。

人为破坏自然环境，特别是无计划地利用和开发土地，导致了热带雨林的大面积减少，从而使生物失去赖以生存的环境条件。因此，我们应采取措施，保持生态平衡，这样才能从生态系统中获得持续稳定的产量，才能使人与自然和谐地发展。

练习题

1. CO_2 浓度升高带来的后果主要是（　　）。

   A. 酸雨　　B. 温室效应　　C. 煤气中毒　　D. 水土流失

2. 【判断】我国的红树林从北向南种类逐渐减少，尤其高大乔木到北部绝迹。（　　）

3. 红树林生境的最主要特征是（　　）。

   A. 周期性的海水浸淹

   B. 红树林土壤高盐分、高水分、含硫量高，富含有机物，极度缺氧，pH 低

   C. 分布区的年平均最低温度都大于 20 ℃

   D. 隐蔽的平缓海岸风浪小、弧形而弯曲的港湾、岛屿众多的海港

4. 【判断】生态系统的能量流动是从生产者所固定的太阳能开始的。（　　）

5. 物质循环在生态系统中传递的规律是（　　）。（多选）

   A. 反复出现　　B. 循环流动

   C. 单向　　D. 逐级递减

6. 茂密的红树林动物多样性极为丰富，而种类较少的是（　　）。

   A. 爬行类　　B. 哺乳类　　C. 两栖类　　D. 鸟类

7. 红树林的植被特征包括（　　）。

   A. 主要由红树科的常绿植物组成　　B. 外貌终年常绿

   C. 成带现象　　D. 林相整齐、结构简单

参考文献

[1] 吴相钰,陈守良,葛明德. 陈阅增普通生物学[M]. 北京:高等教育出版社,2014.
[2] 叶佩珉. 生物学(第 2 册)[M]. 北京:人民教育出版社,2011.
[3] 仇存网,刘忠权,吴生才. 普通生物学实验指导[M]. 南京:东南大学出版社,2010.
[4] 周乔. 普通生物学[M]. 武汉:华中师范大学出版社,2006.
[5] 张民生. 自然科学基础(第 2 版)[M]. 北京:高等教育出版社,2008.
[6] 叶佩珉. 生物学(第 1 册)[M]. 北京:人民教育出版社,2011.
[7] 吴庆余. 基础生命科学(第 2 版)[M]. 北京:高等教育出版社,2006.
[8] 宋思扬. 生命科学导论[M]. 北京:高等教育出版社,2004.
[9] Alberts B, Johnson A, Lewis J, et al. Molecular Biology of the Cell. (4th ed)[M]. New York: Garland Publishing Inc., 2002.
[10] 汪堃仁,薛绍白,柳惠图. 细胞生物学[M]. 北京:北京师范大学出版社,2001.
[11] 周永红,丁春邦. 普通生物学(第 2 版)[M]. 北京:高等教育出版社,2018.
[12] 喻正莹,代晓明,秦东方. 学前卫生学[M]. 长沙:湖南师范大学出版社,2015.
[13] 郦艳君,方卫飞. 学前儿童卫生与保健[M]. 北京:高等教育出版社,2019.
[14] 中国营养学会. 中国居民膳食指南[M]. 拉萨:西藏人民出版社,2010.
[15] 李俊清. 保护生物学[M]. 北京:科学出版社,2012.
[16] 段舜山,徐景亮. 红树林湿地在海岸生态系统维护中的作用[J]. 生态科学,2006,23(4):351-355.
[17] 周文静. 海南省海岸带土地资源开发利用保护现状[J]. 华夏地理(中文版),2016(01):102.
[18] 薛志勇. 福建九龙江口红树林生存现状分析[J]. 福建林业科技,2005,32(3):190-197.
[19] 黄晓林,彭欣,仇建标等. 浙南红树林现状分析及开发前景[J]. 浙江林学院学报,2009,26(03):427-433.
[20] Baross, J. A.; Deming, J. W. . Growth of "black smokers" bacteria at temperatures of at least 250 ℃[J]. Nature, 1983, 30(3): 423-426.